U0232382

本书系教育部人文社会科学研究青年基金“基于Q–sort方法的民间游戏文化产品创新设计研究”项目资助（项目批准号：19YJCZH273）的研究成果

童年智造

中外玩具与游戏发展研究

周 祺 ◎著

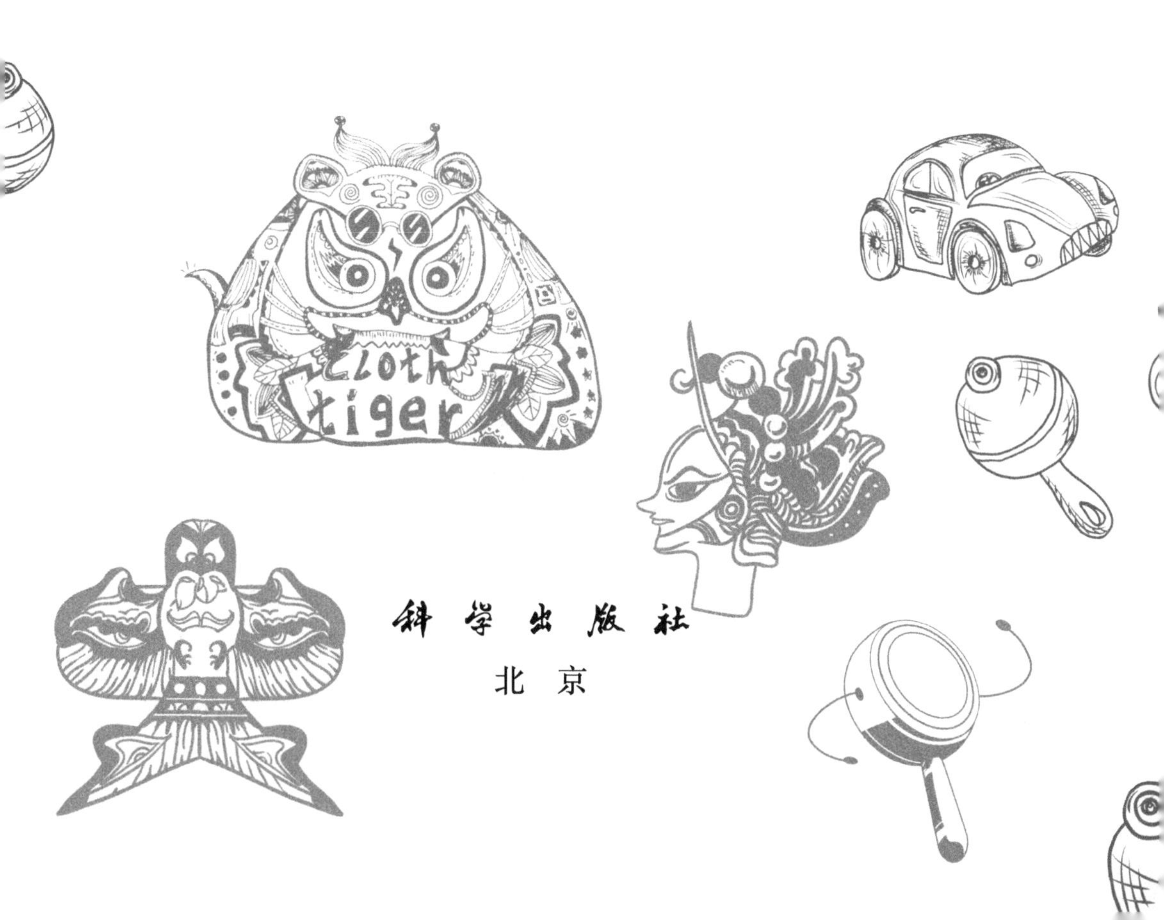

科学出版社
北 京

内 容 简 介

童年中的玩具与游戏不仅是儿童玩耍与认知世界的工具，也是不同地域、不同民族人们生活的缩影。玩具是游戏的物质载体，丰富的游戏形式能激发儿童对玩具的无限遐想，使他们在成长中体验玩具与游戏带来的乐趣，进而开阔视野、增长心智、实现理想。

本书以童年中的玩具与游戏为研究对象，运用时间轴、列表方式阐述玩具与游戏的发展脉络和人文历史，揭秘玩具与游戏在启迪儿童智慧、润泽儿童心灵方面的作用。

本书可供正在陪伴孩子享受童年时光的父母，以及对玩具与游戏发展感兴趣和从事相关研究的学者参阅。

图书在版编目（CIP）数据

童年智造：中外玩具与游戏发展研究/周祺著. —北京：科学出版社，2023.11

ISBN 978-7-03-075070-9

Ⅰ. ①童… Ⅱ. ①周… Ⅲ. ①玩具-发展-研究-世界 ②游戏-发展-研究-世界 Ⅳ. ①TS958 ②G898

中国国家版本馆 CIP 数据核字（2023）第 039618 号

责任编辑：杜长清　卢　淼　高丽丽 / 责任校对：贾伟娟

责任印制：徐晓晨 / 封面设计：润一文化

科学出版社 出版

北京东黄城根北街 16 号

邮政编码：100717

http://www.sciencep.com

北京建宏印刷有限公司 印刷

科学出版社发行　各地新华书店经销

*

2023 年 11 月第　一　版　开本：720×1000　B5

2023 年 11 月第一次印刷　印张：17 3/4

字数：315 600

定价：99.00 元

（如有印装质量问题，我社负责调换）

前　言

本书中的“玩具”“游戏”并非局限于玩具商品或网络游戏，而是贯穿我们童年生活的物质与精神的缩影，是留存在童年记忆中不可磨灭的物质与精神文化的产物。在阅读本书时，也许您会发出这样的感慨：“原来我们的童年生活就像一座博物馆，竟有如此丰富的玩具与游戏！”

“玩”是人类与生俱来的本性，玩具则是其中的动作承受者。因此，对玩具的直观理解，即那些可以用来玩耍的物件。在物质资料并不丰富的人类早期社会，一块石头、一根木棍都可能成为“玩具”，所以在看待“玩具”这一物象时，我们不应该仅仅将其定义为放置在货架上售卖的商品，而是应该从更广义的角度去认识它，即万物皆有成为玩具的可能，包括一些生活用品，因为在孩子眼中万物皆可玩；玩具甚至可能是无形的，如各种神话故事。玩具与游戏形影不离，在我们成长的每个阶段都有它们的身影，只是它们每次都会换一种身份或形式，默默地陪伴在我们身边。

本书内容包括三个部分，具体如下。

第一、第二章从静与动出发，分析玩具在机械与动力、模型与控制方面的变化，这类玩具能锻炼儿童的多方面能力，如滑板、轮滑、跷跷板能锻炼下肢力量，音响和击打类玩具能锻炼节奏把控能力和旋律认知，儿童在对模型玩具的智能控制中能体会到自由操控、模拟驾驶的乐趣。

第三、第四章通过玩具与游戏的关系分析了力的作用和探索的意义。玩具在自然力与人力的作用下衍生出了一些游戏形式，如打陀螺、抖空竹、投掷飞镖等。玩具在锻炼儿童上肢力量的同时，大自然也在默默地贡献着力量，它将我们手中静止的风车吹起，呈现出梦幻般的色彩；将一个个纸飞机、一只只竹蜻蜓、一只只风筝送上了天空，让我们感受到了天空的高远、大自然的奇妙。玩具还会化身“实验员”，带领儿童去探索材料的乐趣，解锁玩具结构中的穿插与拆合技能，提升儿童的思维能力，并让儿童在游戏中找到打开艺术与科学大门的“钥匙”。

第五、第六章强调游戏中的玩具形式是千变万化的，从可识别的二维（two-dimensional）图形到一张张印有不同图案的玩具卡片，都能帮助儿童进行视觉锻炼、基础的识物及感色训练。当有了“光影”“体”“空间”的概念后，皮影、印有图案的玩具卡片都将借助科技的力量转变模样，无论是投影到幕布还是遁入到显示器，在光影和虚拟的世界中变换成一个个鲜活的游戏人物，继续陪伴儿童成长。渐渐地，儿童的想象力与创造力不断被激发，于是游戏不再像以前一样预设玩耍的方式，而是将主动权交给儿童，儿童可以变换角色去竞技角逐、发挥自己的创造性。

传统的玩具与游戏在不同的国家和地区也有不同的解读和实现形式。随着人们对娱乐需求的不断提升，玩具、游戏与社会生产力的发展水平的关系也变得日益密切，科技水平的快速提升，成为玩具与游戏多样化发展的一个潜在促进因素。因此，对中外玩具与游戏发展的研究，不仅仅是对玩具品类、游戏发展的研究，也是对一个国家、民族及地区文化发展的呈现。

本书以童年为视角，以玩具与游戏为研究对象，在论述中穿插了大量玩具与游戏在中外不同发展状况的图例和列表，向读者阐述了玩具与游戏发展的历史和人文，并从玩具与游戏的发展研究聚焦到儿童的智力与发展、成长与创造，揭秘童年生活中蕴藏的“智造”乐趣和成长故事。作者希望借助玩具与游戏，培养儿童良好的道德品质，并将德育、智育、体育、美育、劳育潜移默化地融入教育体系中，让孩子们在“玩”的过程中接受中华优秀传统文化的浸润，为实现中国梦扣好人生第一粒扣子。

本书在撰写过程中，悉心整理了各类游戏和玩具的中外发展历程概况。然而，由于作者能力有限，加之涉及的资料繁杂庞大，难免有疏漏之处或有错误之处存在。对于游戏和玩具的发展历史等，尽可能地参照了权威的文献，但在文献缺失的情况下，所呈现的仅为个人见解，其中包含了相关传说，或许存在不当之处，真心期待睿智的读者能够给予宝贵的指正与建议。为了保持适中的篇幅，书中仅选取了必要的文献进行呈现，部分基础性、背景性的资料文献未能一一列出，在此恳请相关著作者予以谅解。此外，本书中的绘图和照片大部分为作者团队绘制和拍摄，其余均尽可能注明了来源出处。

目　录

第一章　机械与动力玩具

机械小鸟、机械小车等玩具通过机械动力驱动，用上弦的方式实现运动。在狭义上，机械玩具专指通过滑轮、齿轮、轴承、弹簧、连杆等机械结构，实现手动或自动形态转化的玩具，如跷跷板、八音盒等。本章介绍的机械与动力玩具是广义上的，泛指那些借助动力并通过某些结构实现物理属性变化的玩具，包括弓箭、拨浪鼓等。

机械与动力玩具是玩具领域中的一个重要类别，充满了神秘与新奇。通过研究历史文献，我们可以了解古人如何利用机械原理和技术制造出各种玩具。同时，最新的科学原理也可以通过这些玩具融入孩子们的童年生活中。从古至今，机械与动力玩具一直在发展，我们能在古画等物品中发现古人摇动拨浪鼓、吹响泥哨，也能在黑白照片上看到发条青蛙和跷跷板，还能在我们身边看到少年脚踩滑板玩耍。这类玩具的玩法多样，其蕴含着丰富的知识与智慧，能激发孩子的探索欲望，满足孩子的好奇心。儿童在玩耍过程中能体会、学习相关的机械原理和知识，激发儿童创造和探究机械结构的愿望。

本章主要介绍机械与动力玩具，分别从传动机械、滚轮机械、发声音响等方面出发，揭开机械与动力玩具的神秘面纱，详细解读其发展历史、游戏规则等。

第一节　弹簧与齿轮驱动的玩具

一、弹力玩具

《现代汉语词典》将“弹力”解释为：“物体发生形变时产生的使

物体恢复原状的作用力。”[①]我们将依靠弹力获得动力的玩具统称为弹力玩具，利用弹簧或者橡胶等有弹性的部件来改变状态，或使用弹力来移动、弹射、摇摆的玩具都属于弹力玩具的范畴。弹力玩具的基本工作原理如下：当玩家拉伸或压缩弹性部件时，能量被储存在弹性部件中，松开弹性部件时，物体会恢复原状，能量被释放出来，这时玩具的形态、运动状态就会发生变化。

（一）射击类弹力玩具

1. 弓箭

战争类游戏深受男孩欢迎。孩子们手执弓弩、刀枪，模仿影视剧中的人物，大呼酣战，威风八面。在众多“兵器”之中，孩子们对弓箭、弓弩、手枪等射击类玩具情有独钟：或背挎长弓，腰挂箭壶，如飞将军再世；或扣动扳机，直中靶心，犹如战斗英雄，神气活现，其乐无穷。

弓箭与弓弩一直伴随着人类社会的发展而发展（图 1-1，表 1-1），不仅出现在原始社会的打猎活动中，在古代社会的战争及现代社会的竞技体育或娱乐活动中也有它们的身影。

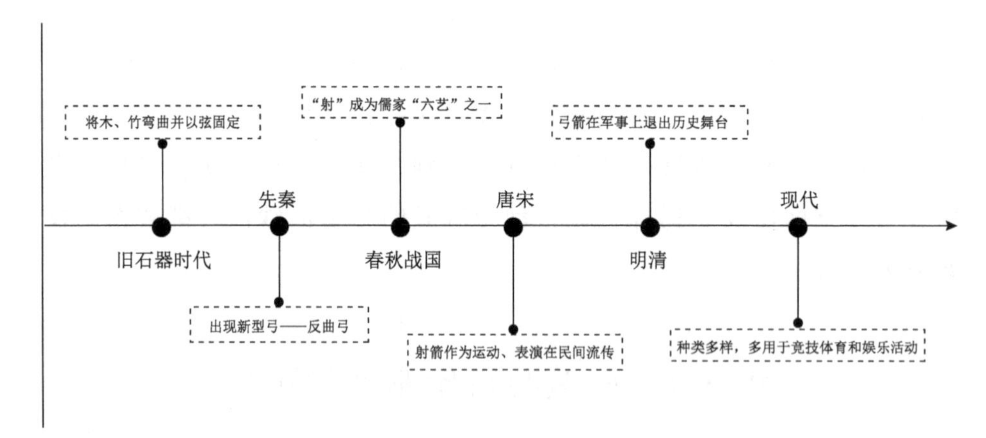

图 1-1　弓箭与弓弩的发展历史示意图

① 中国社会科学院语言研究所词典编辑室. 2019. 现代汉语词典. 7 版. 北京：商务印书馆，1269.

表 1-1　弓箭与弓弩的发展历史

时间	发展
旧石器时代	选取有弹力的木材或竹材，用坚韧的弦弯曲固定，这是人类历史上最早的弓箭类武器
先秦	中国的弓箭种类开始丰富起来，出现了新的类型——反曲弓
春秋战国	各诸侯国都设有专门的兵器制造部门，并制定了官方标准。由弓箭衍生出另外一种远程射击武器——弩。同时，“射”也成为儒家的“六艺”之一
唐宋	射箭作为一项运动在民间广为流传，庙会、社火等集会时多有射击比赛和表演
明清	随着火器的发展，到清朝后期，弓箭在军事上彻底退出了历史的舞台
现代	弓在现代已经演变为竞技体育运动和游戏活动，各式各样的弓层出不穷，且弓结构的玩具也深受儿童的喜爱

注：如无特别说明，表中内容均为作者根据相关资料整理所得。下同

弓箭是古代的一种远程射击兵器，利用弹性的弓臂和有韧性的弓弦将锋刃发射出去。箭的结构包括箭头、箭杆和箭羽，其中箭头通常由铜或铁制成，箭杆由竹或木制成，箭羽则采用雕或鹰的羽毛制成。最初，弓主要用于狩猎，后来才被应用于军事领域。

很早以前，我国就发明了弓箭，这是机械方面最早的发明之一，也说明人类开始使用复合工具进行生产生活。[①]不过，各地的传统射箭方式不尽相同，有些地方甚至将其发展成了一种仪式化的技艺。例如，在中国被称为“射艺”的儒家“六艺”中的“射”，后来传入日本后演变为了“弓道”。

弓箭的历史悠久，《世本》中记载“挥作弓，夷牟作矢”[②]，大致勾勒出了弓箭发展历史的久远。此外，弓也与众多神话故事紧密相连，例如后羿射日的故事。到了春秋战国时期，随着战争形态的不断演变，弓逐渐成了军队中最为重要的武器之一。

在漫漫的历史长河中，弓演变出了许多样式。譬如，反曲弓（图 1-2）是一种侧面看起来与普通长弓不同的弓，其弓臂末端弯曲，可储存更多的能量，从而使射出的箭获得更大的动能；复合弓（图 1-3）则是

① 刘曼玉，董思宇. 2019. 中国传统弓箭的历史演进研究. 体育科技文献通报，（10）：146-147，150.

② 原昊. 2011. 历史神话化的文本典范——《世本·作篇》所载发明创造类神话蠡测. 古籍整理研究学刊，（3）：50，69-72.

根据现代科学原理设计的弓，其弓臂中加入了滑轮以实现更大的弯曲程度，且其弓臂相比于传统弓更硬，因此能够获得更高的动能。

图 1-2　反曲弓
（申浩敏 绘）

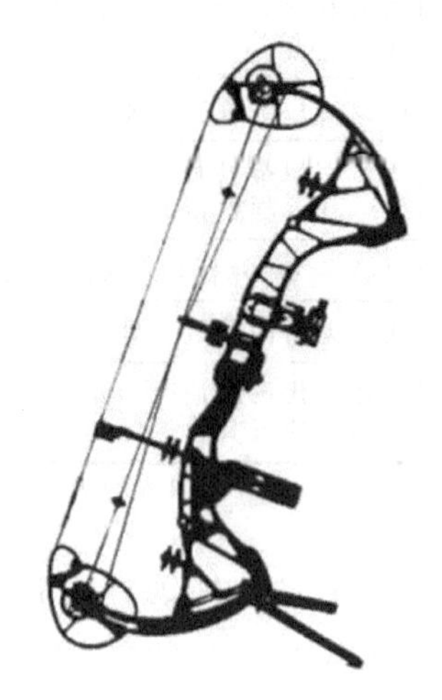

图 1-3　复合弓
（申浩敏 绘）

与弓密切相关的射箭运动已经从古时的狩猎与战争中脱离出来，在现代演变为竞技体育运动和娱乐游戏。射箭运动的竞技化与趣味化演变，使射箭运动的适龄人群更加宽泛，弓箭的造型样式也越来越丰富。当下，市面上常见的为儿童设计的玩具弓箭，虽然在造型、材质与色彩上进行了“童趣化”的处理，但其整体结构依然没有摆脱传统弓箭的样式。

近些年，乐高积木玩具的超高人气带动了模块化积木玩具行业的发展，同时也延伸到弓箭类玩具领域。图 1-4 展示的正是一款积木弓

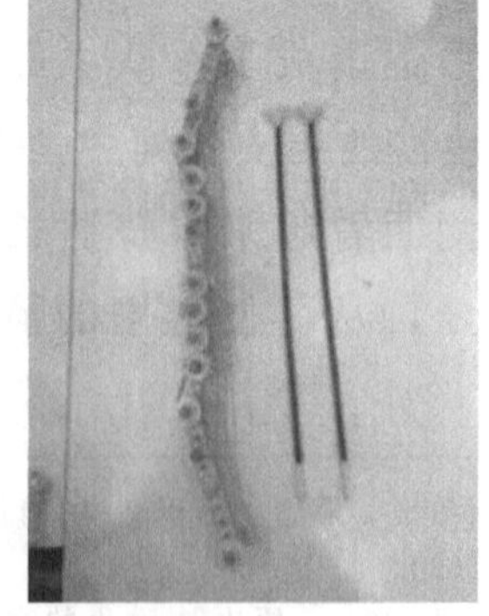

图 1-4　积木弓箭玩具

箭玩具。它通过 24 个滑轮、8 个连杆、8 个曲柄以及 13 个轴部件，以多点固定的方式组装而成。在玩的过程中，儿童不仅能了解弓箭结构方面的相关知识，同时也能体验到射箭运动的乐趣。

与古代狩猎和战争活动的“实用主义”不同的是，现代射箭活动已脱离了军事范畴，更倾向于竞技与娱乐，活动过程也温和了许多。其中，射箭游戏中最简单的一种规则是：画一条标准线，众人站在其后进行射击，远者胜。这一规则与现今的投掷标枪运动的规则类似。这种玩法还有一种演变形式，即向天射箭，没有边界线，高者为胜。实际上，这些玩法锻炼的是孩子们的力量和制作弓箭的技能。最为普遍的竞技玩法便是打靶，即立一个靶子，众人站在标准线后，向靶子中心射箭，以此来检验孩子们射击的准确度与箭法。

如今，随着 VR（virtual reality，虚拟现实）、AR（augmented reality，增强现实）技术的不断发展与广泛应用，玩具厂商也开发出了与手机软件相结合的射箭类电子游戏，此类游戏采用的多是 AR 玩法。“狩猎者”AR 弓箭玩具（图 1-5）就是一款基于 AR 技术制作而成的新型射箭类游戏产品。在游戏过程中，外设弓箭与手机通过蓝牙连接，拉动硬件弓箭的弦可以触发手机游戏内的虚拟弓箭，物理硬件与虚拟游戏结合，可以使玩家有别样的射箭体验。

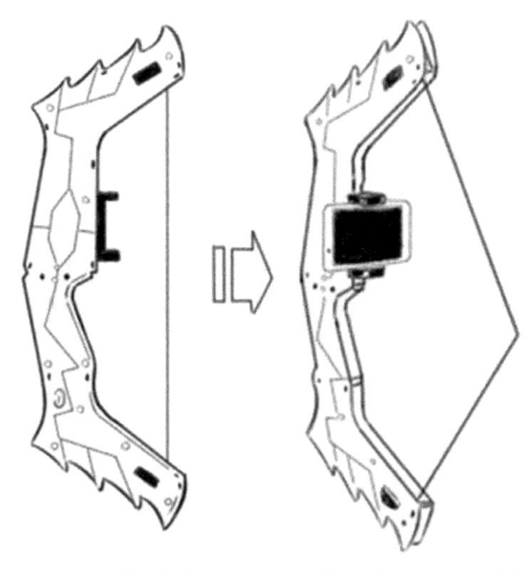

图 1-5　“狩猎者”AR 弓箭玩具（申浩敏　绘）

2. 弩

弩是我国古代的一种远射兵器，在我国古代冷兵器史上占有重要地位。[①]因不需要在拉弦时同时瞄准，所以对使用者的能力要求也比较低。可以说，弩是弓演变的结果，是一种装有臂的弓。相对于弓箭而言，它的结构稍显复杂，主要由弩臂（弩身）、弩弓（弩翼）、弓弦和弩机等部分组成。弩前端有一横贯的容弓孔，以便固定弓，使弩弓不会左右移动。发射时，先将弓弦向后拉，挂在钩上，把弩箭放在矢道上，瞄准目标后，扣下悬刀，箭矢便可疾射而出。[②]

弩能顺利工作主要依靠于一种称为扭力弹簧的机械蓄力结构，这种结构在古代弩类兵器中得到了广泛应用。扭力弹簧通过对材质柔软、韧性较大的弹性材料进行扭曲或旋转来蓄力，使被发射物具有一定的机械能，利用存储下来的机械能发射弓箭。在现代，扭力弹簧的扭力杆多用弹性较好的钢材制造，其形式也有很大变化，具体应用如机械表里的游丝、玩具陀螺枪里的动力弹簧等。[③]

如今，弩在我们的日常生活中已失去了作为兵器的意义，多以娱乐玩具的形式出现，如哨声弓箭或者吸附弓箭，儿童能安全地玩耍。哨声弓箭能够在射程中发出清脆的哨声，射出的力度不同，它的声音也会有不同的变化；吸附弓箭射出后能吸附在玻璃、木板等平滑面上。这一类弓弩玩具常常深受男孩子的喜爱。

3. 弹弓

弹弓是一种民间玩具，由弓架、粗橡皮筋、弹兜组成。弓架由“丫”字形树枝或铅丝制成，弹兜以小块皮革做成。弓架与弹兜之间以两根粗橡皮筋连接。弹丸以石子或黏土搓成的泥丸为主。[④]

弹弓早在旧石器时代就已出现，其发展历史相当漫长（图 1-6，表 1-2）。

① 商祥云，曹骞. 2013. 东汉以后弩的发展演变研究. 金田，（7）：178-179.

② 钟华. 无弓弩. 江西：CN203704777U，2014-07-09.

③ 邓益青. 一种双层保护面扭力弹簧. 江苏：CN217558858U，2022-10-11.

④ 王珏，孙健，刘晓玲. 2021. 中国弹弓制作工艺的演变研究——以芜湖市玩家为例. 西安文理学院学报（自然科学版），（4）：109-113.

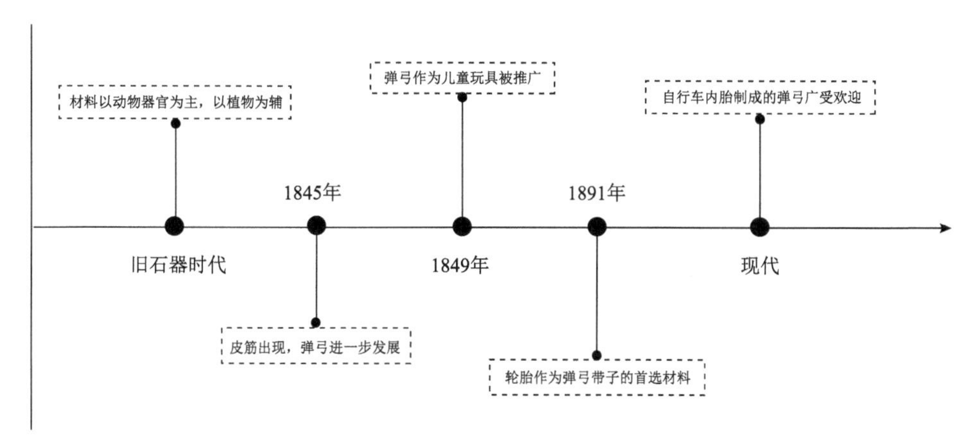

图 1-6　弹弓的发展历史示意图

表 1-2　弹弓的发展历史

时间	发展
旧石器时代	选取风干的动物肠子和肌腱当作弹弓所需的带子，辅以鹿角、树枝制作弹弓
1845 年	英国化学家发明了皮筋，使得弹弓的发展前进了一步
1849 年	维多利亚时期的工匠将弹弓当作儿童玩具推广开来
1891 年	可拆卸轮胎被发明出来，其成为制作弹弓带子的优质材料
现代	在中国，20 世纪五六十年代以来，由自行车内胎制成的弹弓广泛流传

据史料记载，战国时期，弹弓的使用已经十分普遍。除了作为暗器，王孙贵族也常会将其作为嬉乐的玩具，如打鸟、逗趣路人。在寻常百姓家中，弹弓也十分普遍。元代、清代，朝廷对武器的管制较严，民间不许有弓，因而弹弓便作为冷兵器和玩具在民间推广开来。传统的弹弓外形和普通的弓一样，却是双弦，并用泥陶做弹丸，主要用来活捉鸟雀。中国传说中的禄神送子张仙就是使用弹弓的好手。明末清初的一些武侠小说中，很多大侠也是使用弹弓泥丸。

随着历史的发展，弹弓的形式不断演变。古代社会最初所用的弹弓与我们现在常见的“丫”形弹弓还不太一样，形状更像现代的弓箭，因而也被称为弓片式弹弓（图 1-7）。与弓箭中直绷绷的弦不同，弹弓弦的正中间多了一个能装弹丸的兜，且为硬质材料做成，大小基本能够容下一个弹丸。

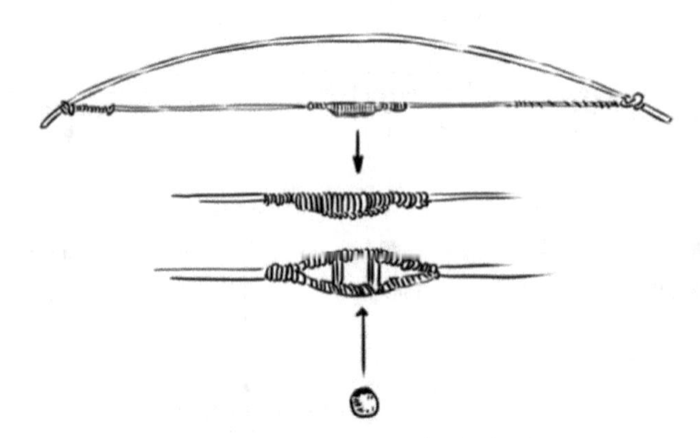

图 1-7　弓片式弹弓（申浩敏 绘）

在弓片式弹弓出现后，弹弓又逐步衍生出树杈形弹弓。顾名思义，树杈形弹弓一般用树木的枝丫制作，呈“丫”字形。[①]皮筋系于其上端两头，并在皮筋中段系上一包裹弹丸的皮块。这种传统的弹弓十分简单，弓眼一般是圆形的，皮筋更换也较为方便，而且很容易上手。同时，可以根据皮筋的拉力，调节其弹性，皮筋拉力越大，弹弓的威力也越大。

现代的“丫”字形弹弓通常是一种小型手动射弹工具，通常由一个“丫”字形框架，以及两根天然橡胶条组合而成。两根橡胶条与框架的立柱相连接，另一端通向一个容纳弹丸的口袋，一只手抓住口袋并将其拉到所需的程度，就可以为射弹提供动力。

在中国，尤其是 20 世纪 60—90 年代，弹弓作为一种玩具广泛存在（图 1-8）。在那个物资贫乏的年代，弹弓多是用一根粗细合适的树杈和报废自行车内胎剪出的皮筋儿做成的，再找一块布用作弹兜，这便是很多孩子都爱不释手的玩具。

随着社会的不断进步，弹弓（曾经的有力暗器）的武器作用早已不存在，但小小的弹弓并没有因无“用武之地”而消失殆尽，反而成为许多人热爱且钻研的藏品，可见简单的玩具蕴藏着不简单的魅力。

① 王珏，孙健，刘晓玲. 2021. 中国弹弓制作工艺的演变研究——以芜湖市玩家为例. 西安文理学院学报（自然科学版），（4）：109-113.

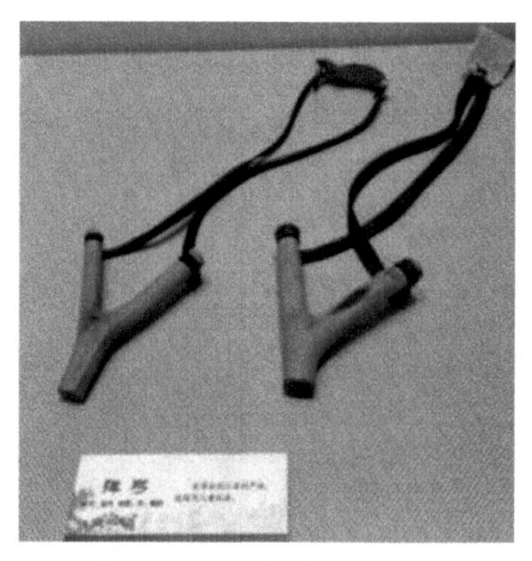

图 1-8 20 世纪 60—90 年代的弹弓（李清 摄）

4. 玩具枪

这里以非发涨海绵枪（non-expanding recreational foam gun，Nerf Gun）（图 1-9）为例进行论述。它是美国著名玩具品牌——孩之宝（Hasbro）生产的产品，近几年才由该公司引进到中国。与市面上绝大多数仿真玩具枪不同的是，Nerf Gun 打出的是由海绵做的子弹，而非塑料弹，基本没有杀伤力，因而更适合年龄偏小的孩子玩。

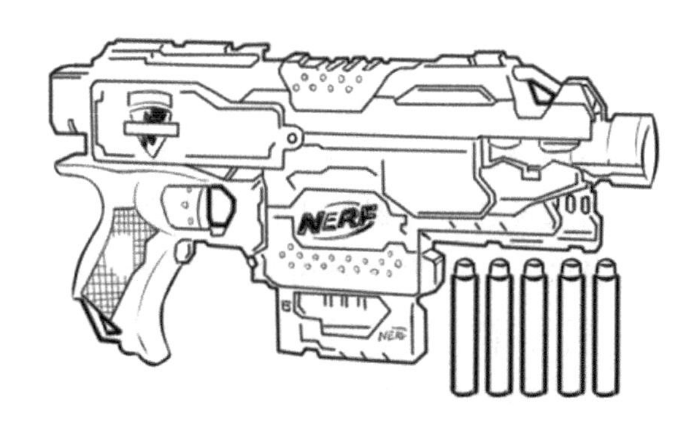

图 1-9 非发涨海绵枪（申浩敏 绘）

5. 弹力方程式赛车

弹力方程式赛车发源于美国顶尖设计学院——艺术中心设计学院（Art Center College of Design，ACCD）。弹力方程式赛车（图 1-10）的唯一驱动力来源于其车身装配的橡皮筋，设计师需要在尽可能不过多损耗橡皮筋弹力的同时，最大程度地减小车身及其他因素造成的阻力，以使赛车能够跑得更快、更远。为了使动力与阻力比达到最优，弹力方程式赛车在外观设计上多采用仿生学或流线型等设计手法。

图 1-10　弹力方程式赛车（魏文瀚 摄）

比赛规定，组委会提供的橡皮筋（长度约为 5 米）是赛车唯一的动力来源。通常情况下，根据橡皮筋在赛车上放置的方向，可以分为垂直橡皮筋驱动和水平橡皮筋驱动两种。[①]在垂直橡皮筋驱动中，橡皮筋放置的方向与赛车车轴的方向相互垂直，并通过齿轮进行驱动；在水平橡皮筋驱动中，橡皮筋放置的方向与赛车车轴的方向一致，相互平行。

当然，我们不能单纯地将弹力方程式赛车与玩具赛车这类商业化的产品画等号，前者更多的是与相关竞赛密切相关，如弹力方程式赛车国际设计锦标赛（Formula-E International Design Championship，FE）。该项竞赛由美国艺术中心设计学院于 2006 年创办，后在 2013 年与北京工业大学艺术设计学院联合主办了首届弹力方程式赛车国际设计锦标赛（中国赛区），赛事主要由高校工业设计专业的学生以团队方式报名参加。[②]赛事名称简称中的 F 是 formula 的缩写，意为方程式，有“规定”之意；E 为 elastic 的缩写，含义是弹力。因而参加该项竞赛的车辆都必须按照比赛规定进行设计，即只用一根 16 英尺（约 4.8 米）长的橡皮筋作为参赛赛车的唯一驱动力，在此条件限制下，

① 刘日．2019．FE 弹力方程式赛车通用设计原理与方法研究．现代电子技术，（18）：147-151．

② 刘日，乔源，郎蕾等．2020．弹力方程式赛车驱动橡皮筋极限性能测试试验与研究．机械设计，（3）：67-71．

设计师要以“让赛车跑得更快、更远”为根本出发点，设计赛车结构与外观造型，使其完成相关任务（40米直线拉力竞速赛、68米“L”形坡道竞速赛、94米“8”字障碍竞速赛）。

（二）弹簧玩具

1. 机灵鬼

机灵鬼（Slinky）是一种螺旋弹簧玩具。如果把它放在楼梯上，它就会在重力与弹力的共同作用下，因惯性而沿着阶梯不断伸展再复原，呈现出“拾级而下”的有趣状态。它的衍生品大多为彩虹色的，因而我们也习惯称其为彩虹圈，如今也演变成了一种益智类玩具。看似简单的弹簧结构，却可以锻炼人的手眼协调能力，同时也可以变幻出多种玩法，因而成为老少皆宜、广为流传的益智玩具。

彩虹圈（机灵鬼）是由美国海军工程师理查德·詹姆斯（R. James）发明出来的。1943年，他与同事在做实验时，为了研制最佳的强浪抗震零件，选用了弹性极好的弹簧。在实验时，他无意中碰掉了一根弹簧，弹簧借助弹性从架子上慢慢地“行走”下来。由此，弹簧的优质弹性被这位工程师所注意。他将弹簧带回家，并让妻子查看其中存在的奥秘。在研究弹簧弹性奥秘的过程中，他的妻子竟将弹簧变成了一种玩具。这就是最初的“彩虹圈”。[①]机灵鬼的发展历史如图1-11、表1-3所示。

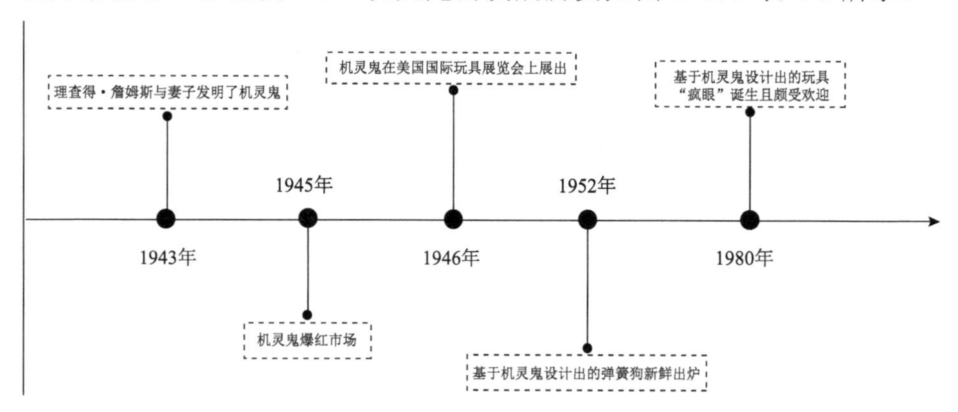

图1-11　机灵鬼的发展历史示意图

① 徐杰. 2018. 魔幻彩虹圈. 阅读，（ZD）：15-17.

表 1-3 机灵鬼的发展历史

时间	发展
1943 年	美国海军工程师理查得·詹姆斯在实验时发现弹簧“拾级而下”的现象，由此与妻子发明出了机灵鬼
1945 年	机灵鬼在金贝尔斯百货商店演示其“行走法”后，爆红市场
1946 年	机灵鬼在美国国际玩具展览会上展出
1952 年	基于机灵鬼设计出的弹簧狗出炉
1980 年	基于机灵鬼设计出的玩具“疯眼”（Slinky Crazy Eyes）诞生，也颇受欢迎

在瑞典语里，“Slinky”表示“鬼头鬼脑，圆滑，弯曲”，这一玩具就被赋予了这一含义。其上架销售初期，无人问津，但在 1945 年公开演示其玩法后爆红大卖。1952 年，其衍生品弹簧狗（图 1-12）新鲜出炉，同样风靡一时。时至今日，机灵鬼仍然在理查得·詹姆斯最初发明的设备上进行生产，人们对机灵鬼几乎没有做任何改动，唯一的改良只是在钢圈末端做了屈曲，以防止划伤。①1980 年，基于机灵鬼设计出来的玩具“疯眼”诞生，这样一种在眼镜的镜片上安装机灵鬼弹簧，并在另一端粘上两只塑料眼球的略带惊悚韵味的玩具问世后也颇受欢迎（图 1-13）。

图 1-12 弹簧狗（申浩敏 绘）

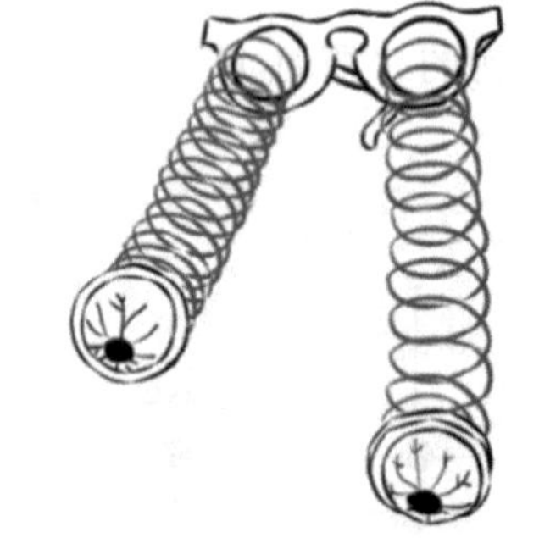

图 1-13 “疯眼”（申浩敏 绘）

机灵鬼不仅仅是游戏室里的一件小玩具，还曾被多次用于物理实

① 张玉成. 2018. 开发科学玩具：生成物理课程资源的研究. 中学物理教学参考，(23)：50-54.

验研究。美国航空航天局曾把机灵鬼带上了航天飞机，用于零重力下的物理实验。中国知网中亦有不少基于机灵鬼玩具的物理实验研究。该类弹簧玩具频频出现在初高中课堂上，用以向学生直观地展示物理力学现象，起到了良好的教学作用。

随着普及年龄范围的不断扩大、技术的不断进步、产品多样化以及销售价格的不断变化，机灵鬼也逐渐由金属彩虹圈演变成了塑料彩虹圈。在玩具制造业快速发展的今天，彩虹圈依旧没有衰落，因其具有开发智慧、令人放松心情的功效，同时还有针对老年人和幼儿锻炼手部的灵活性与平衡性的作用，不仅孩子们喜欢玩，连大人也喜欢摆弄它，其真正成了一款老少皆宜的小型娱乐玩具，甚至越来越多的舞台表演者会单独使用彩虹圈或搭配其他道具来表演节目。目前，彩虹圈还发展出了多种多样的截面形状，因此更加需要玩家自己来参与，创造新的玩法。

2. 啪啪圈

啪啪圈是一款内部有记忆金属弹片的产品，它的基本玩法如下：先将其拉成一条笔直的啪啪圈，然后轻轻拍打在手腕上，啪啪圈立刻会按照手腕的大小卷曲，从而变成漂亮的手环。为了保障孩童玩耍时的安全，啪啪圈外部一般还会嵌套一层软性材料。

发光二极管（light-emitting diode，LED）啪啪圈与普通啪啪圈的唯一区别在于，其内置有 LED 灯带。在拉直的状态下，啪啪地拍在手上，反光啪啪圈会立刻按照被卷物的大小来卷曲。它具有的强发光效果，使其可佩戴于手腕、脚踝、手臂等处，让儿童感受炫光的同时，还能在夜间起到安全提醒的作用。它还能应用于不同场景，如演唱会现场或户外场所。

一个简简单单反复的“拉伸”动作，却演变出了如此众多的玩具种类，不仅让孩童，也让成年人在这“一张一弛”之间感受到了形变与复原运动的和谐，以及其中蕴含的无限乐趣。玩是人的天性，“玩具化”“趣味化”也是万物隐藏的潜在能力。

二、发条玩具

发条是发动机械的一种装置，通常用长条状的钢片卷起来，用力拧紧，有储蓄能量的作用，逐渐松开时可以产生动力。机械钟表和某些玩具里均装有发条。[①]

发条机构是使用复杂的系列齿轮组成的机械机器。[②]发条机构通常由发条马达提供动力。马达由主发条、金属带的螺旋扭转弹簧组成，能量通过将螺旋扭转弹簧卷起而存储在主发条中。将一把钥匙连接到棘轮上，以此将主发条拧紧，而后主发条的力量会传递给发条齿轮使其工作转动，直到储存的能量用完为止。发条和弹簧是驱动主发条的设备，同时也是钟表、厨房定时器、音乐盒和发条玩具的核心机构。

发条玩具的历史由来已久（图 1-14，表 1-4）。安提凯希拉装置（Antikythera Mechanism）是已知最早的包含复杂的齿轮系统的装置，是于 1901 年在一艘失事的船上被发现的。[③]安提凯希拉装置可以说是目前已知的第一台机械式计算机。2017 年 2 月，在英国伦敦科学博物馆举办的一场机器人展览上，有一件物品来自 1560 年的西班牙，造型是一个“僧侣”机械人偶（图 1-15），其由铰链、木头等组合而成，

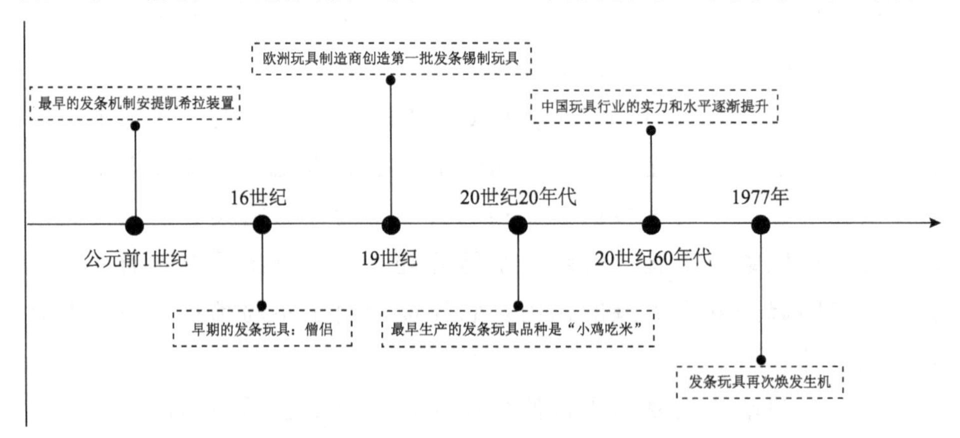

图 1-14　发条玩具的发展历史示意图

---

① 中国社会科学院语言研究所词典编辑室. 2019. 现代汉语词典. 7 版. 北京：商务印书馆，352.

② 李海涛. 2011. 发条的演变. 钟表，（1）：68-73.

③ 佚名. 2009. 世界上十大最神秘史前古物. 中国地名，（4）：53-55.

仅在体态上与人类相似，能够张合嘴唇，做一些走步、举十字架等简单的动作。①这一发条装置虽然带有浓重的宗教色彩，亦可以视作早期的发条玩具。

表 1-4　发条玩具的发展历史

时间	发展
公元前 1 世纪	出现了已知最早的发条机制——安提凯希拉装置，被应用于一种齿轮模拟计算机
16 世纪	出现了一个由关键的发条装置驱动的“僧侣”造型的人偶，带有浓重的宗教色彩，可以视作早期的发条玩具
19 世纪	欧洲玩具制造商创造并批量生产了第一批发条锡制玩具，设计成不同的形式移动和变化。在欧洲的影响下，中国广东开始生产发条玩具
20 世纪 20 年代	中国上海康元制罐厂开始生产发条玩具，最早生产的品种是“小鸡吃米”，后来逐渐发展为中国当时规模最大的玩具制造厂家
20 世纪 60 年代	华远公司在香港举办中国玩具展览会，上海生产的“母子鸡”“电动新闻照相汽车”“回轮车”“倒顺车”等一批玩具新品种参加了展出，反映了当时中国玩具行业的实力和水平
1977 年	日本的托米（Tomy）公司成功减小齿轮箱的尺寸（安装弹簧驱动器），使得已经陷入低迷的发条玩具再次焕发生机，塑料发条玩具成为新生“宠儿”

图 1-15　“僧侣”机械人偶（申浩敏 绘）

19 世纪之前的大型机器风潮过后，欧洲开始大量制造廉价的发条机器，这些发条机器一般都是发条玩具，并被设计成不同的形式移动

① 南山. 2017. 机器人时代的畅想 从伦敦机器人展览谈起. 宁波通讯，（4）：24-25.

和变化。19 世纪 80 年代后期，欧洲玩具制造商创造并批量生产了第一批发条锡制玩具，在接下来的几十年，制造商一直努力追求设计更复杂、更精巧的产品。

20 世纪 20 年代，中国也开始自主开发并生产发条玩具。最早生产的发条玩具“小鸡吃米”亦称“跳鸡”，即上发条后，小鸡可以做出跳跃、啄米的姿势。玩具外壳通常用薄铁皮经过印刷后冲压制成，此后又推出了类似“跳蛙”“跳雀”等发条玩具。

随着 20 世纪 60 年代小型廉价碱性电池推出，纯发条玩具也逐渐失去了发展势头。碱性电池使得玩具无须发条机构，只需为电机供电即可运行，更多的玩具厂商转向了开发电动玩具。此后，纯发条玩具在玩具市场上一度陷入困境。直到 1977 年，日本的托米公司成功制造出了小型精密塑料齿轮和零件，使得齿轮箱的尺寸大幅缩小，此举使得生产塑料发条玩具成为可能，也让发条玩具重回大众的视野。至此，发条玩具获得新生。

20 世纪 80 年代，在国际市场上，金属玩具的地位逐渐被塑料玩具取代。上海玩具行业及时调整产品结构，继上海玩具十五厂之后，上海玩具一厂、康元玩具厂、上海玩具三厂、上海玩具八厂和上海曙光玩具厂等 20 余家企业先后开始生产塑料玩具。[①]金属发条玩具则渐渐隐退玩具市场，成为一种收藏品。

在中国最受欢迎也最广为人知的发条玩具当属“跳蛙”。它出现于 20 世纪 20 年代，由康元玩具厂开发并生产。“跳蛙”通过旋转发条使得玩具可以模拟青蛙的运动形态，是早期中国发条玩具的典型代表，也是无数人共同的童年回忆。“跳蛙”的玩法十分简单，其身体侧壁有一个突出的发条结构，旋转发条后将其放置在桌子或地面上，“跳蛙”便会开始弹跳。旋转发条的圈数越多，“跳蛙”持续弹跳的时间也就越长。

回力车也是一种经典发条玩具。它是一种通过向后滑动蓄能，使得自己向前跑动的玩具小车。回拉马达便是回力车中使用的简单发条

① 佚名. 2017. 上海金属玩具博物馆. 玩具世界，（Z3）：8-9.

马达。回力车的后轮连接的“轴”是与回力齿轮内的齿轮固定连接的，也就是说当我们向后给这个车做功的时候，后轮向后旋转，这样就会通过“轴”传递给齿轮进行做功运动，齿轮带动回力齿轮就会使小车运动起来。

国外经典的发条玩具也有很多，如由日本制造的两款“骑马”类型的发条玩具：“骑在马背上的骑士”（图 1-16）、“马背上的牛仔与印第安人”（图 1-17）。这两款玩具均生产于 1970—1980 年。前者是一手持长矛和盾牌的骑士，上发条后，该骑士就会穿着铠甲奔腾前进。后者将玩具的钥匙孔旋转后，便可以使马下降并旋转它的尾巴，同时奔跑起来。

图 1-16 骑在马背上的骑士

图 1-17 马背上的牛仔与印第安人

八音盒也是国外一种经典的发条玩具。八音盒是一个放在盒子中的、可以自动播放音乐的乐器。其通过放置在旋转圆筒或圆盘上的一组销拔与钢梳的调谐齿（或薄片）间的碰撞来产生音符。[①]

八音盒名字中的“八音”是我国古代的传统说法。《三字经》里有这样的记载：“匏土革，木石金。丝与竹，乃八音。”古代乐器中的匏、土、革、木、石、金、丝、竹通常指的是制作乐器时用的原料，且这八种原料基本上能制作出所有的乐器，比如，匏类的笙、竽；土类的埙；革类的鼓；木类的柷；石类的磬；金类的钟、铃；丝类的琴、瑟；竹类的管、箫、笛等。

① Sophie. 2018. 八音盒：音符的守护者. 收藏·拍卖，（1）：98-103.

八音盒整体分为音梳、音筒等几个部分。音梳的原料是钢质合金，需将钢材原料切割成设定好的长度，在设备粗切割后，需要人工操作进行精细的调音工作。如乐谱般角色的音筒，在当下则是利用智能化设备进行制造的：先输入每个乐曲正确的音针位置，在音筒表面打出装置音针的小洞，然后把音针植入音筒表面。在八音盒工作时，圆筒依靠发条给予的动力工作，旋转发条时，由音针拨动音梳，由音梳发出震动和外箱产生共振，进而发出音乐。

八音盒的款式众多，但其基本工作原理都是相似的。然而，自动钢琴却是其中一种较为特殊的存在，其用打孔纸作为“乐谱”，通过压缩气流鼓动气囊，继而拉动臂力杆进行弹奏，这种自动钢琴产生于19世纪，也是留声机的前身。[①]

发条玩具给人最深的印象在于，一次次扭转发条时齿轮发出的那种清脆的啮合声。虽然现在发条玩具已不像往日一般“受宠”，但它独特的交互方式已深深地印在了许多人的脑海中。当我们再次扭转发条，再次听到那独特的机械零件碰撞的声音时，童年的画面便会浮现在脑海中。

三、机械玩具

机械玩具是一种由机械结构组成，能通过操作内部机械结构执行动作的玩具。[②]根据其结构的复杂程度，可以表现出不同层级的灵活而丰富的动作。机械玩具通常以模拟世界上的各种现象而设计，从自然运动到社会生产、从动物的各种动作到人类的日常行为、从机器的运作到交通工具的运行，甚至是童话故事情节或科幻想象都能成为设计的素材。人们通过巧妙的结构设计，赋予了机械玩具鲜活的生命力。

---

① 本刊记者. 2019. 重返音响发展的时光隧道 走访迪士普音响博物馆. 家庭影院技术，(1)：114-117.

② 刘思琪. 2019. 待时而动——清代以来机械玩具的题材与互动方式研究. 中央美术学院，3.

机械玩具运作的结构主要包括凸轮结构、传动结构、杠杆结构和曲柄结构[①]，传统机械玩具通常不需要通过电来提供动力，而是依靠橡皮筋、弹簧、惯性飞轮和发条等元件产生的机械能来提供动力，这也使得传统的机械玩具比普通的电动机械玩具更安全、更环保，使用时间更长。机械玩具的发展历史如图 1-18、表 1-5 所示。

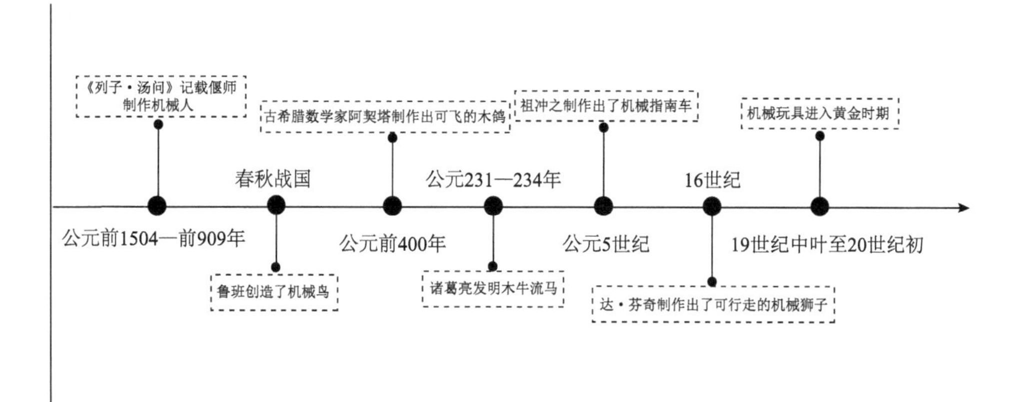

图 1-18　机械玩具的发展历史示意图

表 1-5　机械玩具的发展历史

时间	发展
公元前 1504—前 909 年	《列子·汤问》中记载了偃师制作机械人，并向周穆王展示的故事
春秋战国	鲁班创造出了机械鸟
公元前 400 年	古希腊数学家阿契塔（Archytas）创造出来一个木质的、依靠蒸汽来驱动的可自主飞行的鸽子
公元 231—234 年	诸葛亮发明了木牛流马运输器械
公元 5 世纪	祖冲之制作出了机械指南车
16 世纪	达·芬奇为法国国王路易十二制作了一个可以行走的机械狮子
19 世纪中叶至 20 世纪初	机械玩具进入黄金时期

很早以前，人们就希望制造出一些东西能模仿人或者动物的行为，

① 刘思琪. 2019. 待时而动——清代以来机械玩具的题材与互动方式研究. 中央美术学院，3.

如行走的野兽、飞翔的雄鹰、鸣唱的小鸟等，于是机械结构便产生了。最早的机械玩具通常是达官贵族家里的装饰品或献给君主的礼物。几千年来，人们为了使制造出的机械结构运作得更加生动形象，做出更丰富的动作，创造出了各式各样的结构和精密的零件。这些早先设计的机械结构以极其巧妙的运作方式给后人研究生产机器带来了启发，进而影响到了工业革命，可以说机械玩具为人类科技发展埋下了智慧的种子，也见证了人类科技的发展。

（一）早期的自动机械

从众多考古文献来看，人类在很早以前就已为艺术、娱乐和模拟而建造出了自动机械。据称第一个能够自动在天空飞行的机器出自意大利的塔伦特姆的一个工匠，传说他设计了很多机械，其中一个是机械鸟，并将其命名为“鸽子”（Pigeon）。[①]

在中国，最早有记载的机械自动结构是在公元前 1504—前 909 年。在《列子·汤问》中记载着这样一则故事：周穆王去西方巡视，在返回的途中遇上一位名叫偃师的工匠，其愿意向周穆王展示自己制造的一个小玩意。翌日，偃师便向周穆王展示了一个可表演歌舞的机械人，“领其颅，则歌合律；捧其手，则舞应节”，周穆王一度认为这是一个真人扮演的。表演结束之后，机械人眨眼挑逗穆王身边的妃嫔，周穆王勃然大怒，认为是偃师带着同伴来捉弄他，想要杀死偃师。偃师非常害怕，连忙将机械人拆开向周穆王展示，这个机械人皆以革、木、胶、漆、白、黑、丹、青之所为，内部的五脏六腑、外部的筋骨齿发虽全是人工制成，但样样俱全。“王试废其心，则口不能言；废其肝，则目不能视；废其肾，则足不能步。”拆掉了相应的部件，机械人就会失去对应的功能，周穆王惊叹道：“人之巧乃可与造化者同功乎？”[②]虽然这一记载带有奇幻的色彩，但是也向我们勾画出了人

---

① 杨健，程程. 2017. 无人机——从远古的飞翔梦想到现代的空天使者. 科技中国，(10)：102-106.

② 唐敬杲选注. 1929. 列子. 北京：商务印书馆，51-52.

类最早的机械人蓝图。

同时期的其他国家，很多工匠也制造出了各种机械玩具。这些玩具体型庞大，靠手工制成，基本上都是靠风力、水力或者气动力驱动。其做出的动作生动形象，令人印象深刻，这些玩具很快就被教会称为“魔鬼的工具”。因此，在将近1500年的时间里，由于连年的战乱以及教会的打压，机械结构并没有获得值得引人注意的发展。

（二）机械玩具的发展阶段

16—17世纪，机械玩具进入了发展期。16世纪，达·芬奇造了一个机器狮子，向法王路易十二致敬。这个机械狮子能摇尾巴、张嘴、走路，用后腿站立。据说，这个狮子在国王面前停了下来，用爪子打开胸膛，露出了一朵百合花——法国王室徽章。①

文艺复兴时期，人们对自动机械结构的兴趣大大增加，许多发条装置都是在16世纪创造出来的。来自欧洲中部的工匠制造出了各种机械装置，备受欧洲宫廷贵族的喜爱。在设计装饰花园的自动机械结构时，气动自动机和液压装置也诞生了。文艺复兴末期，开始出现带有齿轮的机械玩具，齿轮结构可以让机械玩具更精密地运转，做出更惊人的动作，有些玩具甚至可以演奏出整首乐曲或者写出完整的一句话。②

17世纪，法国成为机械玩具主要的诞生地。这些结构精巧的机械玩具甚至成了大型机器的雏形，影响了工业革命。1738年，法国工程师雅卡尔·德·沃康松（J. de Vaucanson）制作出了世界上第一个可模拟生物生理过程的自动机——会消化的鸭子（The Digesting Duck）（图1-19）。③这只机械鸭的结构模拟了生物的代谢系统，可以像真的鸭子一样进食、饮水和排泄。

---

① 小白村. 2021-11-19. 娱乐机械 大航海时代欧洲最高端“土特产”. 科技日报,(008).

② 根据西蒙·谢弗教授的纪录片《机械奇迹：发条装置之梦》整理得出。

③ 王彦雨. 2019. 沃康松：开创人形自动机的黄金时代. 自然辩证法通讯,(10):114-126.

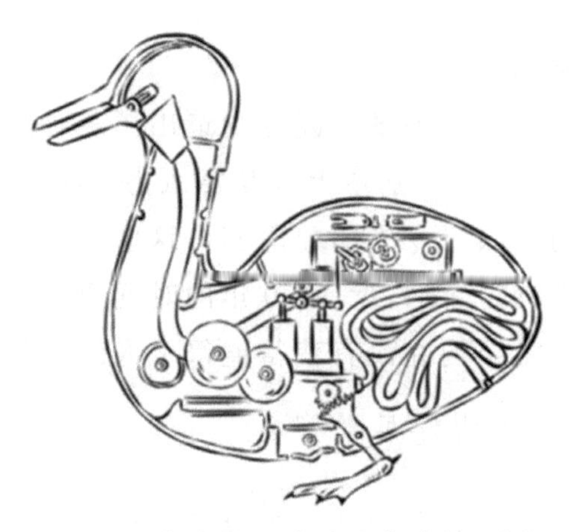

图 1-19　会消化的鸭子（申浩敏 绘）

（三）机械玩具的量产阶段

17—19 世纪，机械玩具逐步发展为可以量产的玩具产品。由于技术的发展，机械玩具的生产过程被大大简化，成本也十分低廉。以巴黎为首的许多欧洲城市出现了大量机械自动机的制造商，他们生产的产品中最受欢迎的是齿轮机械玩具，例如，会唱歌的机械鸟、会跳舞的人偶、会移动的火车和轮船等。直到今天，这些产品都是珍贵的收藏品。

这一时期，一些机械玩具外壳是用纸制成的，尽管材料相对简单，但纸制玩具需要高度的独创性来体现玩具设计师的创造性和艺术修养，虽然无法长期保存，但纸张的独特质感还是吸引了很多人，在艺术性上取得了不同于金属玩具的成就。

（四）机械玩具的电动化阶段

20 世纪 40—80 年代，机械玩具进入电动化阶段。第二次世界大战以后，厂商开始采用更加低廉的塑料进行设计与生产，电子元件的出现使电动玩具逐渐受到欢迎。20 世纪八九十年代出现了遥控玩具和电子游戏，虽然这使得传统的机械玩具失去了往日的光彩，但是它们仍然是玩具王国中不可或缺的一部分。

1939年，在纽约世界博览会期间，金属人英威腾（Elektro）和他的宠物机器狗火花（Sparko）为公众进行了表演。①

随着新材料的出现以及制作工艺的不断精进，与英威腾类似的"生硬"造型的机器人已无法满足人们对该类产品的需求，人们对更加真实的电动机器人的呼声持续高涨，因此电动玩偶类产品应运而生。电动玩偶通常围绕内部支撑框架而构建，整体由钢制成。附着在这些钢制"骨头"上的是"肌肉"，通常是由苯乙烯珠粒组成的弹性网。钢制框架为电子和机械部件提供了支撑。"皮肤"通常由泡沫橡胶、硅树脂或聚氨酯填充到模具中并使其固化而制成。

美国第一个会说话的机器人，由迪士尼（Disney）公司在1960年开始研发。1964年，纽约世界博览会开幕，伊利诺伊（Illinois）展馆轰动一时，由迪士尼研发成功的林肯（Lincoln）机器人一号首次在此登场，主题为"会见林肯的伟大时刻"。展出效果果然一鸣惊人，馆外每日大排长龙，只为争睹"林肯"演说。迪士尼公司见展出成功，便于1965年推出改良版"林肯二号"。当然，随着科技的进步，林肯三号、四号等推陈出新，动作、神情也更加细致，几可乱真。②

（五）机械玩具的开发新时期

20世纪80年代开始，机械玩具迎来了开发的新时期，种类繁多、巧妙新颖的产品层出不穷，给"机械玩具圈"带来了无限生机与活力。

1. 造波机

图1-20是一台设计制造于1980年的造波机，其通过将一枚硬币投进槽中的方式来设置波动。当马达被激活时，它会使用一系列凸轮来驱动转动杆，这会引起波浪的上升和下降，木质框架的间隔升降使它们在上升和下降时出现波纹。

---

① 王伟. 2006. 全球50大经典机器人. 机器人技术与应用，（1）：7-13

② 佚名. 2012-08-28. 林肯一号. https://www.chinanews.com/hb/2012/08-28/4139791.shtml.

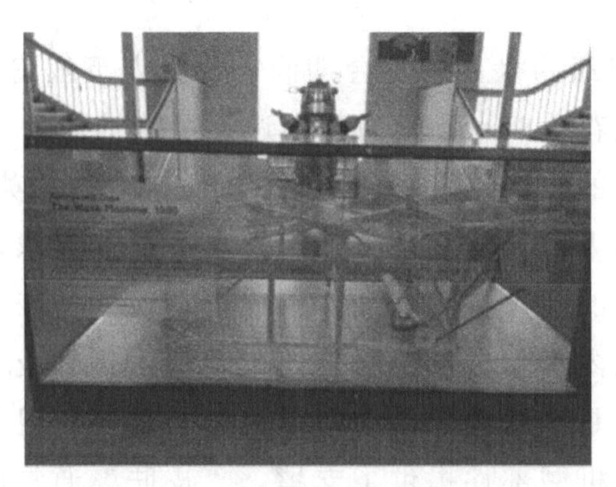

图 1-20　1980 年制造的造波机

这款自动造波机由皮特·马克（P. Mark）于 1980 年制造，设计师着迷于制造波浪般的运动，发明了这一机械玩具，据称其灵感来自跷跷板的运动。

2.“海滩怪兽”

1990 年，荷兰艺术家西奥·詹森（T. Janssen）开始用聚氯乙烯（Polyvinyl chloride，PVC）制造大型机械装置，这些装置能够自行移动，被他统称为“海滩怪兽”（Strandbeast）。自 1990 年以来，西奥·詹森一直在创造“海滩怪兽”，它们依靠机械原理和自然风力移动前行，类似于行走的动物。[①]包括“海滩怪兽”在内，西奥·詹森设计的所有模型都是基于三角形和连杆的系统进行的，与圆形轮子滚动相比，这些连杆将车轴的旋转转换成六条腿或更多条腿的踩踏运动，穿过沙滩时变得更加有效。

3. 乐高技术系列

比较著名的小型机械玩具莫过于诞生于 1977 年的乐高技术系列。这个系列玩具不同于以砖块积木为主搭建模型的传统乐高，而是以塑料连杆零件和齿轮为主，通过无钉防松结构搭建各种交通工具和工程机械模型。这个系列的玩具最迷人的地方在于，这些由数百个到上千个通用积木零件搭建出来的模型不仅模仿了机器的外形，还模拟出现

① 张宾雁. 2011. 食风的海滩怪兽：西奥·詹森的动力雕塑. 公共艺术，（1）：92-93.

实中机器的机械结构和运作方式，有的产品甚至为了表现出最真实的效果而专门配备了气动件和电动机。除此之外，因其模块化的设计，玩家甚至可以购买散装的积木零件，搭建出自己喜欢的机械装置。

4. 3D 木质拼接模型

由迈菲特（Ugears）公司出品的三维（3-dimensional，3D）木质拼接模型不同于乐高的自由组合，它的每个模块各司其职，保证了模型的完整性。[①]它不只是有拼接的乐趣，拼接完的可动性也是其一大亮点，而且无须通电，仅靠木材和橡皮筋就可以动起来，玩家在动手的过程中也可以了解一些简单的机械原理。玩具整体均采用机械传动模式，真实模拟了机械装置的每处细节，还原了模型本身构造独特的设计。它承载了模块化机械模型的理念，让冰冷的机械结构以一种别样的美感栩栩如生地在玩家手中呈现出来。

20 世纪 70 年代以前，传统机械玩具一直深受孩子们的欢迎。如今，随着电动玩具、智能玩具的兴起与蓬勃发展，虽然它们对儿童的吸引力不如从前，但其仍有着自身独特的魅力，仍是玩具大家族中不可或缺的重要角色。

如今，机械玩具的设计师不仅为机械玩具设计出更加真实的与动物或人相仿的外观和行为，还在设计“人性化”机器玩偶，开发出更多的功能，人工智能技术还赋予了它们学习的能力，使得电动机械玩具能够在人机互动方面带给人们更多的乐趣。

第二节　滑轮与杠杆驱动的玩具

一、滑板

20 世纪中期，滑板这一运动便在美国风靡，吸引了大批年轻人投入其中。随着滑板爱好者日渐增多，规模逐渐增大，慢慢形成了具有独

---

① 佚名. 2019. 企业特色玩具推介. 中外玩具制造，（3）：54-55.

特魅力的滑板文化。[①]在今天看来，最初的滑板也许是一个简单而又古朴的发明，只不过是长木板和轮子的组合，但在最初，它因能给人们带来类似于冲浪的感官体验而一度受到疯狂追捧。初期，滑板只是简单的木板和轮子的组合，造成了很多严重的事故，所以曾一度被禁止。后来，随着工艺、材料和技术的进步，滑板的安全系数逐渐走高。

滑板的发展历史如表 1-6 所示，滑板的类型如表 1-7 所示。

表 1-6　滑板的发展历史

时间	发展
20 世纪 40—50 年代	当加利福尼亚州的冲浪者想要在海上做些什么时，便发明了“人行道冲浪”，第一批滑板以木箱或木板制作，底部装有轮子
20 世纪 60 年代	第二代滑板诞生，是由多层橡木板压制而成的 15 厘米×60 厘米的板面、轮滑转向桥和塑料轮子组成的
20 世纪 70 年代	弗兰克·纳斯沃西（F. Nasworthy）开始开发一种由聚氨酯制成的轮子，牵引力和性能有了较大的提升
20 世纪 80—90 年代	街头滑板运动成为滑板运动的主导，同时滑板作为一种街头文化流行开来
2000 年至今	随着滑板游戏、滑板电影的普及，滑板运动开始向多元化、商业化方向发展

表 1-7　滑板的类型

滑板类型	介绍
双翘板	属于街式滑板，一般就是用来练习各种流行的动作，比如，翻板、豚跳、下台阶等
长板	一般用于冲坡速降，也可以用来刷街代步，板面比普通滑板长了很多
手指板	由手指控制的滑板，小巧精悍，可以随身携带，能锻炼手指的灵活度，而且能开发大脑
漂移板	最先是由美国的极限运动者发明的，是全球最轻、最小的滑板，体积小、材质轻
电动滑板	是使用电力驱动的一种滑板，不再需要通过脚推动
两轮滑板	又称为“二轮滑板”，是由两个称为“甲板”的窄平台构成的，并由一个“扭杆”连接在一起，而在扭杆中间有一个金属梁

① 李成. 2021. 滑板运动发展方向探究. 武术研究，（9）：155-156.

20 世纪 50 年代初，一些冲浪者为了将乘风破浪的感觉转移到街道上，制作了早期滑板，这些人被称为“沥青冲浪者”。20 世纪 50 年代初期，美国加利福尼亚州和夏威夷州首次开发了一种新型滑板，由较短的冲浪板和金属轮子组合制成（例见图 1-21）。20 世纪 50 年代后期，滑板运动出现了第一个高峰。当时正值第二次世界大战后，美国经济蓬勃发展，玩具业的从业者看到了滑板蕴藏的商机。1959 年，德比（Derby）发布了第一款正规滑板，并展示了一些新技术，改善了滑板的操作特性，滑板运动员也开始有意识地开发新的技巧和动作，滑板运动开始兴起。①

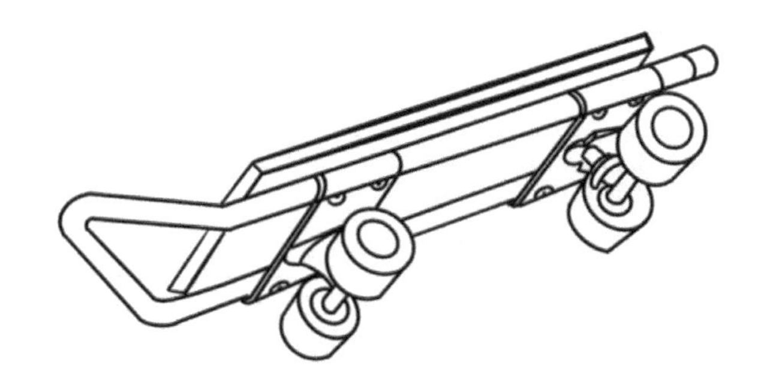

图 1-21　早期的滑板（李晓锋 绘）

滑板设计原理更符合青少年的成长特点。它结合人体运动理论和力学原理，主要利用人腰部及臀部、双脚扭动及手的摆动来驱动前进。普通滑板对骑行者的平衡能力、全身协调能力的要求较高，从而能够在游戏过程中锻炼青少年的身体协调能力、全身平衡能力等，达到运动健身的目的。

二、轮滑

轮滑运动，又称为“溜旱冰”“滑旱冰”，是一项融健身、竞技、娱乐、趣味、技巧、艺术、休闲、惊险于一体的体育运动项目。同轮滑

① 佚名. 2001. 滑板车的历史——从工具到道具到玩具. 福建质量信息，（3）：14.

运动相辅相成的轮滑鞋同样具有较为悠久的历史（表 1-8），运动者通过脚踩轮滑鞋来完成整个轮滑项目。最初的轮滑运动是从滑冰运动发展而来的，是在不结冰的季节进行类似于冰上运动的训练而产生的。①

表 1-8　轮滑鞋的发展历史

时间	发展
1819 年	佩特里德（M. Peitibled）于法国申请了第一双单排轮滑专利，鞋的构造是由 2—3 个轮子组成一直线，但是这一构想却未到达到预期的“流行”，以不了了之收场
1823 年	伦敦溜冰者泰尔斯（R. J. Tyers）为一款名为罗利托（Rolito）的滑冰鞋申请了专利，允许滑冰者通过改变重心来操纵，但是罗利托不能做转弯的动作
1863 年	美国人发明了一双轮子并排的四轮轮滑鞋，可以做转弯、前进和后退等各种动作，这就是现在流传最为广泛的双排轮滑鞋
1884 年	美国人发明了滚珠轴承，对于改进轮滑技术起到了极大的作用
1900 年	派克与斯奈德（Peck&Snyder）公司在 1900 年为一种带两个轮子的直排轮滑鞋申请了专利
1938 年	克里斯蒂安·西弗特（C. Siffert）设计了一种便宜的直排轮滑鞋，它不仅可以在人行道上使用，还可以在冰上使用
1941 年	类似于现代直排轮滑鞋的单排轮滑鞋开始在荷兰出现
1972 年	山露（Mountain Dew）在加拿大出售“旱冰鞋”（Skeeler）。这款三轮直排轮滑鞋是为俄罗斯曲棍球运动员和速度滑冰运动员开发的，是今天直排轮滑鞋的早期版本
1979 年	来自明尼苏达州明尼阿波利斯的奥尔森兄弟（S. Olson，B. Olson）和曲棍球运动员找到了一对芝加哥直排轮滑鞋，并开始使用现代材料重新设计它们
1984 年	斯科特·奥尔森为轮滑鞋增加了一个后跟制动器，以帮助初学者克服无法停止的恐惧

轮滑运动是从滑冰运动演变而来的，后来在我国发展也较快（表 1-9）。②

表 1-9　轮滑在中国的发展

时间	发展
19 世纪 60 年代	轮滑运动传入中国，当时仅限于沿海个别城市，且都是以娱乐活动来进行
1980 年	中国轮滑协会成立，并于同年 9 月加入国际轮滑联合会

① 屈强，屈家乐. 2015. 轮滑运动的起源与发展. 赤峰学院学报（自然科学版），(3)：157-158.

② 荆晓伟，母应秀. 2013. 浅析自由式轮滑运动的发展现状及趋势. 现代交际，(9)：121-122.

续表

时间	发展
1982年	5月，首次在上海举办了“金雀杯速度溜冰邀请赛”。10月，在北京举办了“环球杯轮滑邀请赛”
1983年	在首都工人体育场举行第一届全国轮滑锦标赛，比赛有速度滑冰和花样滑冰两项
1985年	从第一届亚洲轮滑锦标赛开始，中国陆续带队参加
2005年	世界速度轮滑锦标赛在苏州举办，这是迄今为止中国举办的最高水平的轮滑赛事

历经多年的发展，轮滑已经脱离了最初的舞台，不但成为一项休闲运动，而且也成了奥运会中的一种竞技性体育项目。

在日常生活中，人们接触最多的是休闲轮滑。任何一个轮滑爱好者穿上轮滑鞋在街道、公园、广场穿梭，都可以称为休闲轮滑。穿着轮滑鞋在街道上穿梭滑行，这样的“刷街”是休闲轮滑的重要方式。

花样轮滑是目前赛事规则比较完善、参与人数较多的轮滑竞技项目，分为单人、双人轮滑舞和圆形轮滑舞（规定动作）。运动员一般脚踩双排四轮轮滑鞋进行表演，评委根据动作的难易程度、舞姿的优美程度打分确定胜方，同时运动员还要留意音乐的节奏和时间。

轮滑曲棍球是一种使用轮滑鞋在开阔、平滑的场地上击打曲棍球的运动，根据使用的设备分为两种变体形式：单排曲棍球和双排曲棍球。在进行专业比赛时，轮滑曲棍球运动一般在专门的场地进行，在日常生活中也可在任何开阔、平滑的场地举办比赛，使用最多的就是溜冰场和水泥平台。

自由式轮滑是轮滑运动中的一个项目，早期被称为“平地花式”，后经中国轮滑协会统一命名，称为自由式轮滑。它不但能提高人体的一般身体素质，还能提高身体的平衡能力、协调能力和灵活性，同时能培养人正确的身体形态。[①]

轮滑无疑是一种充满乐趣的运动项目，可以让孩子一边享受童年，

① 荆晓伟，母应秀. 2013. 浅析自由式轮滑运动的发展现状及趋势. 现代交际，（9）：121-122.

一边在快乐中培养兴趣爱好。对于孩子来说，轮滑的娱乐性更强，可以享受速度带来的乐趣。学习轮滑不仅能够锻炼孩子的心肺功能、提高平衡能力和身体协调性，还能训练孩子的反应速度。此外，轮滑运动也为孩子提供了更多与同龄人互动、竞技的机会，对促进孩子的社交能力也有积极作用。因此，通过学习轮滑，孩子们的身心能够获得全面发展和成长。

三、摇摇马

摇摇马也叫木马，是形状像马，类似于摇椅的一种儿童玩具。它大致可以分为两种：一种是马形的部分连接到一对与地面接触的弯曲条状物上；另一种是马匹通过弹簧挂在硬质结实的框架上，马相对于框架不动。①早期的摇摇马是用木头做的，现在也有塑料、金属等其他材质的。孩子可以坐在上面前后摇晃，感受惯性带来的愉悦。

摇摇马最早出现在 17 世纪。早期的摇摇马其实是中世纪的骑士用于练习角逐的倾斜座椅。当时，一些摇摇马甚至使用滑轮和杠杆来产生缠绕或倾斜的动作，这一结构可以通过力的分布让倾斜等动作更加灵活。

从 18 世纪开始，摇摇马的外观工艺得到不断改进，外形酷似真马，但是因为价格昂贵，并没有成为普遍流传的玩具。之所以价格昂贵，是因为当时木匠制作木马一直采用传统方法，即用木头手工雕刻完成后再绘制上色。为了保证摇摇马更像真马，工匠会使用皮革来为木马配上马鞍和马笼头，最著名的是经典的英式斑纹灰摇摇马。

最早的玩具摇摇马大约从 1800 年开始生产，不同于现代的有分叉的底座和两侧马鞍脚踏，当时的摇摇马是将雕刻精细的木质马匹两侧的腿用木条连接，再在木条之间系上绳索，把绳索搭在“工”字形的框架上。②

19 世纪中期，玩偶婴儿车和儿童版交通工具开始出现，摇摇马在

① 郑俐. 2013. 摇摇马. 河南教育（幼教），（11）：26.
② 郑俐. 2013. 摇摇马. 河南教育（幼教），（11）：26.

这一时期也实现了工业化生产，正式产生了如今遍布全球的摇摇马玩具。这一时期生产的摇摇马普遍是扁平的，半圆形的侧面，中间有一个座位，便于摇晃。

摇摇马的发展历史和类型如表 1-10 和表 1-11 所示。

表 1-10　摇摇马的发展历史

时间	发展
公元前 5 世纪	在对古埃及的考古中发现了玩具马的记录
16 世纪	木马发展成“桶马”的样式。“桶马”是用四根木腿支持起来一个圆桶，在末端有一个粗糙的马头
17 世纪	木制摇摇马首次出现在欧洲，当时是为了训练中世纪的骑士
18 世纪	这一时期的摇摇马身体由工匠手工雕刻，且会用牛皮装饰
19 世纪	玩具摇摇马面向大众推广，并风靡整个欧洲
20 世纪中叶	面对电动玩具的发展浪潮，摇摇马也在电动功能上有了改进，出现了投币电动摇摇马、旋转木马等玩具

表 1-11　摇摇马的类型

类型	介绍
摇摇马 1	部分牢固地连接在一对与地面接触的弯曲摇杆上
摇摇马 2	将马通过韧性带子挂在钢性框架上，马仅相对于框架移动，框架不移动
弹簧摇摇马	一种有弹簧的可以晃动的马匹造型的户外娱乐设备
儿童摇摇车	一般是投币式的儿童娱乐设施，和木马一样都是通过摇晃带给儿童快乐
旋转木马	带有座椅的旋转圆形平台，上面环形布置了许多可以载人的拟真动物“座椅”

摇摇马对儿童有很多益处，首先它能增强儿童的自我保护意识，儿童在前后摇摆的过程中会意识到用力的分寸，知道自己如何做才不会受伤；其次，能够锻炼儿童的平衡能力，让孩子适应摇晃的过程，慢慢锻炼运动神经；最后，还能锻炼儿童的抓握能力和手臂肌肉力量，尤其是在抓握把手的过程中。对于儿童来说，木制摇摇马特别有用，它们既可以促进锻炼，也可以激发他们的体感，儿童越早得到适当的平衡，就能越早正确行动而不会对自己造成伤害。摇摇马所需的运动有助于孩子形成肌肉记忆，提升他们保持直立的能力。

在幼儿园中，教师可以鼓励孩子们玩摇摇马，孩子们在玩耍的过程中，既能享受到乐趣，又能获得成长所需的锻炼。摇摇马无疑是一种极具教育价值和娱乐性的儿童玩具。

四、跷跷板

跷跷板是一种体育运动玩具，由长板和架组成。长板正中架于架上，长板两端坐人。玩时，人坐于板上紧握扶手，便可以上下起伏（图 1-22）。

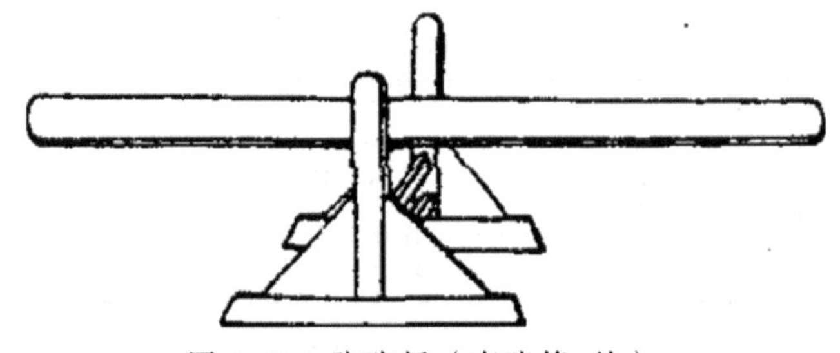

图 1-22　跷跷板（李晓锋 绘）

跷跷板是由单个轴点支撑的长而窄的板，轴点通常位于长板的中点，一端上升，另一端下降，是一种常见的儿童玩具。两个小朋友对坐两端，轮流用脚蹬地，使一端跷起，另一端下落，如此反复游戏以取乐。

在漫长的农耕文明时期，我国民间不但将跷跷板作为孩子们娱乐的工具，同时也将其运用于生产生活的方方面面，其中最为典型的就是桔槔。桔槔是用于取水的原始农用工具，其也利用了杠杆原理。它的一端是椭圆形石头，另一端往下拽压，通过两端此起彼落的上下运动，水桶落于水中将水提起，灌溉农田。这一工具的使用自人类进入农耕文明开始，一直持续到 20 世纪末。

跷跷板的发展历史如表 1-12 所示。

表 1-12　跷跷板的发展历史

时间	发展
公元前 3 世纪	桔槔始见于《墨子·备城门》，是一种利用杠杆原理制成的取水机械，类似于今天跷跷板的形式

续表

时间	发展
17 世纪	欧洲出现了在土堆上放置木棍以供玩耍的简易跷跷板
18 世纪	出现了精巧的四座“十”字形跷跷板，一次可供四个小朋友玩耍
19 世纪	采用现代工艺制作的跷跷板（儿童玩具）出现在欧洲
20 世纪 30 年代	日本昭和初期，跷跷板被列为应该安装在儿童游乐园中的供儿童娱乐的设备
20 世纪 50 年代	中国上海开园的绍兴公园安装了跷跷板，成为一代人的记忆
20 世纪 80 年代	跷跷板工艺在我国的发展日趋成熟，工业化生产的跷跷板进入各大城市的公园、小区

跷跷板还有一种很特殊的形式，那便是深受朝鲜族及俄罗斯族等少数民族喜爱的压翘板。压翘板是一种健身体育项目，其趣味性强，又有锻炼身体的作用，是一款主要由女性之间对局的传统户外游戏。[①]其玩法类似于跷跷板，但技巧性更强，参与者站在板的每一端并跳跃，将对面的人推向空中。作为表演时，会呈现诸如在空中翻转或跳绳的杂技技巧。当作为竞技运动时，像跷跷板一样跳到两侧，一个人跳起来下落压住一端，另一边的人飞得很高后下落再压起另一个人，一旦其中一方踏空掉下跷跷板，则判定其失败。

跷跷板作为一种机械结构是利用杠杆原理制作的。跷跷板类似于一个杠杆，由梁和支点组成。人对跷跷板的压力是动力和阻力，人到跷跷板的固定点的距离分别是动力臂和阻力臂。重力加速度导致跷跷板两端一上一下，高者重力加速度要大于低者，所以高者下降，同时在杠杆原理的作用下将低者翘起来，如此循环。

如今跷跷板主要安装在居民区、公园等场所，作为一种儿童游戏装置，很受孩子的欢迎。跷跷板在游戏过程中需要两个孩子之间进行很好的合作。从安全角度考虑，5 岁以下的孩子玩跷跷板需要成人陪伴，因为太小无法照顾对方的感受，会出现擅自离开跷跷板的情况，容易发生意外事故。另外，小孩子不懂得控制情绪，玩耍时容易激动，一旦双方的速度过快且无法控制，也有可能会造成伤害。

① 周小丹. 2015. 我国朝鲜族跳板活动兴起寻绎. 体育文化导刊，（1）：180-183.

跷跷板是珍贵童年回忆的一部分。儿童在游戏情境中尝试操作并用计数形式来比较物体的轻重，运用记录表分析推理和判断物体间的轻重关系，能培养儿童的合作意识、分析观察能力，让其体验参与活动的乐趣。[①]可见，跷跷板不仅是孩子们的游戏，更是他们成长的阶梯。

滑板、轮滑、摇摇马和跷跷板都是儿童成长过程中的经典玩具，各自陪伴着他们度过不同的欢乐时光。这些玩具不仅能有效锻炼儿童的平衡力和控制力，更重要的是，它们为儿童提供了与同伴互动、体验游戏快乐的机会。在这些游戏中，孩子们可以自由摆弄、操纵玩具，充分发挥他们的想象力和创造力，这完全符合儿童的心理发展特征和能力水平。此外，家长在与孩子一同参与这些游戏的过程中，也能增进亲子之间的交流，加深彼此的情感。

第三节 音响与击打玩具

一、吹奏玩具

无论是在母体内还是出生后，声音都是人们最早感知到的外部刺激之一，对于人的发展和认知具有重要的作用。声音，在吹奏者的巧妙操控下，与乐器和谐共鸣，引发空气的细微振动，变幻出绝妙的旋律与节奏。

（一）哨子

哨子是用金属、竹木或塑料制成的能吹响的一种小型器物，其形制甚多，用途不一。古代的哨子大都做成动物的形状，有牛形、鸡形等，吹响时仿佛是牛在叫、鸡在打鸣，非常好玩，其中以寿山石哨较为著名（图 1-23）。

① 陈贺芳. 2011. 大班数学活动：一起来玩跷跷板. 早期教育（教师版），（2）：34-35.

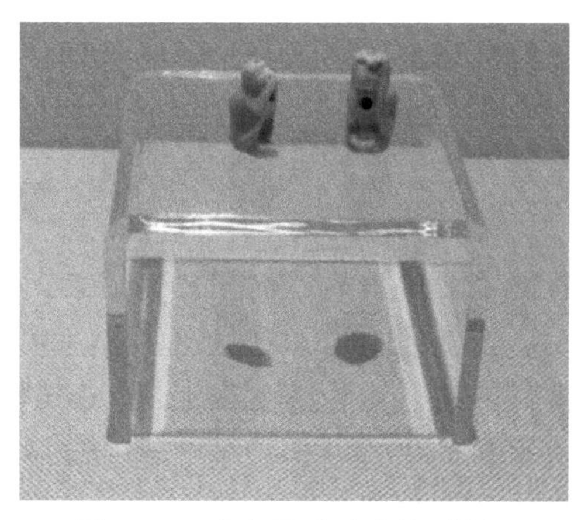

图 1-23　寿山石哨（李清 摄）

哨子是一种用嘴吹的发声玩具，吹奏者吹出的气流从哨中穿过产生声音，气流的大小决定了声音的高低。早期人类在雕刻葫芦或树枝时，发现它们可以发出声音。在中国，哨子的发展历史悠久（表 1-13）。余姚河姆渡遗址和长葛石固遗址都曾发现有禽类肢骨制成的哨子。长葛石固遗址中发现的骨哨，管状截面呈马蹄形，中间有一个纵向椭圆的开口。在西安半坡遗址出土了两枚距今 6000 多年的陶哨，其中一枚呈橄榄形。

表 1-13　哨子在中国的发展历史

时间	发展
新石器时代	浙江余姚河姆渡遗址出土了一批骨哨和仅有一个吹孔的陶埙。在西安半坡遗址出土了两枚距今 6000 多年的陶哨
殷商时代	出现了五音孔陶哨，能完整地吹出七声音阶
后汉	出现六音孔陶哨，而且能够吹出一部分半音，开始转变为演奏雅乐的吹奏器
唐宋	随着制瓷业的发展，烧制出瓷质哨子，一部分哨子的功能逐渐转变为儿童启蒙玩具
民国时期	出现了一种名为“叫咕”的注水玩具哨子，其音婉转。普通哨子也开始使用不同材料制作，金属哨子流行一时
现代	玩具哨子的材质以塑料为主，造型多样，颜色丰富

在历史的长河中，口哨与哨子作为高效的命令工具发挥了重要的作用。战争期间，指挥官通过口哨向弓箭手传达命令，这种简单

的声音信号在混乱的战场上能够清晰地传达意图。同样，在海军舰艇的帆船时代，水手长（Boatswain）使用一种与口哨结构相似的哨子，它既用于发布命令，又在致敬贵宾时吹响，这些都说明了哨子的实用性。

在我国，随着制瓷业的发展，到了唐宋时期，人们便依桃核或者杏核的形状制成了瓷质的口哨（例见图 1-24—图 1-26），有的在一端打一小孔用来拴绳子，方便挂在胸前，防止丢失。特别是宋代，各类器物的制作工艺和考究程度达到了鼎盛。瓷哨这一深受孩童喜爱的玩具更是种类繁多、形式多样。只要是发达的地方，窑口都大量烧造，先是手工制造，有了陶模以后，开始用模具制造。该时期的瓷哨有十二生肖、人物、鞋子、鱼、狮子、猫、蟾蜍、鸽子、佛像等造型。

图 1-24　磁州窑哨子（李清 摄）

图 1-25　黄土釉人面哨（马雨萱 摄）

图 1-26　鸽形哨（马雨萱 摄）

为了便于吹奏，古人发明了两孔的哨子，一个孔用来送气，另一个孔则用来发声，送气孔小而直，发声孔较大，里面有一定的气流回旋空间，且送气孔和发声孔不在同一平面。哨子的送气孔是凹进去的，吹气时人的嘴唇部分被凹进去的部分包裹起来，这样气流就不会外漏，此类哨子的声音迂回低沉。后来，随着人们习惯的改变，送气孔一端就制成了凸出的口含式，人们吹气时只要将送气孔含在嘴里吹，哨子就能发出声音。这种哨子气流充足，发出的声音清脆，如官靴哨和核形哨（图 1-27，图 1-28）。

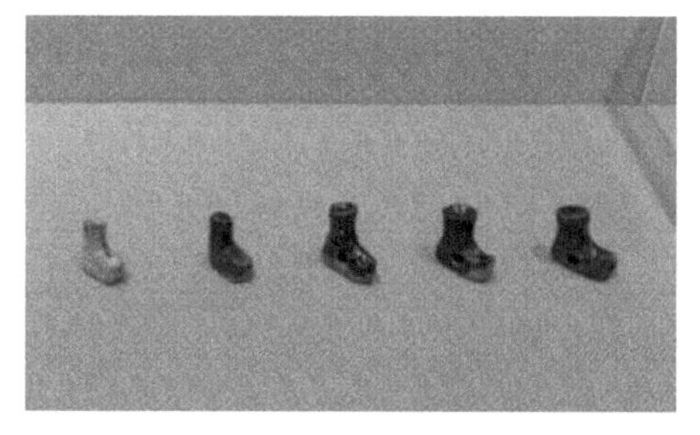

图 1-27　官靴哨（马雨萱 摄）

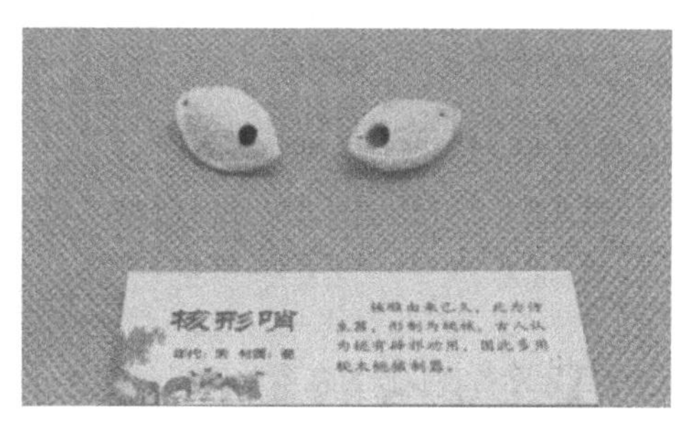

图 1-28　核形哨（马雨萱 摄）

近现代，人们意识到单纯的哨音不够悦耳，就发明了一种可以给里面注水的瓷哨，名为“叫咕”。它同样是两个孔，但是发声孔下端变得较大，里面能够容纳较多的水，从送气孔一吹，吹动发声孔下面的水，水的波动就会改变气流的方向，这种哨子发出的声音一般变化较多，相对动听悦耳。受此启发，人们又给哨子里面装了一个固体的小豆，用嘴一吹，小豆在里面旋转，哨子的声音就更大了，而且随着送气的停顿变化，可以模拟出人声来。同时，制作哨子的材料也由以前的陶瓷变成了塑料或者金属，后来这种哨子被广泛应用于体育比赛或者军事训练中，如铜哨（图 1-29）。

图 1-29　铜哨（马雨萱 摄）

（二）吹龙

吹龙（图 1-30）是口哨的一类变种玩具，年龄较小的儿童非常喜欢它。最早的吹龙是用印有图案的蜡纸制成的，开口处有一硬纸做吹嘴，吹时纸龙充气伸直，并发出响声，离开便缩，伸卷而戏。当玩家吹气时，纸管会随着声音膨胀，当停止吹气时，它会重新卷回来，通常多用在派对上活跃气氛。它的使用方式看起来很独特，儿童喜欢把它当作玩具随时带在身边。

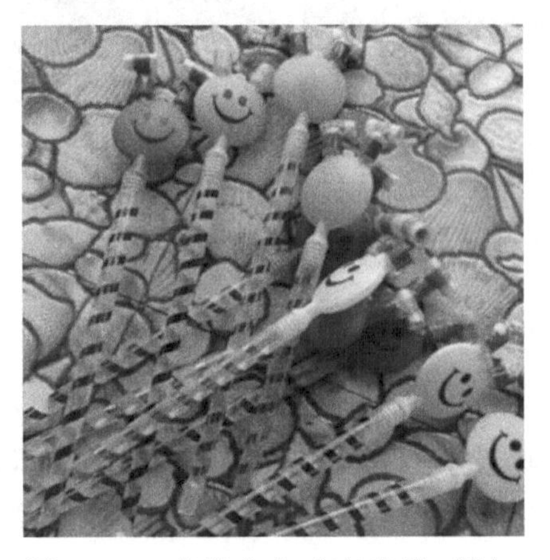

图 1-30　现代吹龙（李晓锋 摄）

（三）陶笛

陶笛是一种用陶土烧制而成，内有空腔的管乐器（图 1-31）。看到陶笛，有很多人会联想到中国很古老的一种乐器——埙。埙跟陶笛是否有共同源头，目前尚无定论。但是，除了埙之外，中国类似的陶土乐器还有宁夏的“泥哇呜”、湖北的“呜嘟”，其与现代陶笛基本一致，不但在外形上区别不大，而且都有像陶笛那样的哨口，甚至连孔数都完全一样。陶笛在国外被称为奥卡利那笛，相传是意大利人发明的，当时风靡一时。大约 18 世纪 60 年代，意大利出现了开始制作陶笛的工厂，并且不断对陶笛进行改造。[①]

① 仇雨薇. 2020. 以泥哇呜和陶笛为例的埙乐器比较. 宁夏大学：13.

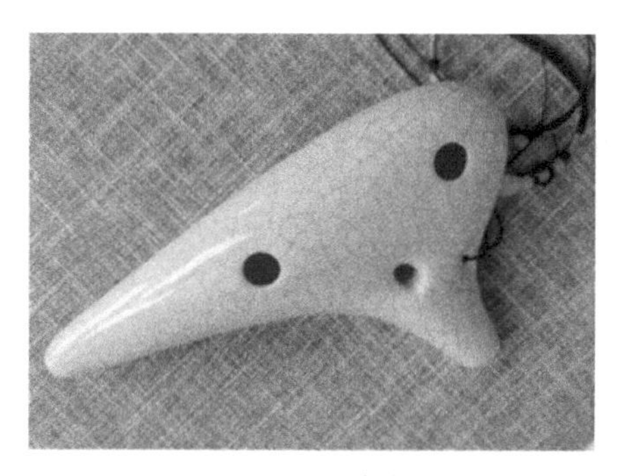

图 1-31　陶笛

近年来，陶笛在国内外盛行，越来越多的研究者加入陶笛的研究中，我国也涌现了一大批投身陶笛事业的艺术家（如周子雷）、一些陶笛生产厂家（如中国嘉兴的风雅陶笛）。目前，普遍推广的中国陶笛是陶笛演奏家周子雷借鉴中外历代陶土乐器基本特点改良研发出来的，指法指序科学、便捷，音域宽广。[①]我国台湾地区还发展出了具有地方特色的陶土乐器，比如，以制造紫砂壶用的陶泥所做的紫砂笛，它硬度较高，声音也特别清脆。陶笛还发展出一些动物、水果造型的装饰用的品种，可以当作吊坠佩戴。

（四）琉璃喇叭与扑扑噔

琉璃喇叭与扑扑噔（图 1-32）是 20 世纪 80—90 年代普遍存在于

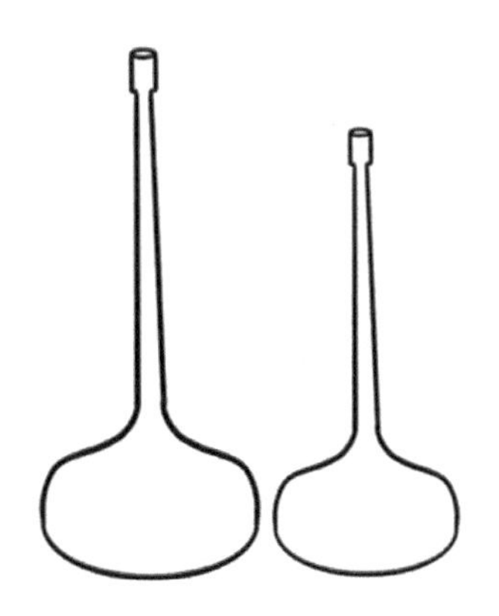

图 1-32　扑扑噔（李晓锋 绘）

① 李红敏. 2015. 周子雷 音乐是五彩斑斓的. 音乐时空，（6）：35-40.

中国的儿童吹奏玩具，它们头大，呈扁圆形，中接细长管，用嘴吹，极薄的玻璃在气流的鼓动下发出了声音，清脆悦耳。它曾在民间广为流行，逢年过节在各个集市有售。

琉璃喇叭始于明代，在清代广为流行，是用玻璃溶液吹拉成型，小喇叭长 30 厘米左右，大喇叭长约 120 厘米，吹奏时声音高亢、响亮。琉璃喇叭与扑扑噔都是由北京琉璃厂率先创制的。扑扑噔呈扁瓜形，嘴长而直，底部极薄，向嘴里吹气时，底部随气压变化而里外抖动，就会发出“嘭嘭”的响声，连续吹吸时，响声连成串。明清两代，此物多见于文人笔记中，也写作“布布暑”“倒掖气”“响葫芦”，又作“鼓踏”。[①]

琉璃喇叭的最大缺点是易碎，不仅给保存和运输带来不便，而且会严重威胁儿童的人身安全。因底部极薄，吸得过猛就会被损坏，旧制吹吸时常在吹口上罩一块纱布，以防止破碎时把玻璃碎片吸入口中。20 世纪 60 年代以后，江南各地也出现了扑扑噔，形制仍如其旧，20 世纪 80 年代以来，北京新型文化庙会上又恢复了扑扑噔的货摊，但安全问题仍然未得到彻底解决。琉璃喇叭与扑扑噔作为特殊的音响玩具，有较强的时代特征和民俗特征，在中国民间玩具史上占有一定的地位。

随着音乐玩具的发展，新型的吹奏玩具也应运而生。原创吹奏玩具儿童水笛是为 2—10 岁儿童设计的一款启蒙音乐玩具。传统的笛子通过气息吹奏的学习，可以吹奏出不同旋律的乐曲。年幼的儿童学习气息以及指法的练习比较困难，儿童水笛（图 1-33）作为吹奏启蒙产品，通过控制水位发出不同的音律，可以独奏，也可以作为一排合奏，能让儿童体验到吹奏的乐趣。

水笛的原理与竹笛相似，由传统水笛改进而来，使用者通过哨口向管内吹气，在管内形成气流，不同高度水位的气流发出的声音不同，每个水位的高度代表一个音符，由此可以发出多种音律。

① 王连海. 2007. 李嵩《货郎图》中的民间玩具. 南京艺术学院学报（美术与设计版），（2）：37-41.

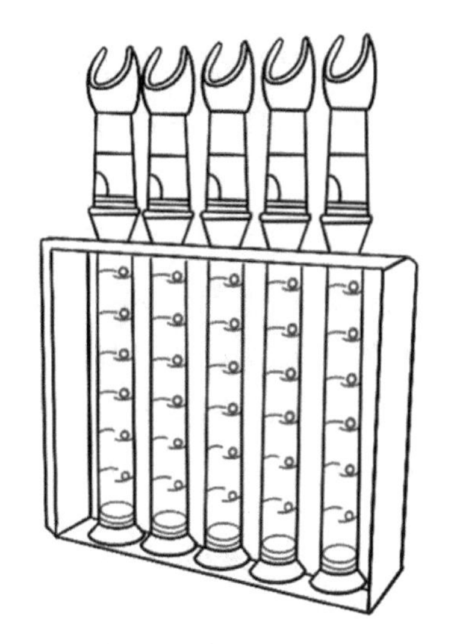

图 1-33　儿童水笛启蒙音乐玩具（李晓锋 绘）

前述传统乐器类玩具作为民族文化的重要载体，有着鲜明的民族特征和浓厚的文化底蕴。作为中国传统音乐艺术的载体，其自身的艺术价值不可估量。如今的制作工艺和材料得到了改良，工匠们在保持本土文化特色的基础上，充分发挥创新精神，融入了流行元素，让这些传统玩具焕发出新的生命力。更重要的是，这些传统乐器类玩具普遍简单易学，符合孩子的生理和心理发展规律与特点，非常适合在儿童群体中推广。通过玩耍这些玩具，孩子们不仅可以受到音乐的熏陶，还可以更好地了解和传承中华民族的文化遗产。

二、击打音乐玩具

打击乐器也称作"敲击乐器"，是一种以摩擦和刮、击打、摇动等方式产生音乐效果的乐器的总称。由于击打位置和力度的不同，其发出的声音大小和音质也不同。一些打击乐器还可以产生和声的效果。击打乐在产生之初是为了缓解劳作的疲惫，劳动工具作为击打伴奏，伴随着人们发出的呼声，用于缓解人们劳作之后的疲惫，启发人们产生了将劳动用具转化成乐器的想法。按照有无固定高音，可以将其分为有固定高音的打击乐器（如鼓、编钟等）、无固定高音的打击乐器（如拍板、陶响球）等。根据打击乐器的发音体不同，又可以将其分为膜鸣乐器和体鸣乐器，前者是通过打击在乐器的革膜或皮膜表面发出声音，后者则是通过敲击乐器本身发出声音。

（一）陶响球

陶响球（图 1-34）又称为摇响器，大多呈球形，带柄或不带柄。它的基本特征是中空，内装陶丸或石子，摇动时沙沙作响。其外刺有篦点几何纹，钻有透孔。[①]这种玩具很适合幼儿，也有简单的乐器功用，能锻炼幼儿的听觉和视觉。

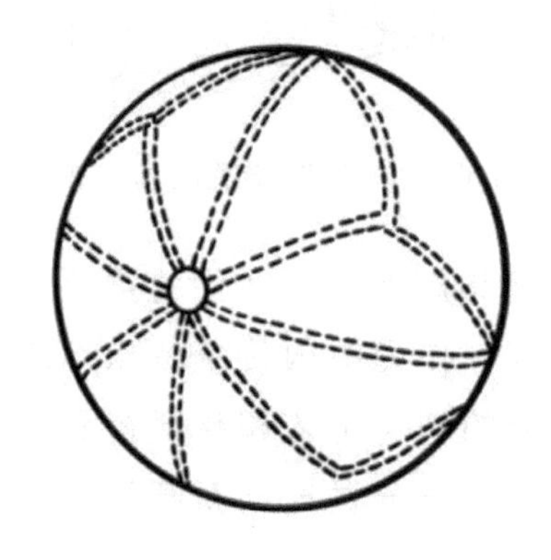

图 1-34　陶响球（李晓锋 绘）

在我国新石器时代的考古发掘中，发现了一种陶制圆球。这种陶球较大，内部中空，储有弹丸和石粒，摇动时沙沙作响，国家博物馆的宋兆麟先生将其命名为“陶响球”。这种陶响球常见于长江中下游地区，其中心在湖北省境内。另外，东到苏南，西抵川东，南到湘北，北至南豫也都有发现。从年代上来看，陶响球在距今约 5000 多年的大溪文化中就出现了，在其后的屈家岭文化及后来的龙山文化中均有出土。[②]与此相似的原始玩具还有陶手铃、陶响鱼（图 1-35）等，它们同样承载着古人的智慧与创意。

---

① 王子初. 2001. 摇响器. 乐器，（4）：68-69.

② 朱瑶洁，任佳盈. 2014. 传承中的发展 陶响球演进历程. 中外玩具制造，（6）：74-75.

图 1-35 灰陶响球、灰陶手铃和灰陶响鱼（李清 摄）

从考古发现的许多陶响球实物来看，其外表都有精美的花纹，有些还绘有彩色，保存完好，是一种击打音乐玩具，也可以作为舞蹈的伴奏乐器。在陶响球的投掷游戏中，由于是将球置于网兜中进行投掷，相对地减少了陶响球的碰撞和破损。陶响球能发出清脆的音响，不仅能使投掷者闻其声而知球至，提高接球的准确率，而且能活跃气氛。古时候，人们的物质生活并不丰富，孩子们能玩的器物较少，一直到汉魏，陶响球这一类玩具都是孩子们热衷的。

当人们放弃使用易碎的陶土材料，转而使用其他材料制作响球玩具时，响球玩具的外观形式发生了显著变化。现在，它不只是单独的一个小球，而是一串小球连接在一个便于摇晃的把手上，从而组合成一种新玩具。这种玩具有多种名称，如哗啷棒、花棒锤、花楞棒等。现代哗啷棒（图 1-36）是一种婴幼儿培智玩具，通常为无毒塑料或木头制成，装有铃铛等发声部件。

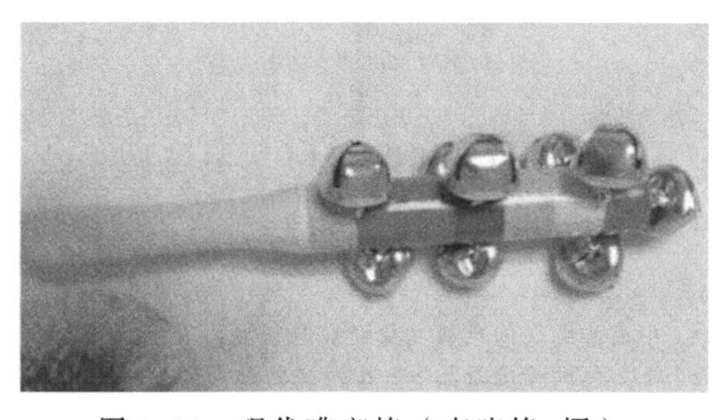

图 1-36 现代哗啷棒（李晓锋 摄）

（二）拨浪鼓

在我国，拨浪鼓的历史悠久。1978 年，在湖北随县擂鼓墩出土的战国时期的青铜座建鼓，底座上插有一根立柱，柱的中央是鼓，鼓身为长形，是木制的，类似于今天的腰鼓。青铜座建鼓的形态神似一个巨大的拨浪鼓，只是未装双耳。①有人推测其为拨浪鼓的出现提供了基础。早期的拨浪鼓（图 1-37）更多是乐器而非玩具。作为打击乐器的拨浪鼓曾用于历代宫廷雅乐，流入民间后在功能上推陈出新。进入宋代之后，拨浪鼓不仅衍生出了叫卖物品者使用的一种鸣响打击的工具，更成为了一种儿童玩具。②它的鼓身可以是木做的，也可以是竹做的，还有用泥、硬纸做的；鼓面用羊皮、牛皮、蛇皮或纸制成，其中以木身羊皮面的拨浪鼓最为典型。其整体形态简洁大方，主体是一面圆形小鼓，象征着圆满、团圆，演奏时左右摇动，音色清脆响亮，寓意阖家欢乐。在用色方面，拨浪鼓可大致分为两种：一种是在鼓面上绘制各种花纹；另一种是在鼓身上加彩绘。这些装饰既增加了拨浪鼓的审美特色，又从视觉上强化了拨浪鼓的娱乐特征。③

图 1-37　早期的拨浪鼓

拨浪鼓在我国的发展历史如表 1-14 所示。

---

① 刘飞龙. 2011. 中国传统民间玩具文化研究与市场再开发. 天津科技大学，13.

② 马方，付璐. 2013. 民间传统玩具——拨浪鼓的设计美学研究. 设计，（8）：46-47.

③ 张卉卉. 2021. 浅谈竹材再设计传统民间玩具拨浪鼓的传承与创新. 天工，（7）：122-123.

表 1-14　拨浪鼓在我国的发展历史

时间	发展
商	在商代殷墟甲骨卜辞中多见“鼓”字
战国	战国时期产生的鼗作为打击乐器，依靠摇动时双耳自击发声，发声的节奏轻重、音律高低、声音大小都不容易控制，不能圆满准确地完成复杂的鼓点
汉	三国东吴僧人康僧会编译的《六度集经》中也有关于民间儿童持拨浪鼓玩耍的记载
晋	酒泉西沟村魏晋画像砖墓墓室西壁的一块画像砖上，画有一人骑白花马，一手举拨浪鼓摇动，一手执鼓槌敲击置于腰腹间的扁平圆鼓
宋	北宋苏汉臣所作《五瑞图》中，童子手中的拨浪鼓也是以玩具的形式出现的
现代	现代，各种拨浪鼓均是工业化加工生产，多以木质为主

波浪鼓之所以能在民间广泛流传，正是它独特的音响效果与娱乐效果共同作用的结果。就如同叫卖者的吆喝需要特定的腔调来吸引人们注意一样，拨浪鼓通过其摇摆的动作，能够产生富于变化的响动，既能吸引人的注意力，又增强了观赏性。货郎手中具有实用功能的拨浪鼓，在招揽顾客时，拨浪鼓的欢快、轻松与优美的韵律总会随之散播开来，使人们感受到浓厚的生活气息和民间文化的独特魅力。

三、户外音乐玩具

（一）户外音乐击打玩具

作为一种无动力设施，户外音乐玩具常常被精心布置在儿童乐园、儿童游乐场、户外景区乐园、儿童广场等场所，其设计初衷是锻炼孩子们的思维与体能。当孩子们击打这些乐器、制造出美妙的音乐时，他们的肢体活动能力与思考分析能力也将得到有效提高。在这样的活动中，孩子们能够同时进行学习和表演，在尽情展现自己音乐才华的同时，增强自信心，展示个性，并不断提升音乐素养。

广泛安装在公共场所的户外音乐玩具都是经过了对传统玩具的改

良而制成的，不仅结构简化，击打方式也简化了，更适合儿童玩耍。例如，常见的户外木琴就是在传统木琴基础上重新设计出来的。传统木琴是一种打击乐器，表面是由一套长方形小木块组成音条，长短不同的圆形薄铝管装在每个木质音条的下方，一般是上下两排琴键，琴键数量为46块左右。改良过的户外木琴则通体为金属制成，琴键数也要少很多，一般为7—10块且只有一个音阶。除了木琴，常见的儿童打击乐器还有管琴、铃鼓、圆棒、碰铃和铝片等。总体来看，户外音乐玩具以击打类为主（图1-38，图1-39）。

图1-38　户外音乐击打玩具1

图1-39　户外音乐击打玩具2

（二）传声筒

传声筒也被称为“传话筒”，其不仅是一种互动音乐玩具，还是一种科学探险工具，深受儿童的喜爱。传统的传声筒是一种古老且兼具实用性、娱乐性的工具。现代的传声筒通常由金属制成，中间是空腔，两端设有传声口，通过传声口可以发送和接收声音。当在传声筒的一端发出声音时，另一端可以清晰地接收到信号，这使得它成为儿童进行声音信息辨别户外探索实验的理想工具。

近些年来，随着大型户外游乐设施的修建，传声筒（图1-40）开始出现在一些城市的公园和小区。这些传声玩具能够帮助孩子理解科学传声原理，在为孩子们提供乐趣的同时，也能让他们在户外感知与欣赏、表现与创造，发挥公共区域音乐设施的教育功能。

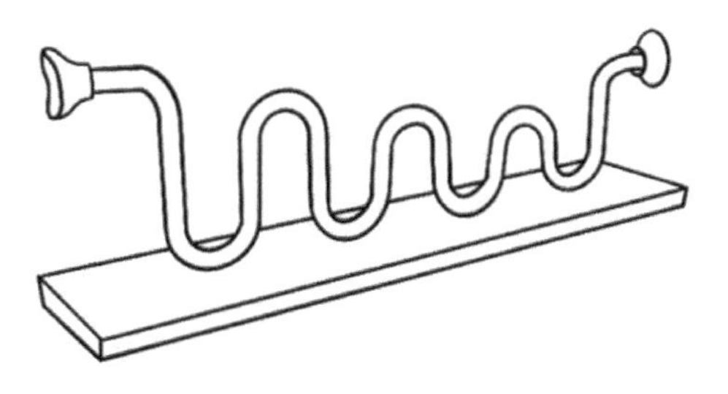

图 1-40　喇叭形传声筒（李晓锋 绘）

（三）海洋按鼓

海洋按鼓（图 1-41）是一种大型户外音乐玩具，它巧妙地融合了编钟的造型元素与海洋生物的设计灵感。海洋按鼓是仿照章鱼外形制作的，章鱼腿上的吸盘被设计成按钮形式，就像编钟的钟枚一样。按压这些按钮，海洋按鼓能够发出美妙的声音。同一条章鱼腿上的吸盘从大到小排列，形成的音律从高到低，家长和儿童可以通过按压方式进行简单旋律的演奏。每个章鱼腿吊挂一种海洋生物模型，孩子们不仅可以拨弄它们，还能在玩耍的同时学习海洋生物的种类，增加了玩具的教育性。这款海洋按鼓设计巧妙，且可以供多人同时玩耍。

图 1-41　海洋按鼓（李晓锋 绘）

户外音乐玩具对于孩子大脑的发育具有显著的促进作用。通过声音、振动和击打，这些玩具能够锻炼孩子的动作灵敏度和协调性。更为重要的是，音乐玩具对于培养孩子想象力方面的作用超乎想象。音乐能够融入孩子对世界的感受和记忆，进而激发他们的创造力。在玩耍过程中，孩子们的感觉、听觉与运动能力得到了全面发展，同时也丰富了他们对音乐的感性认知。这种认知有助于巩固孩子们在大自然中获得的声音印象，让他们通过户外音乐玩具所创造出的音乐来重新审视和探索世界。

依赖于机械结构与自然力驱动的玩具，虽然并未被“高科技”的光环所笼罩，但它们在设计与娱乐方面所散发出的独特魅力，却是无法掩盖的。在弹簧的拉伸与收缩之间，利箭瞬间离弦而出，展现了机械结构的精准与力量；在齿轮的啮合与分离之间，原本静态的物件被赋予了活力与生气，彰显了自然动力的奇妙与魔力；轴承与横杆的精妙配合，“独乐乐”化为了“众乐乐”；而空气与振动的交融，则让大自然的声音以悠扬动听的旋律传递出来。这便是机械与自然动力玩具的魅力所在，仅需玩具间各部件的精妙配合，便能带给孩子们最纯朴的快乐；没有炫酷华丽的视觉效果，却能引领孩子们探索机械的奥秘，感受自然的魅力，体验最真实、最质朴的游戏乐趣。

第二章　模型与控制玩具

在想象力如繁星般璀璨的孩童时代，我们或许都有过“创造一个世界”的梦想：把现实中的高楼大厦、道路桥梁、交通工具统统缩小，浓缩到方寸之间。在这小小的世界里，我们按照自己心中的蓝图，自由地规划，体验着无与伦比的奇妙与自由，成就感油然而生。然后，有些人把那个如梦似幻的孩子般的想象保留到了成年，一直到了我们有能力将这个梦想变为现实的一刻。

看着自己亲手搭建的“世界”，我们满心欢喜之余，却可能还有一丝不满足。这个“世界”虽然是独一无二的，但其中的任何物象都不真正属于自己。于是，一个新的想法跃跃欲试：“为什么要被现实物象束缚？为何不能自己创造新的事物出来呢？”可能源于此，可以自行设计并组装的积木玩具诞生了。

从此，我们的世界越来越丰富，现实中出现过的或是未出现过的都在这个世界中轮番登场，可我们依旧觉得少了些什么。聪明的设计师提出了解决方案：利用不断推陈出新的各项技术。于是，我们将机械技术、电子技术运用到这个“世界”中，让“世界”中的飞机上了蓝天、轮船下了大海、火车与汽车跑在了路上，就连各种各样的“生物”也动了起来。今天，我们甚至可以与“世界”中的物象交流，这个被创造出来的“世界”好像与我们生活的现实世界渐渐融合了。

这是一个充满幻想的过程，也是本章所要介绍的模型与控制玩具的真实演变与发展过程。

第一节 模型玩具

一、模型概述

模型就是依据实物的形状和结构按比例制成的物品。[①]其覆盖的主题非常广泛，从动物、人物、各类交通工具到建筑物等，因此也拥有庞大的受众人群，在玩具产品中应用最广。

（一）模型与玩具

模型最初作为产品出现在市场上时，主要是作为儿童玩具出售的。在那个时候，模型和玩具被视为同一类产品，没有明显的区别。然而，随着生产工艺的进步以及成年人市场中对精致细节需求的增加，模型和玩具逐渐演变成为两个独立的概念。某些模型的功能已经超越了单纯的玩耍，可能还涉及“二次创作”的内容，并且，一些做工质量上乘的模型的收藏意义早已超过把玩的意义。基于以上两点，为了突出模型在玩具范畴中的特殊性，通常将把玩模型的人群称为“模型玩家”。

精致的模型意味着复杂的生产工艺以及更高的人工成本，其高昂的售价使大部分人难以承担，而且细小的零部件又可能造成低龄人群误食、划伤等。因此，玩具、模型公司会对产品的结构和生产工艺进行简化，使其外形基本接近原型物，但舍弃部分细节及活动部件，将部分细节一体化或用浮雕的方式来表现。这种类型的模型将玩具和模型的特性相融合，既没有脱离玩具的安全范畴，也没有脱离模型的仿真范畴，在保证工艺水平的同时，也降低了生产成本，于是便有了“模型玩具”这一概念，也就是人们常说的“模玩”。模型玩具受众人群广泛，这也使得国际上主流的玩具、模型品牌的主线产品都定位在模

① 中国社会科学院语言研究所词典编辑室. 2019. 现代汉语词典. 7版. 北京：商务印书馆，919.

型玩具上，其较低的价格也吸引了更多的人。

（二）模型的发展

模型的发展已经有很长的历史（图 2-1，表 2-1）。无论是建造宏伟的建筑、复杂的大型设施，还是设计精密的机械装置，甚至在部署军事防御系统时，模型都发挥着至关重要的作用。

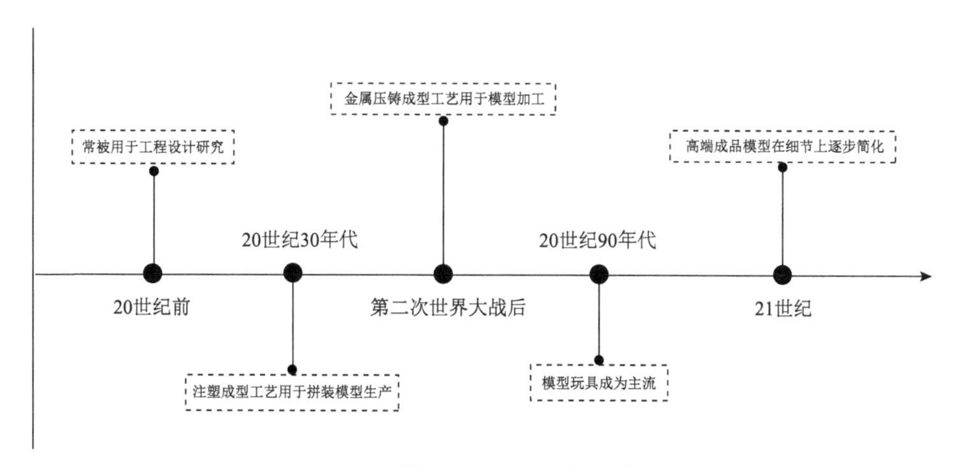

图 2-1　模型的发展历史示意图

表 2-1　模型的发展历史

时间	发展
20 世纪前	模型常被用于工程设计研究
20 世纪 30 年代	模型制造商开始将注塑成型工艺用于拼装模型的生产
第二次世界大战后	金属压铸成型工艺开始在成品模型的生产中得到普及
20 世纪 90 年代	生产成本的不断压缩，使得模型厂商开始逐步对模型进行简化，模型玩具逐步成为主流
21 世纪	高端成品模型也开始简化，减少了活动部件与金属材料

20 世纪之前，模型通常被用于工程设计研究。19 世纪，随着蒸汽机的诞生、火车的出现、工业的起步，人们有了生产模型的工具，也有了模仿的对象。但那时的模型因为技术原因和价格因素的影响，受众极少，但是人们对模型的兴趣却在逐步提升。20 世纪以后，模型开始从模拟设计概念的工具转变为用于把玩的量产产品。量产的模型均

起源于欧美国家，很多模型品牌延续至今已经有上百年的历史。20 世纪 30 年代，模型制造商开始将注塑成型工艺用于拼装模型的生产。第二次世界大战后，金属压铸成型工艺开始在成品模型生产中普及。随着生产技术的提升，模型的工艺逐步提升，细节越来越丰富，受到越来越多人的喜爱。20 世纪 90 年代，随着人工、模具开发成本的升高，模型厂商为了利润开始逐渐对模型进行简化，大部分成品模型去掉了活动部件和大量细节零件，模型玩具开始成为主流，精湛的工艺只能在昂贵的高端产品中体现。2010 年左右，高端成品模型产品也开始简化，减少了活动部件和金属材料。①

（三）模型与玩家

自诞生以来，模型就受到了人们的喜爱。除了儿童喜爱模型之外，成年人群对模型的喜爱甚至更加狂热，且逐渐演变成了一种独特的潮流文化。在这种文化影响下，一些国家和地区的模型爱好者自发地组织起来，形成了各种规模不等的收藏俱乐部和兴趣团体。

人们对模型的喜爱源于模型代表的真实世界。人们在现实世界难以满足的精神需求，可以在模型上找到情感寄托，比如，未来的梦想、儿时的遗憾，又或者是异域的文化、不同的职业、美好的想象等。人们通过模型可以了解、接触到从事不同职业的人的世界，可以冲破文化的界限、性别的标签，真正去接触自己喜欢的东西。

（四）模型的收藏价值

做工上乘的模型就如同珍贵的艺术品一样，虽然价格不菲，但收藏者仍愿意倾囊而出。模型的魅力不仅在于对现实的精巧缩小和还原，更在于其蕴藏的收藏价值。有些模型玩具虽工艺不算顶尖，但因发行量小、品牌地位崇高、题材选择独特等因素，同样能赢得玩家们的青睐。在收藏市场上，这些模型的价值甚至能翻涨数倍，也因此被爱好

① 木易洋. 2011. 他山之石 可以攻玉：美国玩具市场发展演变给我们的启示. 中外玩具制造，（6）：34-35.

者们戏称为“理财产品”。然而，对于玩家们而言，模型的收藏价值犹如一把双刃剑，既期待手中藏品水涨船高，又需在过高的投资前止步思考。这种爱恨交织的情感，可能也是模型收藏独特的魅力所在。

（五）模型在中国的发展

由于历史原因，以及中国早期的工业水平和人们的生活条件的限制，模型在中国的发展相对较晚。然而，随着改革开放的深入推进，中国生产工艺水平的逐步提升，模型这种对生产工艺要求较高的玩具开始逐渐在中国市场上崭露头角。进入21世纪，模型的玩家群体不断壮大，越来越多的人开始关注和热爱模型。与此同时，中国的模型产业也逐渐从单纯的制造向设计创新转型，本土模型品牌开始涌现，并逐渐赢得了忠实的粉丝群体。

二、汽车模型

汽车是人们在生活中接触比较多也是比较复杂的机械之一，是不可或缺的运输工具。庞大的汽车爱好群体推动了汽车模型市场的繁荣，使得汽车模型成为模型玩具中最热门的类型（图2-2）。

图 2-2　汽车模型

（一）汽车模型的发展历史

汽车模型的起源可以追溯到欧洲，随后在美国也得到了发展。在早期生产工艺水平有限的条件下，汽车模型的造型相对简单，大多数只是粗略地模仿汽车的外形，而无法精确还原真实车型的细节。此外，这些早期模型通常只有外壳，缺乏内饰部分。当时的汽车模型主要是作为儿童的玩具，采用铅和黄铜等材料制作。

汽车模型的发展历史如图 2-3 和表 2-2 所示。

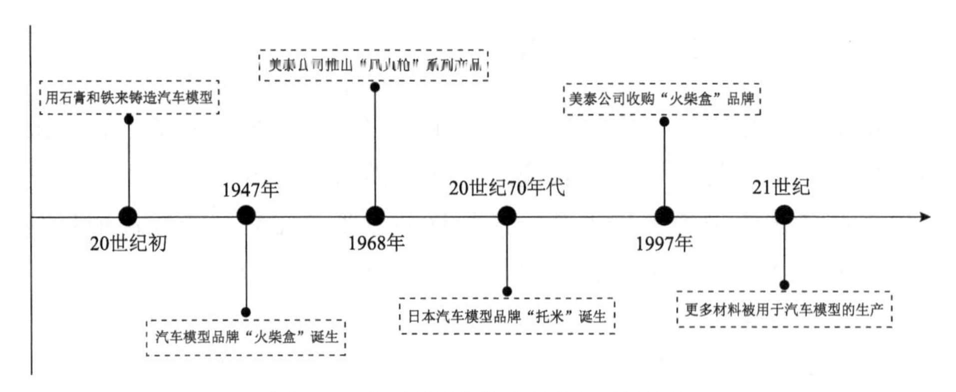

图 2-3 汽车模型的发展历史示意图

表 2-2 汽车模型的发展历史

时间	发展
20 世纪初	玩具厂商开始用石膏和铁来铸造汽车模型
1947 年	英国莱斯尼（Lesney）公司开始生产、出售合金铸模汽车模型，经典玩具汽车模型品牌“火柴盒”（Matchbox）就此诞生
1968 年	世界玩具五巨头之一的美国美泰公司推出“风火轮”（Hotwheels）系列产品
20 世纪 70 年代	日本玩具公司多美卡推出被称为日本火柴盒的汽车模型品牌——托米
1997 年	美国美泰公司收购日本“火柴盒”品牌
21 世纪	更多的材料被用于生产汽车模型。模型一般由合金零件和塑料零件组合而成，更容易塑形的树脂材料也开始被用于模型的生产制造

20 世纪初，玩具厂商开始使用石膏和铁来铸造汽车模型。此外，除了作为玩具，一些汽车厂家也制作全尺寸的模型用于新车宣传和概念展示。第二次世界大战前后，合金铸造技术开始用于汽车模型生产。由于技术原因，早期的合金中往往会掺有杂质而导致金属疲劳，使得生产出来的模型非常易碎，因此难以完好保存。第二次世界大战后，随着工业技术水平的提高，欧洲和美国、日本涌现出大量大规模生产合金汽车模型的玩具品牌，模型生产工艺水平也开始逐步提升。

1947 年，英国莱斯尼公司开始生产一系列包装外形与尺寸都与火柴盒造型相似的合金铸模汽车模型，经典玩具汽车模型品牌——“火柴盒”就此诞生。“火柴盒”汽车一度不只是作为一个品牌名称，而是被人们作为合金汽车模型的代名词，并一度吸引了无数爱好者。随之，欧洲各国相继出现销售汽车模型的玩具品牌，如英国的莱斯尼、法国的啦啦队长（Majorette）、德国的舒克（Schuco）和意大利的布拉戈（Burago）等。

1968 年，世界五大玩具巨头之一的美国美泰公司推出了“风火轮”系列产品，用来消除人们对“女孩拥有芭比娃娃，而男孩没有属于自己的玩具”的抱怨。“风火轮”系列产品一改其他品牌汽车模型只注重外形的做法，而是为其产品装配了低摩擦轮轴组，使得该品牌的汽车模型拥有更强的滑动性，瞬间就得到了大量玩家的追捧，在玩具业占领了一席之地，也成了“火柴盒”品牌最大的竞争对手，由此拉开了“风火轮”和“火柴盒”竞争的序幕。

20 世纪 70 年代，日本玩具公司多美卡推出充满“本土化”韵味的汽车模型品牌——托米。该品牌主要在日本和东南亚市场销售，产品多为日系家用车、工程车和公务车。此外，多美卡和美国孩之宝公司（两公司皆为世界五大玩具巨头之一）联合推出的变形玩具，即可由汽车模型变形为科幻机器人造型。为了推广该产品，两家公司打造了一系列影视作品，也就是著名的动漫影视知识产权（intellectual property，IP）作品——《变形金刚》（Transformers）。[①]

更多的活动部件意味着更多的模具和更高的成本，因此自 20 世纪末开始，玩具汽车逐渐取消了活动部件，甚至高端模型品牌也开始减少零件。

1997 年，美泰公司收购了“火柴盒”品牌，至此，“风火轮”和“火柴盒”汽车模型品牌的两大生产巨头结束了几十年的竞争关系，成了同门兄弟。虽然归于同一玩具公司旗下，但两个品牌依旧按照各自的特色发展。它们虽然产品风格不同，但进入 21 世纪以来，主线产品

① 严力. 2012. 基于汤姆·邓肯整合营销传播模型的玩具品牌传播分析——以变形金刚为例. 浙江大学，15.

结构均开始严格遵守“四零件原则”，即除去车轮之外，汽车模型的车身只由四个零件组成：车身外壳、透明车窗、汽车内饰和汽车底盘。

21世纪以后，更多的材料被用于生产汽车模型。为了降低成本，汽车模型一般由合金零件和塑料零件组合而成，更容易塑形的树脂材料也开始被用于汽车模型的制造。随着生产技术的提升，活动部件和丰富的细节在小比例模型上展示成为可能。2010年前后，1∶64的小比例高端模型开始出现，其短小精悍的工艺和占用的空间更小，赢得了众多玩家的青睐。

（二）汽车模型和汽车文化

汽车模型的发展和汽车的发展密不可分。现实中汽车款式推陈出新，为汽车模型提供了源源不断的“复刻”题材；汽车风格的不断演变，也促进了汽车模型风格的变化。人们对汽车这一“速度机器”的热爱与狂热追求，也为汽车模型的售卖提供了庞大的市场。

同时，汽车模型除了作为玩具销售，玩具厂家与知名品牌汽车的合作也是非常普遍的销售方式，通常会将推出的最新车型的模型作为宣传或试驾礼品。除此之外，还会和其他行业领域（如餐饮、运输、食品、教育）的企业或机构合作，将商标图案或广告印刷在模型车身上作为广告宣传。可以说，汽车模型与汽车文化密不可分，二者相辅相成。

（三）汽车模型在中国的发展

汽车模型在中国的起步较晚。直到20世纪末，随着中国生产业的崛起和西方人工成本的增加，许多欧美玩具公司开始将生产重心转向中国。因此，在后来的汽车模型底盘上，常常能看到“中国制造”的标记。尽管中国已经成了全球玩具工厂，但在当时的生活和物质条件下，国内的汽车模型消费群体仍然相对有限。

到了1982年，中外合资企业环球玩具公司（Universal Toys）收购了“火柴盒”品牌，这使得“火柴盒”合金小车得以进入中国市场。尽管当时这些小车的售价只有几元钱，但对于月生活开销仅有几十元的普通家庭来说，这仍然是一种奢侈。因此，那个时候的孩子们都梦寐以求能够拥有几辆属于自己的“火柴盒”小车。这段历史不仅揭示了中国汽车模型产业的起步之路，也勾画出了那个时代孩子们的美好回忆。

自改革开放以来，玩具在中国逐渐普及，国内品牌的玩具也开始崭露头角。早期的国产汽车模型，主要是与汽车品牌商合作生产的用于宣传的原厂模型，以及对国外玩具品牌产品的仿制品。然而，随着国内汽车模型收藏爱好者群体的不断扩大，一些玩具品牌厂家开始自主设计模具并生产汽车模型。这些国产汽车模型逐渐受到收藏爱好者的关注与追捧。在中国，汽车模型经历了一个从代工生产、仿制到原创设计的演变过程，也逐渐从简单的玩具转变为具有收藏价值的精品。

三、拼装模型

（一）拼装模型概述

拼装模型，顾名思义，就是模型以零件的形式出售。厂家将零件安置在板件上，玩家购买后需要使用工具将零件从板件上剪下自行组装才能变为成品。相对地，不需要玩家组装的模型也被统称为成品模型。相比成品模型，拼装模型在完成后可以拥有更丰富的细节和更多的活动部件，玩家也拥有了自由发挥的空间。除了按照说明书组装，玩家也可以根据自己的想象来改造手中的模型。因此，拼装模型的玩家除了把玩和收藏者，还有手工爱好者。

军事题材的模型通常都为拼装模型（图 2-4）。军用装备的外观相对复杂，且为了适应多发状况，军用装备会根据战场需要不断变化，外观不会千篇一律，如果生产成品模型，则需要开发多种模具，生产成本会大幅提高。在面对多变的外形需求时，只需更改部分零件的模具即可生产更多款式的模型，因此拼装方式成为生产该题材模型的最优选择。

图 2-4 军事题材的拼装模型（申浩敏 摄）

以日本著名动漫《机动战士高达》为题材的高达模型也是拼装模型的一大类别之一（图 2-5）。高达模型诞生于 20 世纪 80 年代，90 年代，该动漫在欧美播放后掀起了全球范围内的热潮。高达模型由日本玩具巨头万代（Bandai）公司生产销售，主要以人形机甲模型为主。虽然其是科幻题材模型，并没有真实原型，但是依然拥有严格的比例体系，按照动漫中设定的尺寸，高达模型通常为 1∶144—1∶35。这类拼装模型拥有丰富的细节，甚至人物的每截手指都是单独的零件，是通过可活动的关节组合起来的。

图 2-5 高达模型（申浩敏 摄）

（二）拼装模型的发展

拼装模型最早可以追溯到 18 世纪在欧洲流行的瓶中船（图 2-6）。

20世纪之前，拼装模型多为木材制成。1936年，塑料拼装模型在英国诞生，并在20世纪40年代开始在美国生产。20世纪50—60年代，欧洲、美国和日本涌现出大量生产拼装模型的品牌，如日本的万代等，著名的汽车模型品牌“火柴盒”也开始涉足拼装模型领域。此外，美国的模型公司发现，出售多余未装配的成品模型零件可以获得丰厚的利润，因为模型爱好者热衷于使用这些零件改造成品模型，故而这些公司推出了专门用于成品模型改造的拼装模型零件。20世纪70—90年代，日本品牌长谷川、田宫，中国品牌小号手、威龙等在拼装模型领域占据了领先地位。这些品牌推动了拼装模型的技术创新和市场拓展，为全球模型爱好者提供了更多样化和高质量的拼装模型选择。

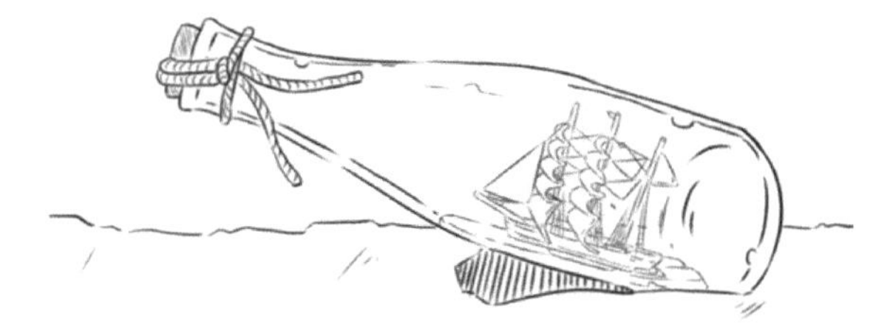

图2-6　瓶中船（申浩敏 绘）

（三）拼装模型的生产与独特乐趣

拼装模型以塑料材质为主，因此拼装模型也统称为塑料模型。拼装模型的零件通常被固定在塑料方框板件内（图2-7），这样在生产时便能通过一个模具一次性生产出多个零件，一个板件上固定的零件有时可能多达上百个。

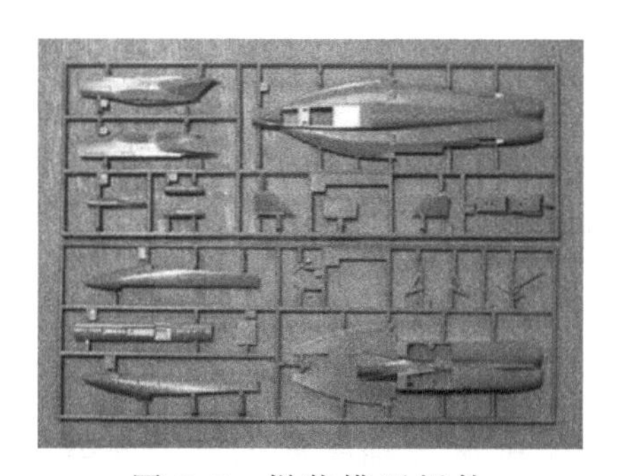

图2-7　拼装模型板件

组装一款拼装模型，玩家需要有专业的工具，如从板件上拆下零件用的剪钳、取出毛边用的刻刀、粘贴细小零件用的镊子、专业的模型胶水，以及各种喷漆、上色工具。拼装模型一般都是没有上色的，因此除了组装，喷漆、上色也是玩家的一大发挥空间。玩家可以给模型进行任何自己想要的涂装，高级玩家还会做出旧化效果，甚至会对模型做出一些“破坏”，表现出战损效果，使模型显得更加真实。同一款套件的拼装模型，玩家根据不同的手工水平和想法，会组装出不同效果的成品，因此几乎每一个拼装模型都是独一无二的。除了模型本身的组装，玩家们通常还会精心制作模拟场景，如军事模型的战斗场景、舰船模型的水面波浪等，以增强模型的真实感，对于展示模型的整体效果起到了画龙点睛的作用。

（四）其他类型的拼装模型

1. 快拼模型

为了降低组装难度，吸引更多非专业的玩家，一些模型厂商还推出了快拼模型，即模型的零件上预留了安装口，对部分零件进行了预上色，这使得玩家不需要使用工具和胶水就能快速地组装出成品。

2. 乐高积木

虽然积木属于开发玩家创造力的拼搭类玩具，但是近年来乐高（LEGO）推出了多个系列的产品线，如速度系列、城市天际线系列等，使用积木拼搭的方式来组装的汽车或建筑模型成了具有独特“像素化”风格的拼装模型。

3. 立体拼图

立体拼图主要是针对低龄玩家的拼装玩具，材质通常为木头或泡沫。它的零件与塑料拼装模型相似，固定在平面的板件上，主要通过拼插的方式将平面的零件组合出立体的造型。

4. 纸模型

纸模型是拼装模型中拼装难度最大的，模型的所有零件都是通过纸来制作的（例见图 2-8）。此类模型产品甚至不出售实物产品，玩家通过购买电子图纸自行印刷，再进行手工组装。资深的纸模型玩家制作的模型效果和质感不输于塑料模型甚至成品模型。

图 2-8　纸模型（申浩敏 摄）

5. 娃娃屋

19 世纪，彰显地位和财富的最好方法就是把所拥有的一切进行缩放，融入一个精美的娃娃屋中。到了 20 世纪，儿童娃娃屋的制作材料变得多样化，包括金属（如锡印刷）、纤维板、塑料和木材等。这些材料使得娃娃屋重量轻、成本低廉，并且适合进行大规模生产。

随着时间的推移，娃娃屋的造型和设计不断改变。通过娃娃屋中的各个房间，我们可以窥见家庭生活的历史。例如，一间温馨的儿童房、一间设备齐全的厨房或是一个宽敞的大客厅。现实中房屋里的新式生活设施，也同样可以被添加到这些迷你的场景中，让娃娃屋更加生动有趣，同时也更富有时代气息。

娃娃屋中的许多玩具是孩子们熟悉的东西，从房屋和商店到微型家具，可以进一步丰富孩子们的想象力（图 2-9）。

图 2-9　娃娃屋给孩子营造想象空间

娃娃屋的发展历史如图 2-10 和表 2-3 所示。

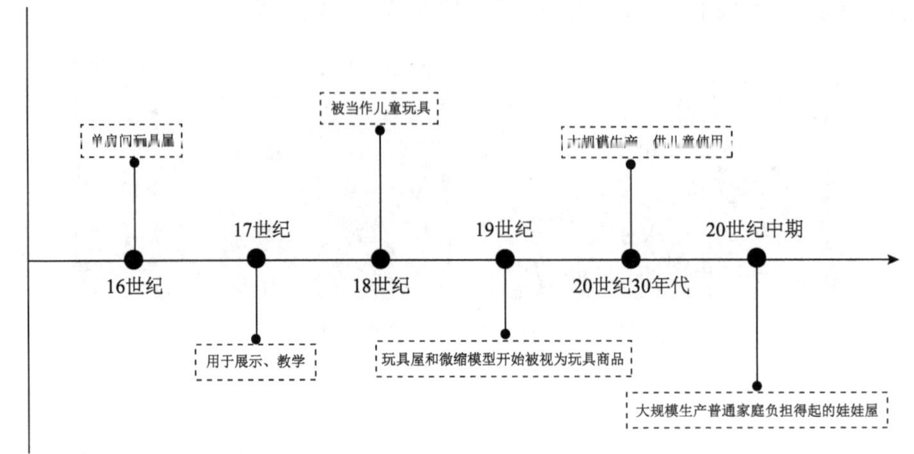

图 2-10　娃娃屋的发展历史示意图

表 2-3　各时期的娃娃屋

时间	事件
16 世纪	单房间玩具屋
17 世纪	用于展示、教学，成年人用于展示财富、社会地位的标志“纽伦堡厨房”出现，作为母亲向女孩展示厨房用具和操作办法的教学工具
18 世纪	英格兰出现“婴儿屋”，用来展示主人的财富，并在屋中装满家具，18 世纪初娃娃屋才被当作儿童玩具
19 世纪	工业革命和大规模生产物品的增多，使玩具屋和微缩模型开始被视为玩具商品
20 世纪 30 年代	娃娃屋开始大规模生产，供儿童使用
20 世纪中期	第二次世界大战后，美国开始大规模生产普通家庭负担得起的娃娃屋，停止从欧洲进口

不同时期的娃娃屋各具特色，如今人们获取娃娃屋的途径主要有两种：一是亲自动手建造，或购买已经制作完成的娃娃屋；二是收藏当代、复古或古董娃娃屋（图 2-11）。他们不仅仅制作和收藏主题娃娃屋，还热衷于打造和收集屋中的家具、装饰品等。

图 2-11　不同风格的娃娃屋

著名的玛丽女王的娃娃屋是 1924 年为玛丽女王建造的，它高约 5 英尺（约 1.5 米），包含 16 个房间，花了 4 年时间才建成（图 2-12）。这个玩具屋有工作用的管道和灯具，里面装满了当时比较精美的商品。

图 2-12　玛丽女王的娃娃屋

阿斯托拉特娃娃屋城堡（Astolat Dollhouse Castle）的创作灵感来自阿尔弗雷德·丁尼生（A. Tennyson）所描绘的湖中女神诗歌。这座迷人而精致的城堡由迷你画家伊莱恩·迪尔（E. Diehl）于1976—1986年建造，高9英尺（约2.74米），有29间客房。其在2006年的评估中价值超过了100万美元，在2015年的评估中价值更是飙升至850万美元。

瑞秋·怀特里德（R. Whiteread）是一位长时间生活在伦敦东部的艺术家。从儿童时期开始，博物馆里收藏的玩偶就对她产生了深远的影响，激发了她对艺术的兴趣。随着时间的推移，怀特里德逐渐发展出对玩偶屋建筑的独特热爱。她用长达20年的时间广泛收集资料，深入研究从都铎式别墅到格鲁吉亚豪宅，再到现代主义家庭的各种建筑风格。其作品风格独树一帜，体现了她对于玩偶屋建筑的精湛技艺，这一点在其杰作《住所（村庄）》中表现得淋漓尽致（图2-13）。

图2-13　《住所（村庄）》

成品模型对于玩家来说只是一件收藏品，而拼装模型是能给玩家提供发挥空间的素材，其成品更像是一部作品，一些手工精湛的玩家完成的作品可以称得上是无与伦比的艺术品，因而有着成品模型所没有的独特艺术魅力。

四、火车模型

火车模型是所有模型类别中较为特殊的一种。火车模型涵盖的范围不止于火车本身，而是对整个铁路系统的模拟，因此也可以称为铁路运输模型。除此之外，动态展示也是火车模型必不可少的一部分，其中包括对火车车头的控制和对复杂铁路系统的控制。因此，火车模型除了精细的外部造型外，还结合了电控、数控等技术，如果有适当的空间条件，玩家通常会制作一个沙盘场景来对火车模型进行动态模拟。复杂的生产工艺和电子元件以及较大的把玩空间，使得火车模型成了较为昂贵的模型产品。

（一）火车模型的发展历史

火车模型的起源可以追溯到 19 世纪 20 年代。蒸汽机车的出现和铁路的发展，引发了人们对火车的热情。这一热潮也被一些玩具厂商捕捉到，他们开始生产火车造型的玩具。然而，这些早期的火车玩具制作工艺较为粗糙，通常只有火车本身，缺乏与之配套的铁轨，因此难以称之为完整的火车玩具。真正带有铁路系统的火车玩具起源于工业革命的发源地——英国。当时一些精通制作工艺的乐器工匠开始尝试制作以蒸汽或发条为动力、配备有轨道的火车玩具。这些火车玩具制作工艺复杂，成本高昂，主要为富裕家庭的孩子所准备。而且，当时这些火车玩具的造型并不是直接以真实火车为原型，而是融入了工匠们的丰富想象和创意。

火车模型的发展历史如图 2-14 和表 2-4 所示。

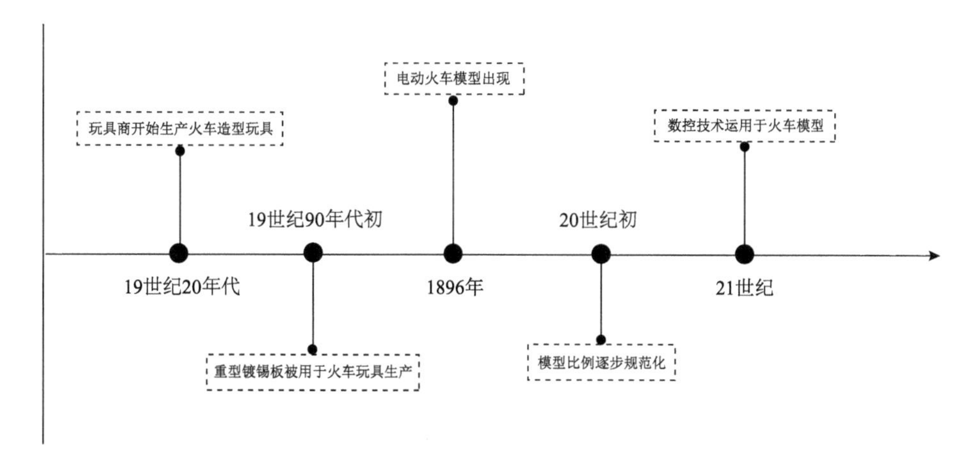

图 2-14　火车模型的发展历史示意图

表 2-4　火车模型的发展历史

时间	发展
19 世纪 20 年代	玩具厂商发现人们对火车的喜爱，开始生产火车造型玩具
19 世纪 90 年代初	美国使用重型镀锡板大批量生产火车玩具，使其价格可以让更多的中产阶级的家庭所接受
1896 年	以金属铁轨为动力来源的电动火车模型出现在了欧洲市场上
20 世纪初	火车模型受到了更多的欢迎，模型的比例也逐步规范化
21 世纪	数控技术被用于火车模型，使火车模型发生了革命性的变化

19 世纪 90 年代初，美国开始使用重型镀锡板大批量生产火车玩具，使得玩具价格可以被更多中产阶级的家庭接受。随着玩家群体的扩大，人们对火车玩具的需求也越来越多，不仅只满足于简单的轨道和火车头，还有各种复杂的铁轨路线和各式各样的车头车厢，因此与火车模型相关的配件也越来越丰富。1896 年，以金属铁轨为动力来源的电动火车模型出现在了欧洲市场上。

20 世纪初，火车模型受到了欢迎，模型的比例也逐渐规范化。虽然模型的发展和生产一度因战争而停滞，但随着第二次世界大战后工业和经济的复苏，模型玩具再次回到人们的视野。到了 20 世纪 50 年代，火车模型更是深受很多欧美国家儿童的喜爱。随着工艺水平的提升，火车模型的外观变得更加精致，功能也更加丰富，它不再仅仅是儿童的玩具，也开始受到成年人的喜爱和追捧。进入 21 世纪，数控技术的引入使火车模型发生了革命性的变化。至今，火车模型在全球已经拥有众多爱好者。

（二）火车模型的比例

火车模型有着严格的比例体系（表 2-5），每个部件都有具体的国际标准，如铁轨的轨距、车厢挂钩的规格等，这使得同一比例的不同品牌的火车模型能互相兼容。也就是说，无论哪个品牌的火车模型，只要遵循的是同一比例标准，就能够在一起顺畅运行，就如同真实的铁路系统一样。[①]

表 2-5 火车模型的比例

模型比例	简介	特点
G 级（1∶20）	火车模型的最大比例	多为美式火车模型，细节丰富。玩家通常会将其作为庭院装饰，一些回转寿司餐厅也会用其承载食物，以吸引食客
O 级（1∶48）	第二次世界大战前主流火车模型的比例	虽然细节简单，但具有一定的把玩性
HO 级（1∶87）	主流的火车模型比例	模型款式、轨道场景配件和控制系统也是最全面丰富的
N 级（1∶150）	因小巧而在日本广受欢迎	多以日系火车、新干线为主要题材
Z 级（1∶220）	较为小众的火车模型比例	体型微小，但仍拥有丰富的细节和动力系统以及轨道场景配件，价格也较高
T 级（1∶450）	世界上最小的火车模型比例	比 Z 级更小，却依然拥有动力结构和轨道系统，甚至还有灯光效果，使用电池驱动

（三）火车模型的控制系统

要把玩火车模型，首先需要一款带有动力的火车头模型、一圈铁轨和基础的控制系统。不同于国内市场上普遍存在的是以电池为动力的儿童玩具，国际上自火车模型普及以来，通常使用电源作为动力来源，并通过铁轨通电的电子调速控制系统来控制模型火车的运行（表 2-6）。

表 2-6 火车模型的控制系统

功能类别		特点	方式/原理
供电方式	交流电	轨道有三根铁轨，除了两根供车轮行驶的轨道外，中间还有一根取电轨道	通过车下取电片接触来取电，该方式配置简易，导电性好，但由于有三根铁轨，所以并不真实
	直流电	轨道只有两根铁轨，外形更加真实。此外，还可以像真车一样使用车顶的受电弓来取电	两根铁轨分别为正、负极，依靠车轮从铁轨取电

① 陈勇. 1994. 缩龙成寸——妙趣横生的火车模型. 铁道知识，（3）：30-31.

续表

功能类别		特点	方式/原理
控制系统	模拟系统	同一“火牛”控制的轨道上的列车将会同时受到控制	只使用了简单的电控原理
	数码系统	可以使每列火车分开控制，并拥有更多的功能，数控系统让火车模型的世界更加生动真实	使火车模型的控制从电控上升到数控的层面

基础的控制系统包括一个旋钮控制器，通常被玩家称为“火牛”，以及一条接电轨道。通过电源线连接电源、火牛和接电轨道，即可控制火车模型的运行。一般火车车头模型都具有前进、后退和速度调整功能。作为一款动态玩具模型，火车模型与汽车、飞机的遥控模型在操作上有所不同。玩家无须掌握任何特殊的操纵技术，只需简单地扭动“火牛”的旋钮，便能自如地控制列车的运行。

（四）沙盘中的火车模型

火车模型并不仅仅是珍贵的收藏品，还蕴藏着更大的乐趣——搭建以铁路为主题的沙盘场景。玩家可以从基础的铁路开始，逐步添加车站、桥梁、隧道等各种周边景观模型，每一个元素都是根据玩家的丰富想象来组合和搭建的，犹如创造一个独特的迷你世界。当火车模型穿行其中时，仿佛赋予了这个世界生命与活力，使得这个迷你世界显得更加鲜活和真实。

（五）火车模型与铁路文化

火车模型的广受欢迎与丰富的铁路文化有着不解之缘。相比汽车，火车普及得更早，在物质资源相对匮乏和交通还不发达的时代，火车带着人们走向远方。火车的出现让人类的生活越来越多元化，越来越丰富多彩，因此人们对火车有着特殊的情感。

（六）火车模型在中国的发展

火车与国家的建设和人们的日常出行紧密相连。在当下社会飞速发展的背景下，高速铁路已经成为了中国人民引以为傲的新名片。这种深厚的感情也使得中国拥有了庞大的铁路爱好群体，进而为火车模型市场提供了更广阔的发展空间。

1995 年，作为全球最大的火车模型销售商之一，美国百万城（Bachmann）在中国设立了分部。次年，百万城与中国铁路相关部门携手合作，成功推出了世界上首款中国火车模型——东风 11 型内燃机车模型（图 2-15）。[①]2010 年之前，百万城品牌在中国火车模型市场占据着主导地位，但在 2010 年之后，国产火车模型品牌如雨后春笋般涌现。这种变化不仅是因为整个模型玩具市场在中国的蓬勃发展，更是因为中国铁路的飞速发展为火车模型提供了丰富多彩的题材。

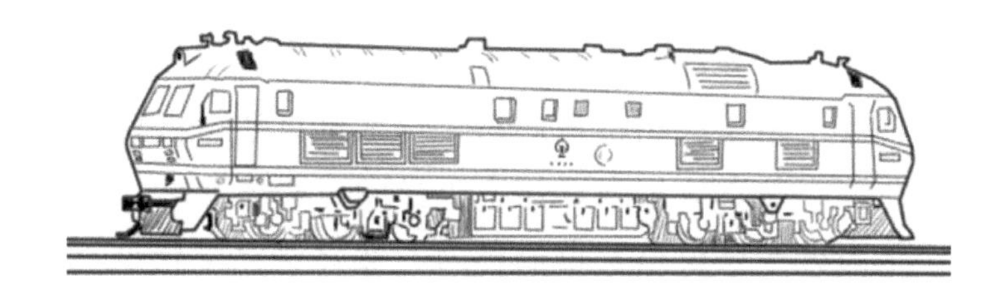

图 2-15　东风 11 型内燃机车模型（申浩敏 绘）

（七）其他类型的火车模型

1. 普拉轨铁道玩具

普拉轨（Plarail）铁道玩具是由日本玩具公司托米卡（Tomica）于 1959 年推出的火车模型玩具（图 2-16）。该系列玩具与其他铁路模型产品并不兼容，铁轨和火车的造型并不是完全复制真实列车的造型，主要以正在运营的日本列车为原型进行造型简化设计，通过电池驱动。轨道配件种类丰富，虽然相比专业火车模型造型更加简单，较为偏向低龄玩家，但也是拥有较为完整的铁路系统的玩具系列产品之一。它拥有鲜明的品牌特色，因此也受到了大量玩家的欢迎。

① 石志磊. 2005. 崛起的中国火车模型. 模型世界，（5）：41.

图 2-16　普拉轨铁道玩具（申浩敏 绘）

2. 乐高火车

2006 年，乐高在主产品线“城市”（City）系列中加入了一个子主题火车系列。该系列拥有机车、车厢、各类轨道配件、铁路相关建筑、设施等。由于是模块化拼搭产品，玩家可以搭建出自己设计的火车造型，此系列产品在成年人群体中也受到了普遍欢迎。由于拥有较高的人气，乐高火车模型系统也被称为 L 级比例火车模型。

对于孩童和玩家来说，火车模型玩具的吸引力远不止于机车硬朗帅气的造型。更深层次的魅力在于，它提供了一种对“秩序”的理解和追求。每一个火车模型的玩家心中都构筑了一片专属于自己的“沙盘”，这个“沙盘”就是他们的世界。在这个世界中，他们按照自己的认知和理解，制定并创造“秩序”。他们会思考：这趟火车应该装配多少车厢？需要运载多少货物？应该选择怎样的行驶路线？火车站的“工人”如何相互配合，才能让这个“小小世界”井然有序地运转？这些考虑使得玩家仿佛成为了这个“沙盘”世界中的主宰者，而火车模型本身则退居配角，成为这个系统中理所当然的一部分。尽管这个过程看似复杂烦琐，但每一个热爱火车模型的人都能在其中找到乐趣，这便是火车模型的独特魅力。这种魅力不仅仅源于对火车的喜爱，更是对于创造、管理和掌控一个微型世界的满足感和自豪感。

第二节　遥控玩具

一、遥控飞机

（一）遥控飞行玩具的起源

一般认为，飞机包括遥控飞行玩具的起源与人类对天空的向往密切相关，这种对天空的向往甚至可以追溯到远古时期。在许多古代文化和神话中，都有关于人或神飞翔的故事。例如，希腊神话中的代达罗斯和伊卡洛斯用羽毛和蜡制作了翅膀，试图逃离克里特岛；在中国神话中，嫦娥飞上月宫，成为了月之女神。还有一些古人尝试通过实践来实现飞翔的梦想。据传中国古代的工匠鲁班曾试图制造木鸟飞翔；文艺复兴时期，达·芬奇也设计了许多飞行器的草图，试图实现人类的飞翔梦想。这些都可以理解为人们对天空的神秘向往，代表了人类对于自由、探索和超越自我的精神追求。

然而，玩具，尤其是遥控飞行玩具，正是实现人们飞翔梦想的方式之一。它们不仅仅是儿童的玩物，也是人类追求梦想、探索未知世界的工具。因此，遥控飞机的起源和发展，不仅仅是科技进步的产物，更是人类梦想和追求的具体体现，也是人类智慧和创造力的体现。

（二）遥控飞行玩具的发展

20 世纪 20 年代，无线电遥控技术诞生，那时人们试图将遥控技术应用于无人驾驶飞机和舰船，但由于技术不够完善而未能成功。第二次世界大战以后，无线电遥控技术迅速发展，并被广泛应用于工程机械等领域[①]，不但提高了工程机械的自动化程度和可操作性，还改善了操作人员的工作环境，并减少了由视觉受限导致的误操作事故。20 世纪 70 年代后期，模型用的无线电遥控设备逐渐以商品的形式出

① 葛晓松. 单操纵杆飞机模型遥控器. 广东：CN209302184U，2019-08-27.

现。随着现代电子技术的高速发展，模型与遥控设备的巧妙结合不但提高了商品的可靠性，而且灵敏度也越来越高，并且形成了许多系列和品种，能够满足不同层次以及不同种类的技术要求。[①]

遥控飞行玩具的发展历史如图 2-17 所示。

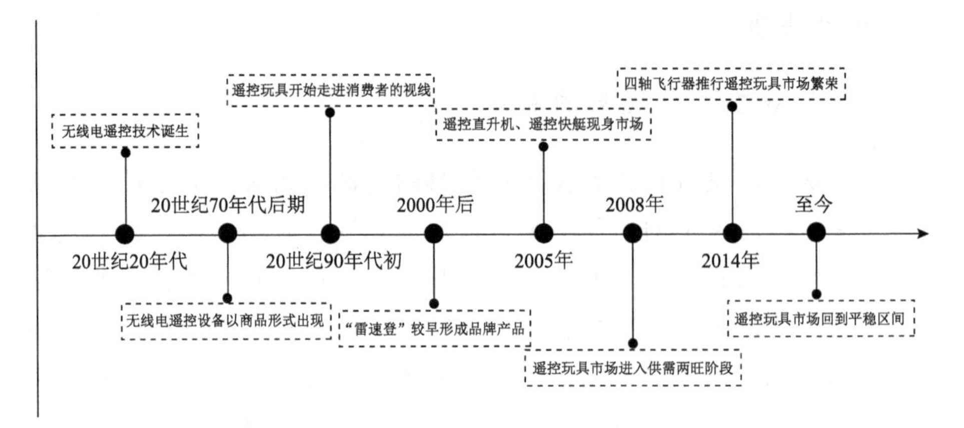

图 2-17　遥控飞行玩具的发展历史示意图

（三）遥控飞机的种类

比例遥控飞机（图 2-18）是最真实的航空模型，主要是对航空历史上的全尺寸的飞机的复制和对未来飞行器设计的测试，甚至将一些只停留在图纸上的飞行器设计变为现实。遥控模型飞机可以是任何类型的飞行器，滑翔机、单发或多发固定翼飞机或者直升机都可以被复制为遥控飞机模型。

图 2-18　比例遥控飞机（任梦瑶 绘）

① 张长林. 2009. 数字技术在无线电遥控上的发展与应用. 山西电子技术，（4）：87，92.

遥控飞机的工作原理如下：发射单元通过调制电路、编码电路、无线发射电路，将推杆控制信号按一定的频率以无线电的方式发射出去。接收单元接收到发射单元发出的信号后，通过解调电路、解码电路将对应频率的推杆控制信号解析、处理出来，然后分配到对应的舵机执行电路，控制舵机动作。

比较早的无线电遥控飞行器，大约是19世纪末、20世纪初出现的遥控氢气飞艇模型（图2-19）。据载，其在某些情况下曾被用作音乐厅演出的一部分，绕着观众席飞行，通过接收无线电信号来控制飞行，增加演出的观赏性和趣味性。

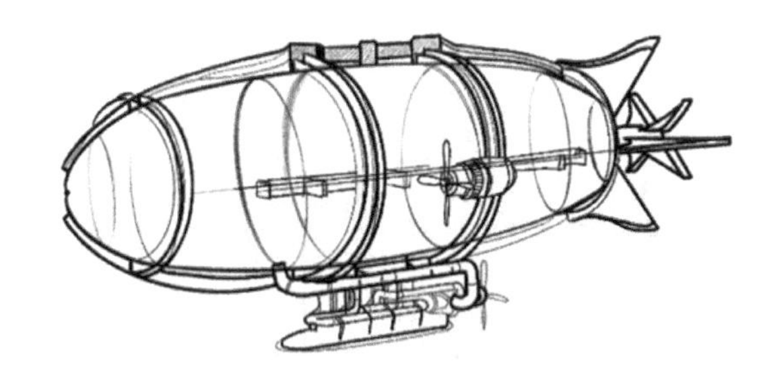

图2-19　遥控氢气飞艇模型（任梦瑶　绘）

无线电遥控直升机也被称为遥控直升机。这类直升机的控制通常通过小型伺服电动机实现。由于结构、空气动力学和飞行特性的差异，具备集体俯仰控制的直升机通常比其他直升机更具机动性。然而，更高的机动性通常意味着更难的飞行操作，需要更强的特技能力才能掌控，例如悬停、倒飞、向后飞行等操作。这些操作，全尺寸的直升机通常无法执行，需要玩家对操控器有很高的熟练度和把控能力。

遥控滑翔机通常是不配备任何类型推进力的飞机。这类滑翔机具有显著的不同于常规飞机的狭长机翼（即较大的机翼展弦比）和细长的流线型机身。它们通常具有较慢的飞行速度、高的纵横比以及非常低的机翼载荷等特性。这些设计特点使得遥控滑翔机能够在空中持续滑翔，并依靠空气动力进行飞行，而无须依赖推进力。

多轴遥控飞行器就是现在常见的“遥控四轴无人机”，其工作原理如下：飞行器上装备了云台、GPS导航系统、无线传输等设备（图2-20），摄像机既能360度旋转自由拍摄，还能在定位悬停时稳定拍摄、实时传输所拍画面，并能按照操控者的指令自动控制或调整飞行的姿态和角度。这种飞行器不仅能激发青少年学习和掌握相关的电子技术和编程知识，还在多个领域展现出可观的应用前景。

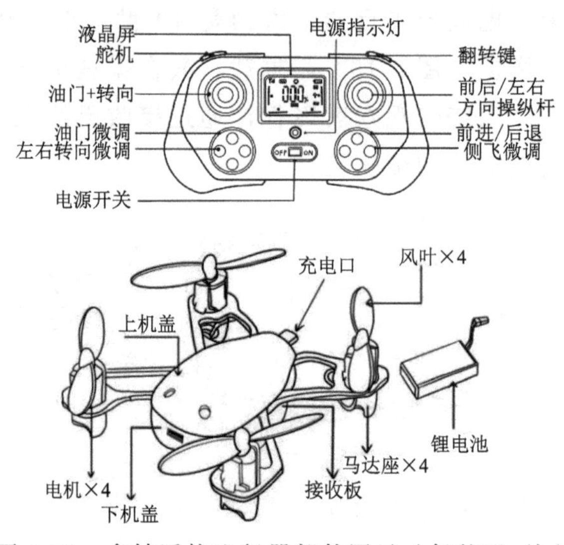

图 2-20　多轴遥控飞行器部件图示（任梦瑶 绘）

二、遥控车

遥控车是真实汽车的缩小版本，其机械原理和结构与真车相似，包括悬挂系统和轮胎。这使得遥控车能够模拟真实汽车的操控特性，带给玩家超级跑车的操控感。当玩家操作遥控器时，遥控车会迅速响应玩家的指令，并能够在比赛中穿越不同的障碍。遥控过程中确实涵盖了自动控制、通信和计算机等技术。这些技术使得玩家可以对遥控车进行远距离控制和监测。遥控技术在我们的生活和生产中有着广泛的应用。至于遥控车的基本行走原理，和真正汽车的行走原理类似，是通过发动机（或电动机）提供动力来驱动车辆前进。同时，转向系统也会根据玩家的指令完成相应的动作。

（一）遥控车的原理

遥控车由遥控器和被遥控车体两部分组成，车体通过接收遥控器发来的信号完成前进、后退、加速、左转或右转等动作。遥控车的内部构造如图 2-21 所示。

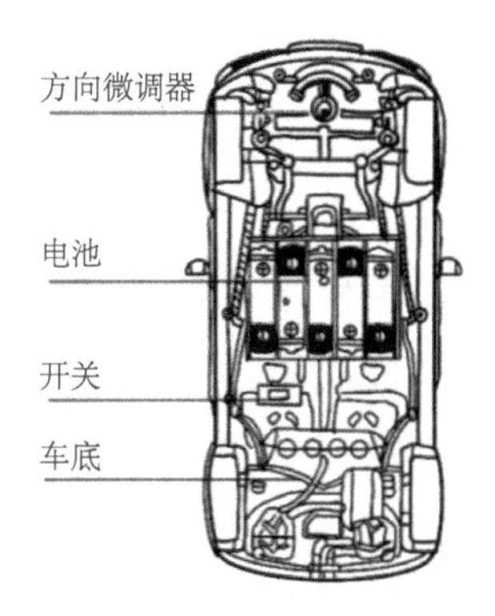

图 2-21　遥控车内部图示（任梦瑶 绘）

当操作遥控器上的各种功能键时，遥控器发出高频信号。这个信号通过遥控车上的天线接收，并经由超再生接收电路进行解调，得到编码控制脉冲信号。接下来，这个信号通过电阻、电容耦合被送到接收集成块。在接收集成块内部，信号经过放大处理，然后从相应的控制端输出控制信号，这个控制信号进一步被送到电机驱动控制电路（图 2-22）。在这个电路中，电动机和驱动电路采用的是双端平衡方式。通过改变电路两端工作电压的极性，可以实现对电动机转动方向的控制。①

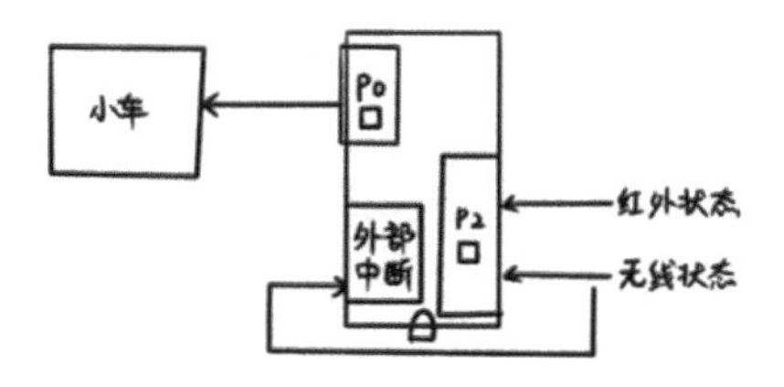

图 2-22　微型红外追踪遥控车原理图（任梦瑶 绘）

① 韩军春. 2009. 自己动手检修微型无线遥控玩具汽车的小故障. 无线电，1-2.

（二）遥控车的分类

按使用的动力来源区分，遥控车可以分为两类：一类是电动遥控模型车，它使用电池作为能源，通过电动马达驱动车辆运行；另一类是油动遥控模型车，它使用内燃机作为动力输出，燃烧油料产生动力。根据车体的外形，可分为房车（平跑车）、越野车、大脚车、拉力车、货柜车等。[①]

1. 电动遥控模型车

电动遥控模型车是通过操作遥控器上的油门来控制电能输出到电动机（马达）上，电动机再带动车子运动。电动遥控模型车是很多初级玩家的首选，它惯性小，操控技巧容易掌握。电动遥控模型车通常可以实现即充即走，非常方便。对于竞赛级别的电动遥控模型车来说，其精度和灵敏度非常惊人，车架大多使用碳化纤维制造，金属部件多数是由钛合金或最高级别的铝合金材料制成，全车通常配备多个可调节部分以适应不同场地，力求发挥车架的最大潜力。

2. 油动遥控模型车

油动遥控模型车以油料为燃料，其发动机作为动力来源驱动车辆前进，因此与真实汽车更为相似。在早期，大多数燃油机车配备的是二冲程风冷发动机，然而现在更多的是四冲程发动机。这种发动机的加速能力出色，维修便利，并能在短时间内完成从静止到 60 千米的加速，通常仅需 2 秒左右，展现出优良的加速性能。同时，这种油动遥控模型车通常配备了高性能的刹车系统，甚至拥有防抱死制动系统，以确保良好的制动效果。

三、遥控船

目前，遥控船（图 2-23）的外壳主要由工程塑料构成，而内部则由集成电路和电子元件组成。遥控船模型通常通过螺旋桨驱动，一般配备两个或更多的马达。在转向方面，普通遥控船通常依赖舵机来实

① 刘永恒. 2014. 机械机构玩具设计及其与电子技术相结合的应用. 天津科技大学，59.

现转向，然而一些大型船只还需要螺旋桨反转来协助转向。遥控船在水中操作，因此设备的功能参数必须符合水中环境操作指标。为此，整个船身的机械构架都以防水为前提进行设计，这也是遥控船与其他遥控模型的主要区别。除了常规的遥控船外，还有一些特种船只，特别是遥控潜水艇的设计。这些特种船只在机械技术的应用上展现了独特的特点。它们不仅具备航行能力，还能通过遥控实现上浮和下沉。这种独特的设计吸引了众多玩家的关注，并为遥控船模型领域带来了更多的乐趣和创意。①

图 2-23　遥控船（任梦瑶 绘）

遥控船的基本原理如下：遥控船接收遥控器发出的指令，由运动控制模块解码控制船体执行相应指令的运动。运动控制模块由电机的直流驱动器和连接到后螺旋桨的直流电机组成，可以控制船体的左转、右转、前进和停止。船体的方向是通过控制两个直流电机之间的速度差来实现的。

四、遥控工程玩具

随着电子技术的进步，遥控技术逐渐被应用于各种玩具和模型中，其中包括了挖掘机。遥控挖掘机是广受欢迎也是最为经典的遥控工程玩具之一。早期的遥控挖掘机比较简单，功能相对单一，但随着技术的发展和消费者需求的提高，遥控挖掘机的功能和性能也得到了极大

① 刘永恒. 2014. 机械机构玩具设计及其与电子技术相结合的应用. 天津科技大学，66-67.

的提升。

在材质上，早期的遥控挖掘机多采用塑料材料，而现在的产品则更多地使用金属和合金，以提高其耐用性和真实性。在功能上，现代的遥控挖掘机不仅能够实现挖掘、抬臂、旋转等基本动作，还配备了灯光、声音等特效，使得玩耍体验更加真实和丰富。

遥控挖掘机（图 2-24）不仅是一种玩具，更是一种寓教于乐的教育工具。挖掘机模仿了人类手臂的工作原理，孩子们在操作过程中可以潜移默化地学习到仿生学的知识。[①]孩子们在玩耍过程中，不仅能感受到操控的乐趣，还能培养对建筑和机械的兴趣，提高想象力、观察力和问题解决能力。

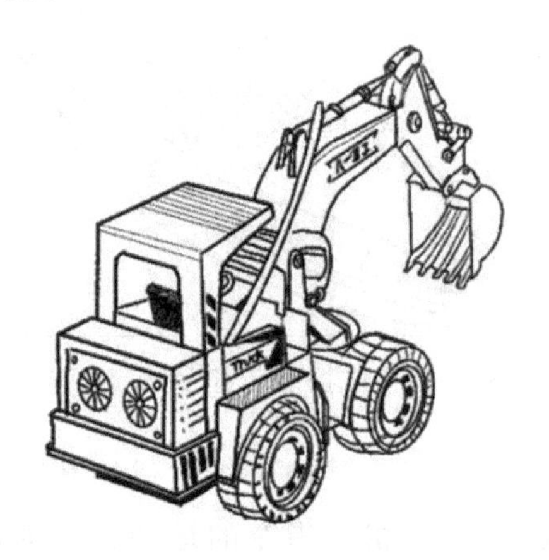

图 2-24　遥控挖掘机（任梦瑶 绘）

五、遥控航模与车模竞赛

（一）遥控航模竞赛

20 世纪 20 年代，美国、英国、法国等国普遍开展了航空模型运动。自 1926 年起，国际航空联合会每年举办国际航空模型比赛。起初仅有橡皮筋动力模型飞机参赛，以留空时间长短决定胜负。20 世纪 50 年代后，国际航空联合会对竞赛方法和内容进行了改革，并分别设定

① 胡碧芸. 2012. 幼儿潜能的挖掘机——儿童游戏软件在教学中的作用. 剑南文学（经典教苑），（3）：324.

了比赛项目和纪录项目。

除了比赛项目和纪录项目，各国还为青少年设置了初级竞赛项目。按惯例，分别举行自由飞行、线操纵飞行、无线电遥控模型滑翔机、室内模型等世界锦标赛，每两年举行一次。参赛者必须使用自己制作的模型参加竞赛，所使用的航空模型是一种有尺寸和重量限制的雏形航空器，比赛项目有自由飞行、线操纵圆周飞行等。因此，航空模型竞赛不仅是一项单纯的竞技运动，而且包含了丰富的工程技术理论和制作内容，同时有助于培养人们对航空事业的兴趣，普及航空知识和技术，进而发掘与培养航空人才。

现今，有些城市或近郊建有专用的航模飞行场，并设有专门供应航模器材的商铺。在一些欧美国家，除了青少年热衷并开展这项活动外，成年人也加入其中。这些无疑对航空模型的宣传与发展起到了良好的引导与铺垫作用。

中国的航模竞赛也有较久的历史（图 2-25）。1920 年，中国留学生桂铭新在美国举办的航空模型比赛中获第一名。1940 年，香港《大公报》和几个教育团体在香港联合举办了中国首次航模比赛。从 1941 年起，成都、重庆等中国西南地区的航空模型爱好者也开始进行航空模型的展览、表演和比赛。1947 年，在南京小营广场举行了一场航空模型比赛，参与者来自南京、上海、香港、重庆、广州、北京、长春、沈阳、汉口、兰州等城市。1948 年，南京又举办了一次航空模型比赛。[①]1949 年以后，航空模型运动在中国得到了迅速的发展，多个省（自治区、直辖市）建立了地方航空模型俱乐部，负责指导本省（自治区、直辖市）的航模运动。中央国防体育俱乐部（后改称中国人民解放军国防体育协会）先后举办了多期全国性的航空模型专职干部和教练员训练班，并有计划地生产了各种型号、规格的航空模型发动机、木片、木条及遥控设备等专用器材，出版了多种航模书籍。从 1956 年起，中国每年举办全国性的航模比赛，项目数量也逐渐增加。1959 年，中国运动员王埗首次在航模比赛中打破世界纪录。此后，中国运

① 谢遵议. 2016. 航空与救国：中国航空建设协会述论（1936—1949）. 西南大学，43-45.

动员多次刷新世界纪录，并在世界性航模比赛中屡获佳绩。随着科学的进一步发展，以及教育改革的不断深化，航模等各项科技活动像雨后春笋般在全国开展起来，航模活动必将为中国走向航空大国、科技强国做出应有的贡献。[①]

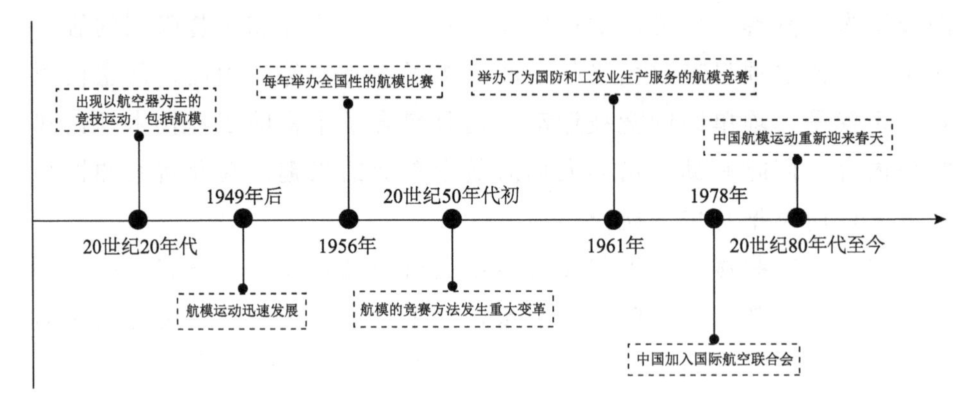

图 2-25　我国航模竞赛的发展历史示意图

（二）遥控车模竞赛

遥控车模竞赛是用各种汽车模型进行的比赛，具有较强的趣味性和对抗性，深受青少年的喜爱。这种竞赛正在作为一种新兴的体育运动项目在全球范围内兴起。广为人知的 F1（Formula 1 Grand Prix，一级方程式锦标赛）、世界摩托车锦标赛（Grand Prix Motorcycle Racing）等竞速赛事在全球拥有庞大的观众群，这充分体现了速度竞赛的魅力。

在欧美及一些东南亚国家，遥控车模竞赛不仅是一项体育竞赛，更被视为一种高尚的运动和一种高科技的爱好。它是一项不受年龄限制的竞赛项目，其竞赛形式与 F1 赛车比赛相似。比赛在指定的赛道上进行，分为排位赛与决赛两个阶段。比赛规则通常要求在一定的时间内跑完尽可能多的圈数，以此决定胜者。因此，遥控模型车竞赛的竞争往往异常激烈。

相对于电脑、电视游戏而言，遥控模型车运动是一项相当有益的活

① 王祖峻. 2014. 对我国航空模型活动的思考. 中国梦·航空梦-青少年航空科普教育——首届中国航空科普教育大会论文集，124-127.

动，目前国内一些名校的第二课堂活动中往往设有“车模小组”，目的是提高学生的动手及反应能力，培养学生良好的心理素质及各项技能。

遥控玩具在模型玩具的基础上得到了进一步发展，从曾经作为装饰摆放的静态物件演变为“活生生”的玩具，人类成功地将机械技术与电子技术等应用于玩具世界，使玩具不仅具有娱乐功能，更在娱乐中融入了教育元素，增强了玩具与孩子的互动性。随着科学技术的发展，人工智能和遥控设备等技术也逐渐应用到各个领域的产品中，为儿童遥控玩具的设计带来了全新的可能性。现代的遥控玩具不仅是儿童启蒙的重要工具，更在促进儿童手脑协调、锻炼手脑灵活性等方面展现出了显著的优势。①

第三节　智能控制玩具

随着互联网与物联网技术的日益精进，智能控制正在越来越多地渗透到我们生活的各个领域。无论是交通出行、智能家居，还是充满童真的玩具世界，都充满了科技的魅力。玩具的智能化已经成为当下玩具行业最新的发展态势，这不仅是科技发展的必然结果，也是玩具行业为了适应新时代的需求，进一步提升玩具的互动性、教育性和娱乐性而做出的重要创新。②

将智能控制系统融入玩具的设计中，一方面赋予了玩具“灵魂”，让玩具“活”了起来，大大增加了玩具与孩童之间交互形式的多样性；另一方面，科技的介入使得智能化玩具的功能愈发丰富，其提供的娱乐形式更加多彩，不再局限于某一年龄段，从而打破了玩具的年龄界限，变得老少皆宜。在了解智能控制玩具之前，我们首先要简单了解一下智能控制玩具的发展历程（图 2-26，表 2-7）。

① 钱皓，高洋，马东明等. 2019. 基于意象仿生的儿童遥控车造型设计及评价研究. 包装工程，（14）：144-149.

② 孙斌宾. 2019. 智能玩具创新设计思路探讨. 大众文艺，（9）：121-122.

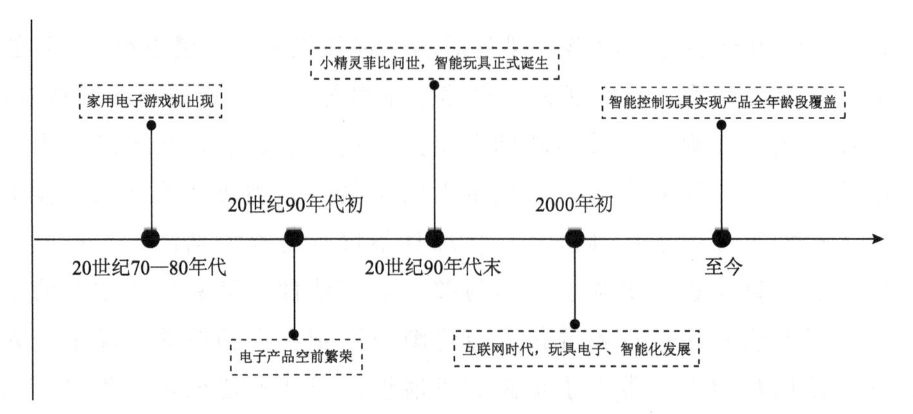

图 2-26　智能控制玩具的发展历史示意图

表 2-7　智能控制玩具的发展历史

时间	发展
20 世纪 70—80 年代	美国奥德赛游戏机的发售，标志着家用电子游戏机的问世
20 世纪 90 年代初	物质大爆发时期。日本二次元的市场蓬勃发展，促进了各类与二次元相关的产品，诸如电子游戏机、电子宠物、手办模型等玩具产品的出现
20 世纪 90 年代末	市面上最早出现的、可以被定义为“智能”的玩具——菲比（Furby）小精灵在美国出售
2000 年初	人类社会进入互联网时代，电子信息技术被越来越多地运用到玩具设计中，电子设备、智能设备开始越来越多地被运用到玩具设计中
至今	玩具严格的年龄划分特性逐步被模糊。早教玩具、潮流玩具等各类别玩具的出现，实现了智能控制玩具全年龄段的覆盖

一、智能控制玩具的发展

（一）智能控制玩具的“前身”——电子玩具

虽然智能控制玩具的趣味性主要依托于芯片强大的数据处理与分析能力，但究其根本仍然是依托于“电”这一动力来源。从宏观概念来讲，智能控制玩具仍然没有脱离“电子玩具”的范畴。因而想要了解智能控制玩具，必然要先了解电子玩具的发展脉络。

19 世纪 60 年代，人类社会生产力发展较蒸汽时代又有了一次重大飞跃。人们把这次变革称为第二次工业革命，并由此进入电气时代。电子玩具是玩具行业在电子时代的代表性产物。

最早将电作为动力来源的玩具种类是玩具火车，这一创新为后续遥控玩具的发展奠定了基础。1972 年，由美国电子厂商米罗华（Magnavox）研发的“奥德赛”（Odyssey）（图 2-27）游戏机成功推向市场，标志着家用电子游戏机的问世，也意味着电子玩具实现了由实体玩具向虚拟玩具的转变。1980 年，由任天堂研发制作的“Game & Watch”游戏机（图 2-28）的问世，又将游戏机推上了新的高峰——掌上游戏机。1996 年，日本万代公司推出了电子宠物机“拓麻歌子”（图 2-29），标志着电子玩具领域又有了新的突破——虚拟宠物养成类玩具。至此，电子玩具的发展已经为初代智能玩具的诞生奠定了坚实的技术与商业基础。

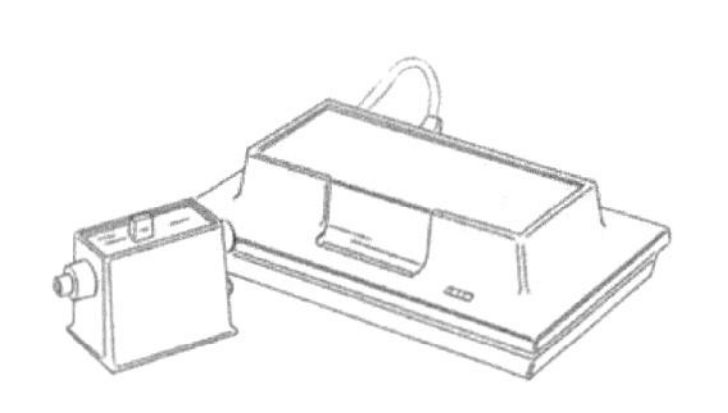

图 2-27 “奥德赛”游戏机

图 2-28 “Game & Watch”游戏机

图 2-29 “拓麻歌子”

（申浩敏 绘）

（二）智能控制玩具概述

智能控制玩具是玩具市场的一个细分市场，它整合了互联网技术与传统玩具，有别于传统玩具，自 20 世纪末期逐渐流行至今。尽管智能控制玩具已有 20 多年的发展历史，但目前仍然缺乏统一的行业标准，也没有权威组织为其下一个完整的定义。

通过观察市场上大部分智能玩具的功能共性，我们发现当下的智能控制玩具已经融合了毛绒玩具、橡胶娃娃、芯片等不同行业产品的特点。这类玩具不仅受孩子们的喜爱，还具有很强的寓教于乐效果，能够在娱乐的同时提供教育价值。

（三）智能控制玩具的诞生和发展趋势

市面上最早出现的、可以被定义为“智能”的玩具，当属 1998 年出现在美国的宠物玩具——菲比小精灵（图 2-30）。[①]该款玩具最大的卖点在于其精妙的语言学习能力。最开始，菲比小精灵只能使用一种称为“菲比语”的语言，但在与主人持续接触和交流中，可以逐渐“学习”英语，并与主人进行一定的对话。同时，该款玩具还集触摸互动、性格养成等多种玩法于一体。由于这些独特的功能，菲比小精灵在上市后迅速获得了全球认可，并荣登“全球 TOP10 玩具”的榜单。

图 2-30　菲比小精灵宠物玩具（申浩敏 绘）

玩具的智能化是玩具产业发展的必然结果。传统的玩具在性能和娱乐性方面较为单一，并且主要是建立在传统的制造业基础上的，机械结构和外观设计是其最主要的技术含量与产品卖点。[②]电子技术的快速发展，不仅对整个社会产生了深远的影响，还改变了人们的娱乐方式，人们对于娱乐的要求日益提高。智能控制玩具的出现和流行则恰恰顺应了这一发展趋势。

目前，智能控制玩具已经在市场上占据了很大的份额，其结构、机械、电子等智能化程度更高。这类技术性玩具突破了传统玩具概念的局限，将幼教产品、科普产品、娱乐产品吸纳进卖场，极大地丰富

---

① 黄子婧. 2021. 语音玩具以声牵童心. 中外玩具制造，（4）：36-38.

② 孙斌宾. 2019. 智能玩具创新设计思路探讨. 大众文艺，（9）：121-122.

了玩具的内涵，也适合所有年龄层的人群。[①]它的出现，使得玩具已不仅仅是与人们的童稚时代相伴的阶段性产品，而是以不同的形式与人的一生相联系。

智能控制玩具的发展与电子技术的不断精进是密不可分的。近年来，随着互联网、物联网的普及与高速发展，云端升级、蓝牙模块、芯片技术被越来越多地运用到智能控制玩具生产领域。[②]云端升级大幅提升了云计算能力，优化了语音识别功能，使智能控制玩具在语音交互方面更加出色。2012 年，美国孩之宝公司推出的新款菲比小精灵，就是云端、蓝牙与芯片技术精进后，与智能控制玩具产品相结合的最好范例。有了云端与蓝牙技术的加持，新款菲比小精灵的动作与表情得到了丰富。芯片技术的不断精进，也使得新款菲比小精灵更加小巧、可爱。

相比传统玩具，智能控制玩具除了设计生产的侧重点不一样以外，两者的发展路径也不尽相同。传统玩具更多关注玩具本身的把玩性与观赏性，而智能控制玩具更关注寓教于乐与成长陪伴方面。得益于新生代父母的平均受教育程度的提升，现代化的消费与教育观念促使新生代父母更加关注对婴幼儿的启蒙教育。再加上新生代父母因工作与生活压力而导致亲子陪伴时间的减少，也迫使其寻找具有陪伴功能的相关产品。以上两点“刚需”，使得智能控制玩具的消费空间进一步扩大，也可以预测智能控制玩具市场有巨大潜力。

智能控制玩具在中国的兴起稍晚一些，但发展速度很快，目前在市场上已经出现了不少智能控制玩具产品。这类产品多采用智能芯片、Wi-Fi（无线通信技术）、移动互联、人机交互、语音识别等技术，改变了传统玩具的面貌。但是就如同中国早期的动漫产业一样，一味地追求“最前沿”及“高利润”，反而可能忽略行业产业链这一基础。目前，智能控制玩具多数以“早教机”或“故事机”的形式出现，这种局面显示出我们与其他国家在智能控制玩具的某些应用领域仍存在一定的差距。

①《设计》杂志编辑部. 2017. 玩具 玩伴. 设计，（18）：6.

② 孙斌宾. 2019. 智能玩具创新设计思路探讨. 大众文艺，（9）：121-122.

（四）现代智能技术在智能控制玩具中的应用

现代智能技术在智能控制玩具中的应用体现在以下三个方面。

首先，机电一体化智能技术是智能控制玩具的核心。其中，人工智能增强了玩具的灵活性、娱乐性和自动性，使玩具能与玩家进行对话，并对玩家的语音进行正确识别。传感技术则实现了玩家与玩具的交互，通过传感器将相关信息传递给控制系统，再由控制系统反馈给信号接收部件，从而做出相应反应。自动化控制技术则是智能控制玩具实现“移动”的必要前提条件，决定了交互动作的流畅性、观赏性以及交互范围。

其次，个人电子终端技术也发挥了重要作用。手机与平板电脑通过安装的应用程序与智能玩具建立连接，实现了遥控装置的程序化，增强了智能控制玩具的操控性和可玩性。同时，智能手机的应用程序摒弃了传统的遥控装置，并将其“程序化”，应用程序与智能玩具之间的“虚拟”和“现实”互通，为玩家提供了更丰富的游戏体验。以儿童智能控制玩具乐高 Osmo Coding（Osmo 编码）为例（图 2-31），该玩具通过简单的游戏将复杂的代码过程展示出来。其玩具主体造型为一块块带有磁性的积木块，每个积木块之间可以相互吸附，并且每个积木块都代表了不同的“指令”，诸如跳跃、行走、抓握等。玩家通过积木块之间不同的排列组合，进而控制相关应用程序中的“人物”进行一系列的游戏。

图 2-31　乐高 Osmo Coding（申浩敏 绘）

最后，无线电控制技术在智能控制玩具中也有广泛应用。蓝牙技术主要用于个人电子终端连接玩具载体，实现了信息的无线传输。Wi-Fi 则支持多个终端设备同时传输数据，但其安全性较低，一般适用于室内场景。这些无线电控制技术的应用，进一步提升了智能控制玩具的功能和性能。

（五）智能控制玩具的分类

1. 机器人类智能控制玩具

乐高机器人（Lego Mindstorms）是风靡全球的最具代表性的智能控制机器人玩具。它集成了可编程主机、电动马达、传感器、Lego Technic（乐高技术）部件（如齿轮、轮轴、横梁、插销）等多种智能设备（图 2-32）。乐高机器人起源于益智玩具中可编程传感器模具。

图 2-32　乐高机器人（申浩敏 绘）

乐高机器人套件的核心是被称为 RCX、NXT 或 EV3 的可程序化的积木。RCX 具有 6 个输出输入口：3 个用来连接感应器等输入设备，另外 3 个用于连接马达等输出设备。NXT 比 RCX 多 1 个输入端口。乐高机器人套件最吸引人之处，就像传统的乐高积木一样，玩家可以自由发挥创意，拼凑各种模型，并能让它们真正动起来。①

2. 积木类智能控制玩具

王老师电子积木（图 2-33）最初是由退休教授王文渭老师在 2001

① 丁天乙. 一种乐高机器人学习桌. 浙江：CN211186298U，2020-08-07.

年发明的一系列玩具。结合自己数十年的教学经验，王老师将完整的电路解构成多个模块，并将导线、二极管、三极管、电阻、电容、无线发射器、电表、电机、喇叭、集成块等电子元件固定在塑料片块上。这些电子元件采用纽扣链接的方式，可以像拼积木一样轻松拼装电路。此外，王老师电子积木还灵活运用磁控开关、光控开关、声控开关、震动控制等多种控制方式，打造出可拼装的互动电子玩具。[①]

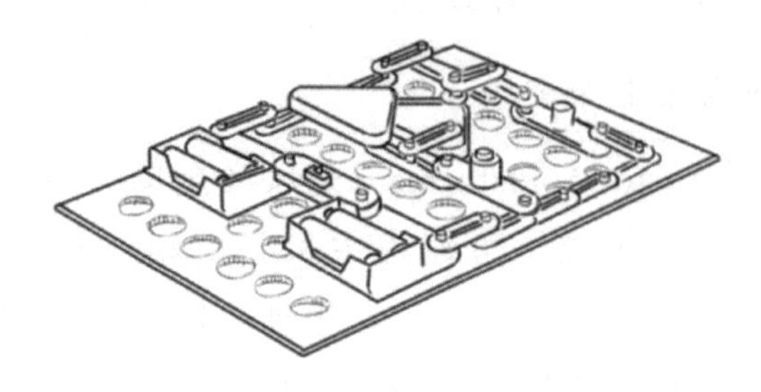

图 2-33 王老师电子积木（申浩敏 绘）

王老师电子积木采用电子元件裸露设计，这种设计使得学习过程由浅入深，更为直观。通过电子积木，学生可以快速拼装出各种趣味电路与实用电路，并且在拼装完成后，能立即观察到声、光、电的直观效果，使得学习过程更具趣味性。更重要的是，这些拼装的电子装置可以在现实生活中得到应用，进一步提高了学习的实用性。在拼装过程中，少年儿童可以轻而易举地了解到教科书中原本枯燥的电学、声学、光学、磁学原理。在拼装过程中，他们可以听到警车声、机枪声、消防车声、救护车声、太空大战等各种音效，这些声音不仅增加了游戏的趣味性，同时也使他们更直观地体会到电子世界的奥妙。

3. 人工智能类玩具

人工智能（artificial intelligence，AI）以前所未有的方式进入我们的世界，搜索、阅读新闻、地图以及照片和翻译等服务，都在借助AI技术进行优化。随着AI技术的进步，机器人已经开始深入家庭场景。在家庭场景中，老人和儿童是被照顾的群体。老龄化的发展，进

① 洪英夫. 2015. 积木类玩具设计方法探究——以王老师电子积木为例. 湖北工业大学，14-16.

一步促进了服务机器人的发展，它作为照顾老人的补充，借助科技的力量，协助老年人解决日常生活问题。在儿童教育和陪伴领域，具有相关功能的机器人备受家长欢迎。它们借助科技的力量，陪伴儿童成长，使儿童教育进入了AI时代。早在2019年，教育部办公厅印发的《2019年教育信息化和网络安全工作要点》就强调了AI与教育深度融合的重要性。因此，教育领域的人工智能产品市场潜力巨大。学前教育的发展尤为迅速，针对3—6岁儿童教育和娱乐的机器人玩具市场前景广阔。

同时，IP产业的蓬勃发展也为该玩具领域注入了新鲜血液，成了当下人工智能类玩具的又一商业突破口。IP形象的引入，让接触过此类IP形象的孩童在玩耍玩具时更有代入感与故事感，更能引起孩童的共鸣。因此，智能控制玩具厂商与IP公司的联名合作模式受到了业界的广泛青睐。

（六）智能控制玩具的潜在隐患

1. 信息安全

“小小的玩具会有什么信息安全的隐患？”这是大家普遍的疑问。事实上，尽管智能控制玩具在分类上属于玩具，但它们同时也是高科技产品。其核心技术与我们日常使用的智能手机、电脑并无二致。以陪伴型智能控制玩具为例，它们通常配备了实时视频监控或远程语音功能，这让父母可以方便地随时查看孩子的学习或生活状态。然而，一旦这些功能被不法分子利用，智能玩具可能会立即变成“监控利器”。[①]

要解决智能控制玩具在信息安全方面的问题，制造商的态度至关重要。玩具制造商必须在客户端APP的开发上下足功夫，确保APP的加固与混淆做得足够到位，这样才能有效地防止APP被反翻译和二次打包，从源头上规避智能产品被植入恶意程序的风险。这是制造商为保护消费者隐私和安全所必须承担的责任。

---

① 刘青. 2017. 小心智能玩具的可怕现实. 计算机与网络，（17）：21.

2. 心理健康安全

心理健康安全确实与“智能依赖”这一潜在问题密切相关。大多数智能控制玩具的设计初衷是为了陪伴和儿童教育，但其在帮助儿童学习的同时，也可能导致儿童习惯性地依赖其来解决学习问题。如果儿童遇到稍微复杂一点的学习问题就立即求助于智能控制玩具，那么他们的独立思考能力可能会受到影响。

智能控制玩具所带来的心理健康问题看似棘手，但其实解决起来并不困难。智能控制玩具本身的出现和功能并没有错，关键在于如何正确地使用它们。父母和用户需要明确立场，将智能控制玩具定位为儿童陪伴和教育学习的辅助工具，而不是主导工具。真正的陪伴和教育主体应该是父母。父母应该给予孩子更多的陪伴，指导他们树立正确的学习观和生活观，这是预防儿童沉迷和依赖智能控制玩具最直接、最便捷的方式。

二、编程类智能控制玩具

随着教育水平的提高，越来越多的新生代父母开始质疑“死背书”的学习方式，转而关注思维逻辑培养在儿童早教中的重要性。与此同时，随着互联网的高速发展，“编程思维对孩子未来发展具有重要意义”的观点也逐渐获得广大家长的认同。因此，“少儿编程”在近年来逐渐升温，成为教育界的新热点之一。如何让儿童在轻松、娱乐的氛围中接触和学习基础编程，已经成为智能控制玩具厂家面临的新课题，同时也为其开辟了全新的商业路径。这正是编程类智能控制玩具应运而生的契机。

在过去的智能玩具市场中，多数儿童智能控制玩具带有“早教机”的色彩，玩具与儿童之间形成了一种“智能老师”与“幼龄学生”之间的单向知识传输关系。这种关系可能会在一定程度上导致儿童对智能控制玩具产生依赖心理。然而，编程玩具打破了这一传统模式，将儿童置于主体地位，由他们亲手“编辑”程序，“创造”玩具。若将以往的智能控制玩具与儿童间的关系视作智能玩具提供乐趣，儿童“被动”接受，那么编程类智能控制玩具的出现则实现了关系的逆转，变为儿童主动创造乐趣，智能控制玩具则“被动”提供支持。这一转变既避免了儿童过度依赖智能控制玩具的负面现象，又实现了寓教于乐、提升孩童的逻辑思维能力的目标，实现了双赢的局面。

（一）编程类智能控制玩具的种类

编程类智能控制玩具的玩法千变万化，主题繁多，因而不便一一总结，通过调研市面上较为流行的编程类智能控制玩具，我们对其做了如下分类。

1. 仿生操控类编程智能控制玩具

仿生操控类编程智能控制玩具，顾名思义，其实体为可以活动的仿生机器人，该类玩具造型多以动物、人形机器人为主。

2. 人文教育类编程智能控制玩具

人文教育类编程智能控制玩具更注重对儿童感性思维的培养。这类玩具的产品造型通常采用扁平化设计，没有具体的玩具模型，涉猎的内容多与音乐、儿童故事、几何图形有关。该类玩具的杰出代表当属索尼（Sony）公司研发的toio系列编程玩具中的“皮可童族”（图2-34）。通过在音乐剧本和演奏垫板上轻触与滑动机器人核心Q宝（图2-35），儿童可以体验生活中的各种声音，并理解音乐的三个基本要素，即节奏、旋律、和声，最终完成演奏和作曲的音乐创作过程。

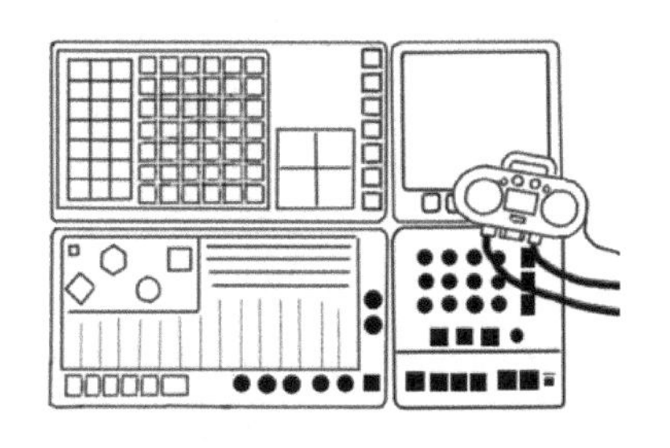

图2-34　“皮可童族”操作台
（申浩敏　绘）

图2-35　滑动机器人核心Q宝
（申浩敏　绘）

3. 机械工程类编程智能控制玩具

机械工程类编程智能控制玩具的目标人群多为男孩，以工程车、工程机械类实用型机器，或坦克、装甲车、飞机这类军事题材为主。这些玩具的零部件多以积木的形式出现，儿童可以根据自己的喜好自由拼搭，创造出独一无二的“工程机甲”。

该类玩具主要依靠内置马达提供动力，并借由操控装置实现玩具的程序化运动。操控装置的形态各式各样，可能是智能手机，也可能仅仅是一本“图书”配合一根操控笔。以乐博士这个品牌为例，其推出了一款名为“科学工程”的编程智能控制玩具套组（图 2-36），其中的操控装置便采用了“编程书+操控笔”（图 2-37）的模式。

图 2-36　乐博士编程玩具

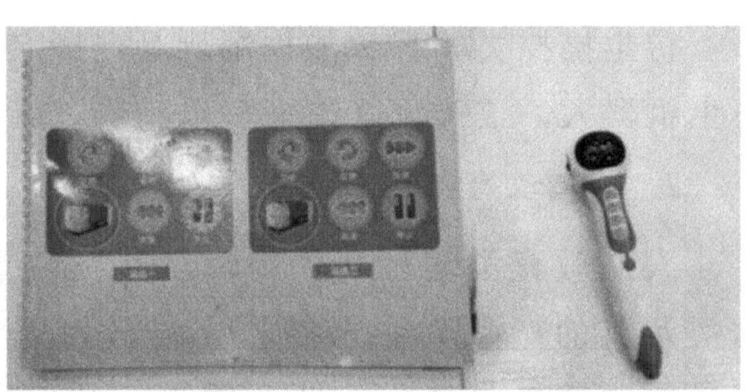

图 2-37　编程书与操控笔

该类玩具的具体操控流程如下：玩家通过积木自由地搭建机器造型，不同的积木组合不仅能改变机器的外观造型，还能在一定程度上决定机器的功能，从而影响后续的操作。在搭建机器前，儿童首先要预设玩具的目标任务，如挖掘、撞击或行走等，然后在有限的积木模块中选择合适的组件进行拼装。组装完成后，根据预先拟定的目标任务，用操控笔在编程书上点选相关的操控指令，从而控制机器顺利完成目标任务。

4. 网络互联类编程智能控制玩具

网络互联类编程智能控制玩具最显著的特征在于成功将实体编程玩具与虚拟网络相融合。与传统控制类玩具相比，这类玩具的控制器更加具体化，而被控制的对象则主要存在于虚拟网络中。

这类玩具相较于其他编程玩具的优势在于其持久的可玩性。因为无论是控制对象还是控制对象的活动场景都集成在 APP 中，实体物件仅需几个固定的模块机器人操控器。当需要引入新的玩法、为用户带来更多乐趣时，制造商无需经历重新设计、建模、制作模具、量产等繁杂步骤，只需为 APP 编入新的游戏场景即可。实体物件少、游戏场景更新快的优点使得这类玩具能够适应不同年龄段的儿童。这种在生产和使用方面的“实惠”和“划算”也使其受到市场的广泛青睐。

（二）编程类智能控制玩具的发展趋势

从大体分类来看，未来编程类智能控制玩具的发展大概有两大趋势。

1. 声、光、电、动模块集成化

当前市场上的编程类智能控制玩具通常依赖于一个或两个特定的交互模块进行设计。然而，随着产品功能集成化设计的普及，未来编程智能控制玩具的交互模式也将趋向集成化。将声、光、电、动交互模块集成到一款玩具中，不仅可以使编程过程更加多样化、复杂化，而且也能丰富游戏的交互过程，增强其趣味性。

2. 融合 VR 与 AR 技术

这一趋势主要与网络互联类编程智能控制玩具的发展相关。目前，这类玩具的控制器、控制对象和游戏场景通常完全分离，这不仅降低了玩具与玩家间交互反馈的真实感，也可能影响玩家的创造性发挥。然而，通过结合 VR 和 AR 技术，未来的编程智能控制玩具可能会实现以下场景：两位玩家共同参与游戏，一位玩家用积木模块搭建游戏场景，并通过编程赋予模块特定功能，如喷火、发电等；另一位玩家则操控电子设备，编辑动作程序，控制虚拟“游戏人物”进入场景闯关。由于 VR 和 AR 技术的支持，玩家只需佩戴 VR 眼镜，就能看到奇幻多彩的游戏场景和闯关人物。

这种游戏方式的优点在于，操作交互更加直观、真实；同时，游戏场景的复杂多样化也能增强游戏的可玩性，而且无须增加额外的实体玩具模块，这对于玩家和厂家而言都是好消息。通过技术和玩法的

创新，编程类智能控制玩具的发展将更好地满足儿童的学习和娱乐需求，也将为玩具市场带来新的活力和机遇。

在快速发展的社会中，传统玩具正在与时俱进，朝着智能化的方向发展。从最初的静态模型玩具，到后来融入电子技术的遥控玩具，再到如今儿童玩具的智能化设计趋势日益凸显，玩具产业正在经历一场科技革命。科技化、智能化、多元互动化已成为玩具产业未来不可逆转的发展趋势。

无论是模型玩具、遥控玩具，还是智能控制玩具、编程玩具，都是玩具行业顺应时代发展的产物。有人认为科技的加入让玩具变得越来越“无趣”，越来越失去它原本该有的“味道”，然而事实并非如此。科技的融入赋予了玩具更多的功能，也让孩子们体验到了与上一辈人不同的娱乐方式。借助当下的技术或科学力量，我们创造出了与其他时代不同的乐趣，为孩子们打造独一无二的缤纷童年，这正是每个时代“智造童年”的真正内涵。

第三章　玩具与游戏中力的作用

在儿童的成长过程中，肢体动作的学习与发展是一项重要任务。孩子们一般在掌握坐、爬、走等基本动作后，开始探索更细微的肢体动作，而生活中的各种力量，如推力、拉力、旋转力等，都在潜移默化中引导着他们的动作发展。本章针对玩具与游戏中各种力的作用展开研究，探索在各种力的作用下的游戏产物。

旋力玩具引领孩子们从感知摸索走向游戏，帮助他们理解四肢动作与物体运动之间的关系；风力玩具则教导孩子们观察自然，关注世界的奇妙之处，引导他们对环境产生好奇和探索欲望；绳索玩具通过绳结在指尖的翻转变化，帮助孩子们理解事物的抽象形态，从而培养他们的想象力和创造力。

玩具和游戏中的神秘力量，体现在不停旋转的陀螺、千变万化的万花筒、乘风而上的纸飞机，以及绳结翻转出的千奇百怪的花样中。这些游戏和玩具不仅承载着中国传统文化的精髓，而且随着时代的演变，不断融入新技术和科学原理，使它们历久弥新。儿童通过玩具和游戏，能够了解力的作用及其发展历程，也能认识玩具的演变过程，学习和掌握科学原理。更重要的是，他们能在游戏中体验到传统文化的魅力，同时锻炼大脑、启发智慧、赋能成长。玩具和游戏通过力的作用表现出不同的运动形态，让孩子们在玩耍过程中感受智慧的启迪，从而激发无限的想象力。

本章将深入揭示玩具与游戏中各种力的作用的奥秘，详细解读它们的历史发展脉络、科学原理与创新发展，探索玩具中力的神奇变化。

第一节 旋力玩具

一、陀螺

陀螺又名“地转”，是一种民间玩具，多用木头、竹子制成。玩时用一根线绳将陀螺上的竹签绕紧，穿过竹片小孔，当左手握紧竹片及陀螺，右手猛拉绳子时，线绳能通过竹片小孔全部拉出，陀螺便能在地上旋转，同时发出清脆的响声。[①]刘侗等的《帝京景物略》有云“杨柳儿活，抽陀螺”，又云“陀螺者，木制如小空钟，中实而无柄，绕以鞭之绳而无竹尺。卓于地，急掣其鞭，一掣，陀螺则转，无声也，视其缓而鞭之，转转无复往。转之疾，正如卓立地上，顶光旋旋，影不动也”。[②]

（一）中国陀螺的发展历史

中国陀螺的发展历史源远流长，最早可以追溯到石器时代，当时还没有出现陀螺这个称呼。后来出现了竹片蜻蜓，并渐渐传入西方（图 3-1，表 3-1）。

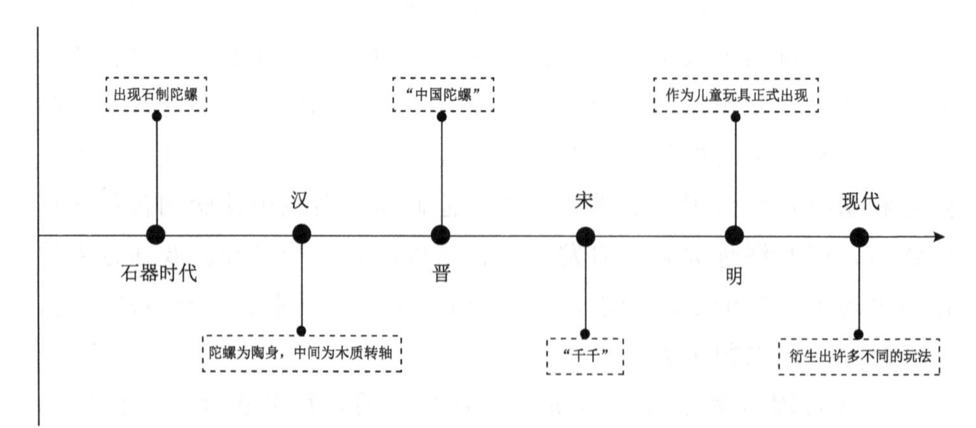

图 3-1 中国陀螺的发展历史示意图

① 吴山. 2011. 中国工艺美术大辞典. 南京：江苏美术出版社，704.
② 刘侗，于奕正. 1996. 帝京景物略. 上海：上海远东出版社，117.

表 3-1　中国陀螺的发展历史

时间	发展
石器时代	出现了石制陀螺
汉	出现了陶制陀螺（图 3-2），中间为木质转轴
晋	中国出现了另一种有趣的玩具——竹片蜻蜓。这种玩具在 18 世纪传到欧洲后，被西方人称为“中国陀螺”
宋	出现了一种类似陀螺的玩具，名为“千千”，类似于今天的手旋陀螺造型，由象牙制成
明	陀螺作为儿童玩具正式出现
现代	各种类型的陀螺玩具层出不穷，同时衍生出许多种不同的玩法

资料来源：刘旭东，王亚勇. 2003. 十四种竞技——中国少数民族传统体育运动会竞赛项目赏析. 银川：宁夏人民出版社，194

宋朝时期有一种类似陀螺的玩具，被称作“千千”（或称“千千车”）。它由铁质中轴和圆盘形物体组成，用手捻其旋转（图 3-2），谁转得久谁就获胜，这是当时盛行于深宫后院的游戏之一。到了明朝，“陀螺”这一名词才正式被提出并且成为儿童玩具（图 3-3）。今天，陀螺的样式和种类层出不穷，由传统的旋转陀螺发展到了现在的音乐灯光陀螺、指尖陀螺等。

图 3-2　拧转陀螺（李清　摄）

图 3-3　明朝的陀螺（李清　摄）

陀螺是我国彝族、壮族、佤族、瑶族、傣族、黎族、畲族等民族喜爱的传统体育运动之一，在云南、贵州、湖南、广西、福建等民族聚居地区较为流行。在广西的壮族聚居地区，每年都会举行一次体育盛会——陀螺节。从旧历年除夕前两三天开始至新年正月十六日，历时半个多月。

（二）陀螺的分类

传统陀螺大致是用木头、塑胶或金属制成的，呈倒圆锥形状，前端大多为铁制材料。玩者会因不同方式的玩法，将陀螺制作成圆柱形、斧头状或尖锐形。经过时代的演变、科技的改良，已有各式各样的材质与形状的陀螺出现（图 3-4）。

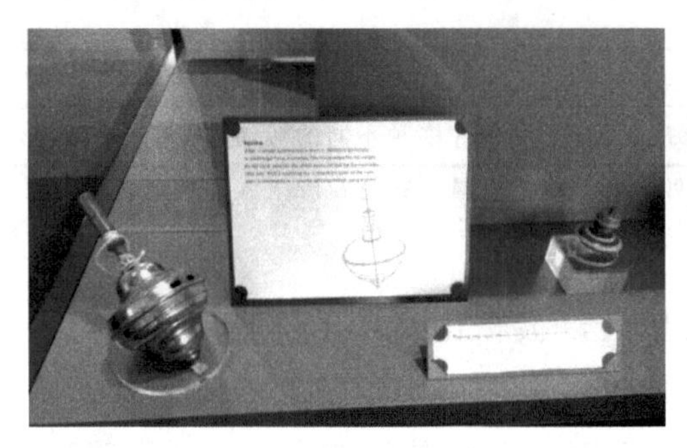

图 3-4　不同形态的陀螺

按材料的不同，可以将陀螺分为纸陀螺、铜钱陀螺、线轴陀螺、竹陀螺、木质陀螺、塑胶陀螺及金属陀螺，不同材质的陀螺有不同的玩法。最经典的陀螺莫过于木质陀螺（图 3-5），它是许多“70 后”“80 后”的童年回忆，因其在接触地面的尖底部分增加了铁钉，可以减少磨损。

图 3-5　木质陀螺

（三）陀螺的旋转原理

陀螺旋转时，不仅围绕着本身的轴线转动，还围绕一个垂直轴做锥形运动。也就是说，陀螺一边围绕本身的轴线做“自转”，一边围绕垂直轴做“进动”，即陀螺并非垂直立于地面之上，而是与地面法线有一定的偏离，向地面倾斜。重力对陀螺的力矩不为零，而陀螺的进动角动量可以平衡重力矩的作用，所以陀螺在旋转时不会倒向地面。陀螺自转的快慢与陀螺摆动角的大小有着密切联系，陀螺自转得越慢，摆动角越大，稳定性越差；相反，转得越快，摆动角越小，稳定性也就越好。陀螺的外形也对陀螺的进动有影响，这和人们骑自行车的道理差不多，不同的是，骑自行车是做直线运动，而陀螺是做圆锥形的曲线运动。①

（四）陀螺的玩法

一般来说，传统的陀螺有两种抽法：第一种是水平抽法，即弯身从身侧将陀螺抛出，当其离手后，将绕在手上的绳尾迅速地向后一抽，陀螺就会沿着地面水平旋转前进；第二种是垂直抽法，即将陀螺高举过头顶，由上向下，边抽边打。陀螺的具体玩法如表 3-2 所示。

表 3-2　陀螺玩法

方法	介绍
缠绳	陀螺钉朝上，惯用右手者按顺时针方向缠绕（惯用左手者方向相反）绳子，将绳子预留一小段，打个单结，用手握住（或缠绕在指头上）
持法	以大拇指、食指、中指三指将陀螺倒拿，手空握住顶部
抛法	抛出去的距离由绳长与臂长的长度之和来决定，手臂朝着目标方向摆动，陀螺离开手后，中指指向目标处的方向，力道源自不断练习而积累的经验

（五）现代陀螺

现代的陀螺玩具无论在形态还是玩法上都有一定的改良，甚至有的作为动画衍生产品出现，趣味性更强。现代的陀螺不再局限于地面玩耍，还可以在指尖旋转，并且引入磁力控制，控制方式更加多样，游戏方式也不再单一，还可以结合手机 APP 增强其互动性。

① 许江宁，马恒，何泓洋. 2019. 陀螺原理. 北京：科学出版社，52-55.

1. "林博"陀螺

"林博"陀螺是目前旋转时间最长的吉尼斯世界纪录保持者，创造了 27 小时 9 分 24 秒的持续旋转纪录，成为当之无愧的"陀螺王"。[①] 它实质上是一个经过数控机床（computer numerical control，CNC）加工的具有智能自平衡能力的电动陀螺仪，从本质上来说，是由内置电机推动，持续提供旋转的基本动力。小小的"林博"陀螺在转出去时，其实就已经在算法的帮助下不断修正旋转方向和速度，达到用最小的功率、最佳的姿态，实现最好的自平衡效果，所以在各种环境下"林博"陀螺都能轻松适应，维持自身的旋转。

2. 响声陀螺

响声陀螺会发出响声，是因为顶部是空心的，旁开孔洞，陀螺在旋转时就会发出类似于吹口哨的声音（图 3-6）。

图 3-6　发出声响的陀螺

3. 指尖陀螺

指尖陀螺（图 3-7）是一种形状扁平的玩具，在中间有一个轴承，其外形可以是三个角以圆形包覆的正三角形，也可以是直线，边缘重于中心，以便增加转动惯性。它的材质有多种，如黄铜、不锈钢、钛、铜或是塑胶。它的玩法是用手指捏住指尖陀螺的中心轴承部分，略微施力转动即可。据说指尖陀螺最初是为孤独症患者设计的玩具，现在它逐渐变成了年轻人喜爱的解压玩具。

① 新华社. 2018-06-26. 世界最牛陀螺连转超 27 小时. https://baijiahao.baidu.com/s?id=1604318545333245583& wfr=spider&for=pc.

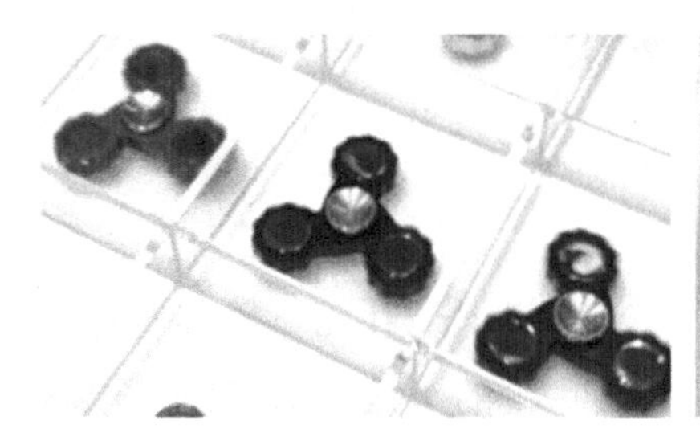

图 3-7　指尖陀螺（彭静文 摄）

自新石器时代出现石制陀螺以来，陀螺游戏就在民间广为流传，深受儿童的喜爱。后来，科学家又根据陀螺的力学特性发明了一种名叫“陀螺仪”的仪器，被广泛运用于科研、军事技术等领域中。因此，小小的陀螺不仅承载着千年的文化底蕴，更在现代科技领域中展现出无尽的可能与光芒。

二、走马灯

（一）走马灯的原理

在科技尚不发达的古代，人们对走马灯的原理并不清楚，因此走马灯被赋予了一定的神秘色彩。相传，大约在 12 世纪之后，西方人看到中国的走马灯，感到十分惊奇，甚至称其为“神灯”。[①]在人们发现了空气对流的原理之后，走马灯的秘密才被揭开。走马灯的外形多为宫灯状，内有纸轮风车（叶轮）以及剪纸人马等图案。点燃灯内的蜡烛，纸轮风车随之转动，灯屏上就出现了人马追逐的影像。

与近代的燃气轮机一样，走马灯也是根据热空气上升产生推力的原理制成的。灯内蜡烛点燃时，被加热的空气体积膨胀的同时密度减小，在灯筒内徐徐上升，运动的热空气便推动纸轮风车和固定在转轴上的纸马转动起来。走马灯工作时将内能转化为动能，在这个过程中，热空气不断上升，下端的冷空气随即补充进来，从而循环往复。所以，

① 北京未来新世纪教育科学研究所. 2006. 科学目击者：照明之旅. 乌鲁木齐：新疆青少年出版社，32.

只要蜡烛不灭，走马灯就会不停地转动。[①]

（二）走马灯的构造

走马灯的构造是在一个立轴的上部横方向装一个叶轮，俗称“伞”。各叶片的装置方式与儿童玩耍的风车相似。叶轮的下边，在立轴底部的近旁，装一个烛座。蜡烛燃烧时，产生的燃气上升，便可以推动叶轮产生回转。在立轴的中部，沿水平方向横装几根细铁丝（一般为 4 根），每根铁丝外粘用纸剪的人马。夜间点燃蜡烛后，人马剪纸便随着叶轮和立轴而旋转，十分吸引人。[②]清代富察敦崇的《燕京岁时记·走马灯》记载：“走马灯者，剪纸为轮，以烛嘘之，则车驰马骤，团团不休，烛灭则顿止矣。”[③]

（三）中国走马灯

走马灯是我国的独特发明，很早以前就有关于它的记载。走马灯又叫跑马灯、串马灯，一般是指能够旋转的装饰灯，是我国民间彩灯的一种独特的艺术形式。由于灯的各个面上都绘有古代武将骑马的图画，而在灯转动时这些马就好像在奔跑一样，故而得名。宋元时期，走马灯中的影人多表现的是骑马持枪这一类的人物故事。

走马灯在中国的发展历史如图 3-8 和表 3-3 所示。

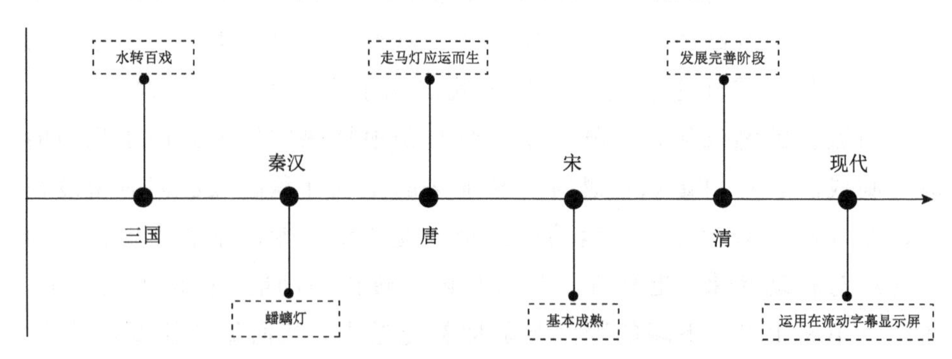

图 3-8　走马灯在中国的发展历史示意图

① 孙述庆. 1983. 无缝天衣. 济南：山东人民出版社，75.

② 吴山. 2011. 中国工艺美术大辞典. 南京：江苏美术出版社，794.

③ 转引自：李湘黔. 2013. 中国民间文化与物理趣味. 成都：西南交通大学出版社，165.

表 3-3　走马灯在中国的发展历史

时间	发展
三国	水转百戏
秦汉	蟠螭灯
唐	在盛世，闲暇时还能举行各类文艺活动。就是在这样的节假日张灯结彩的背景下，走马灯应运而生，又名“仙音烛”“转鹭灯”
宋	南宋时期发展已经基本成熟。作为汉族特色工艺品，亦是传统节日的玩具之一，属于灯笼的一种
清	发展完善
现代	其动力源为电，走马灯形式被运用在流动字幕显示屏上

资料来源：薛红艳. 2017. 中国灯具艺术研究. 上海：上海人民出版社，89

（四）西方走马灯

西方虽没有严格意义上的走马灯，但同样有利用热动力原理制作的玩具。中国古代的走马灯寓意吉祥，常出现在春节等重大节日，寄托了人们对人丁兴旺、五谷丰登的期盼。西方的此类玩具也多用在西方传统节日——圣诞节，同样寓意着美好。在造型方面，中国传统的走马灯结构简单，便于制作，图案通过贴于灯壁上的剪纸来表达。相比之下，西方的走马灯造型复杂，且体积较大，制作难度也随之增加。圣诞塔（图 3-9）是德国制造的传统玩具，其动力来源于热能，点燃蜡烛，温度升高带动桨叶旋转，从而使塔层慢慢回旋，这也是与中国走马灯有着类似原理的玩具。西洋镜（图 3-10）被称为西方的“走马灯”，其原理是运用了人们的视觉特性——“视觉残留”。它工作时，灯罩是快速旋转的，因而从灯罩的缝隙中看过去，里面的装饰画连在一起快速移动，就变成人们眼中一幅幅的动画。

图 3-9　圣诞塔

图 3-10　西洋镜

（五）走马灯的创新设计案例

如今，创客用开源硬件也可以做出智能走马灯。将LED灯板固定在电机上使其旋转起来，就可以做出有趣的3D走马灯。有的城市的地铁隧道内壁的广告利用了与走马灯类似的原理：它是由一个个屏幕或LED灯柱组成的，每一个屏幕显示一帧画面，地铁行进中时，乘客就能看到隧道内壁的动态广告了。

1. 创新走马灯

传统的走马灯使用蜡烛，并且画面较为单一。为了减少污染，现在人们使用电机代替蜡烛来驱动走马灯的内部旋转，搭配彩色的LED灯用来发光，使用密度板制作骨架、硬纸板制作外壳，这些都是生活中常见的可回收材料。利用光幻觉动画原理，让走马灯上的图画不再是简单地旋转替换，而是让马真的“走”起来；利用开源硬件对作品进行编程，实现自动旋转、自由切换灯的颜色、播放简单的音乐，甚至可以用遥控器来操作，这样的走马灯作品既有“传承”，也有“创新”。

2. 梦的走马灯

松下（Panasonic）公司有一个项目叫作“梦的走马灯”。该项目独具匠心，利用太阳光作为光源，为走马灯注入了现代化的创新活力。为了提升走马灯的艺术价值，松下公司与众多著名艺术家携手合作，共同设计灯笼的外观。这些艺术家的精湛技艺和独特创意，使得“梦的走马灯”不仅是一款照明产品，更是一件充满艺术魅力的艺术品，成就了现代科技与艺术的完美结合。

中华民族自古崇尚灯笼，唐代就已有了盛况空前的灯市。[①]到了宋代，元宵夜的灯市更是达到了蔚为壮观的巅峰。随着时代的演进，走马灯的制作工艺和设计不断与时俱进，然而它所带来的那种喜庆吉祥的氛围却始终如一，深深地烙印在人们的心中。当孩子们观赏走马灯时，他们不仅被视觉暂留所创造的动画效果所吸引，更在这其中感受到了传统文化的深沉魅力。

---

① 陈晓丹. 2009. 中国文化博览 3. 北京：中国戏剧出版社，7.

三、万花筒

万花筒（图 3-11）亦称“转花筒”，是我国民间的一种传统玩具，也是一种光学玩具。观察万花筒内部，它会呈现许多美丽的图案，通过旋转又会出现另一种。随着不断旋转，图案也会相应地发生连续变化，万花筒由此得名。[①]一般而言，万花筒的主体材料为硬纸、玻璃和彩色塑料屑等，外壳采用硬纸做成长圆筒形，内装三块相同的长条形玻璃片，围成三角柱形。一端装两个圆形玻璃片，其间散放了若干彩色小玻璃或彩色小塑料块；另一端则开设了一个精巧的小圆孔，人们可以透过这个小圆孔向内张望，并轻轻转动筒身，便能欣赏到千变万化的花纹，仿佛置身于一个绚丽多彩的世界。

图 3-11　传统的万花筒（李清 摄）

（一）万花筒的起源与发展

据史料记载，古代人们就已经掌握了光的反射成像原理。《庄子》里就有“鉴止于水”的说法，即用静止的水当镜子。但真正被定义为万花筒的玩具是由英国物理学家大卫·布鲁斯特（D. Brewste）于 1816 年发明的（图 3-12，表 3-4）。[②]

① 中央工艺美术学院. 1988. 工艺美术辞典. 哈尔滨：黑龙江人民出版社，268.
② 蔡林. 1994. 摄影大百科辞典. 成都：四川科学技术出版社，1282.

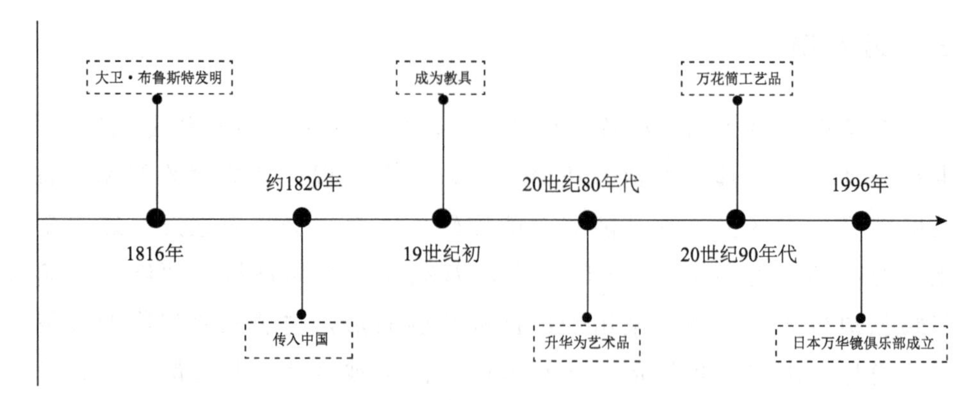

图 3-12　万花筒的发展历史示意图

表 3-4　万花筒的发展历史

时间	发展
1816 年	由大卫·布鲁斯特发明
约 1820 年	由于当时制作材料和工艺的限制，万花筒只能作为清王朝达官贵人的私室珍藏。随着中国民族工业的发展，万花筒的造价也渐渐变得低廉，慢慢进入普通家庭
19 世纪初	由中国传入日本，成为教具
20 世纪 80 年代	在美国由玩具升华为艺术品
20 世纪 90 年代	日本开始制作万花筒工艺品
1996 年	日本万华镜俱乐部成立，俱乐部发起组织了万花筒展，开设学习班传授万花筒的手工制作方法等

资料来源：张月琴. 2009. 民间玩具. 太原：山西经济出版社，111-112

早期的万花筒，里面装填的是剪成碎片的彩纸，透明度很差，后来有人尝试使用更透明的彩色碎玻璃。随着时间的推移，万花筒里面的“花”变成了彩色塑料片、光滑的玻璃珠，反射用的玻璃也换成了镜子。直到今天，虽然制作万花筒的材料与以往有所不同，但其呈现的多彩变幻与神秘是历久弥新的。

（二）万花筒的原理与结构

万花筒的秘密在于光的反射。万花筒本质上是一种光学玩具，利用光的反射和平面镜成像原理而制成，其镜面结构有如下几种。

1. 双面镜结构

双面镜结构由两片镜子组成。三角形的两面是镜子，一面不能反射，所以映像在两面镜片的反射下形成圆形。两片镜子之间如果分开成 30°，那么 360°÷30°=12，可以被分割成 12 块图像。如果希望形成 16 块图像，则分开成 360°÷16=22.5°即可。

2. 三面镜结构

三面镜结构利用三片镜子组成三角形，包括正三角形、等腰三角形和直角三角形等，组成的方法不同，观察方法也会随之不同。

3. 四面镜结构

四面镜结构利用四片镜子形成四边形或者菱形。如果组成正方形，则会产生像拼凑图案一样的映像；如果组成菱形，则会产生两个焦点，像两朵花同时开放一样。

4. 锥形镜结构

锥形镜结构就是把三片或四片梯形的镜片组合起来，从宽的开口望进去，会看到映像为球状，富有立体感。

5. 循环镜结构

循环镜结构就是将类似镜子可以反射光的薄膜贴在圆筒壁上，向内看去，可以看到像时光隧道一样的旋涡状映像。与其他结构类型不同，循环镜结构可以形成独特的映像。通常的万花筒形成的图像都是有规律的，而循环镜可以进行不规则的反射。①

（三）万花筒的样式

万花筒的主要样式如表 3-5 所示。

表 3-5 万花筒的样式

样式	特点
望远镜式	一端有透明圆球，透过它可以观看外面的景物
管状	欣赏管子中落下的物体

① 陶欣. 2017. 万花筒成像原理在视觉设计中的应用研究. 山东工艺美术学院，15-16.

续表

样式	特点
风车式	通过转动的风车来观看
玻璃球式	通过转动一端的玻璃球来观看
传统式	将物体放在一端的两层玻璃之间

（四）中外现代万花筒艺术

中国先锋艺术家宋冬先生以万花筒为原型设计出了艺术作品《坐井观天》。他利用废旧的门窗与镶金镜面构成一口井的模样。观众在仰望时，镜面的反射与华丽的吊灯交相辉映，营造出一种繁华的幻境，仿佛置身于万花筒的奇妙世界中。这个艺术装置寓意着人们从井底脱离后回到现实，其实只是进入了一个更大的幻境。宋冬通过万花筒之井的隐喻，深刻描绘了当代社会的困境和逆境，为观众提供了一个全新的人生思考视角。如今，宋冬还将万花筒装置成了能握在手里的艺术藏品。靠近观赏时，奇妙的图案不断交织、回旋，熟悉的元素在瞬间变得璀璨夺目。光芒与色彩交织出的迷人魅力仿佛把人带入平行世界，让我们得以一窥宇宙的奥秘。

说起日本的万花筒艺术，令人印象深刻的是 2005 年爱知世博会时修建在大地之塔中的万花筒，这个高达 47 米的万花筒也是世界上最大的万花筒。爱知世博会大地之塔的官方介绍中描述：在这个展览会场里，人们能够感受到光、风、水共同创造的偶然表演。从 40 米高的塔中抬头仰望，直径约 36 米的光球浮现眼前。会场周围，风声奏出美妙音乐，墙壁上的流水闪闪发光，市民捐献的剪纸构成壁画，热情地欢迎每一位参观者。①

万花筒是传统的光学玩具，透过筒眼，能看到一朵朵美丽的花。万花筒利用光的反射，将小小的彩色碎片映射成缤纷多彩的美丽图案。这一简单的玩具不仅让儿童感受到自然科学的魅力，还能培养他们的艺术素养，增强其手脑协调能力，激发其对科学的兴趣。

① 王芳芳，李良美. 2010. 世博与环保. 上海：上海教育出版社，89.

四、飞镖

飞镖又被称为“脱手镖”。在中国古代，飞镖是流传于镖客之间的一种防身暗器，主要由钢材制成，锋利的镖头多为三棱、五棱、七棱、圆柱等，镖尾则为平顶。飞镖全长大约12厘米，重300—350克。尾部带有红绿绸的飞镖被称为“带衣镖”（镖衣在镖的飞行中能起稳定方向的作用），不带衣的则为“光杆镖”，经过特殊药物煎煮或涂药处理的飞镖被称作“毒药镖”。[①]飞镖的投掷方法也有许多种，如阴手镖、阳手镖、回手镖、接镖等。

以“镖”为根源，衍生出一系列与“镖”有关的镖文化。例如，许多与镖有关的行当、职业或称谓，如镖局、镖师、镖客、保镖等。由此可见，镖已逐渐脱离其作为一种伤人利器的原始含义，形成了一种影响广泛的文化现象。

（一）飞镖运动概述

1. 飞镖运动的起源

一般认为，飞镖运动起源于15世纪的英格兰（图3-13，表3-6），由士兵在战斗间隙练习向树墩投掷标枪产生，后来逐渐演化成一种小型的室内运动。另外也有人认为其起源于标枪或箭术，有人认为最具可能性的是射箭。现代飞镖运动出现在19世纪末，英国人贝利恩·甘林（B. Gamelin）发明了如今的飞镖计分系统。1902年，英国选手约翰·雷德（J. Reid）第一次创造了单轮180分的纪录。20世纪初，飞镖成为人们在酒吧进行日常休闲的娱乐项目。20世纪30年代，职业协会的诞生和职业比赛的推行，使得飞镖运动趋于职业化，出现了大量的职业高手。20世纪70年代以后，飞镖成为世界上比较受欢迎的运动之一。[②]

---

① 施宣圆，王有为，丁凤麟等. 1987. 中国文化辞典. 上海：上海社会科学院出版社，660.

② 刘岩. 2016. 飞镖运动的研究. 四川体育科学，（2）：23-25，51；尚文. 2015. 迷人的飞镖运动. 文体用品与科技，（21）：24-26.

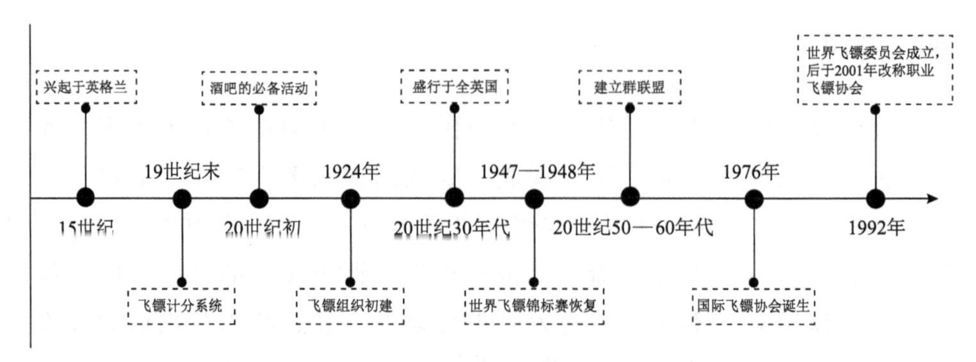

图 3-13　飞镖运动的发展历史示意图

表 3-6　飞镖运动的发展历史

时间	发展
15 世纪	兴起于英格兰
19 世纪末	英国人贝利恩·甘林发明了飞镖计分系统
20 世纪初	英国酒吧进行日常休闲的必备活动
1924 年	全国性的飞镖组织在英国初建
20 世纪 30 年代	盛行于英国，风靡于世界
1947—1948 年	世界飞镖锦标赛恢复
20 世纪 50—60 年代	建立群联盟，计划组织高水平的比赛
1976 年	国际飞镖协会诞生
1992 年	世界飞镖委员会成立，后于 2001 年改称职业飞镖协会

2. 飞镖运动的发展

飞镖运动是一项受人喜爱的体育活动，具有健身性、竞技性和趣味性等特征，是一项易于开展的休闲运动项目。为推进全民健身运动在全国范围内推广，促进我国飞镖运动的推广，国家体育总局社会体育指导中心于 1999 年 5 月将“飞镖”列入正式体育竞技项目，使之成为真正意义上的一项运动。1999 年 12 月在天津举办的首届中国飞镖大赛，吸引了来自全国各地的飞镖爱好者参加。2009—2014 年，飞镖世界杯比赛连续五届在上海举办，参赛队伍逐渐增加，从此飞镖运动逐渐受到社会公众和新闻媒体的重视，介绍飞镖运动和发布飞镖赛事的文章如雨后春笋般见诸报端，飞镖运动得以快速发展。[①]

原始的中国飞镖是以利器的形态诞生的，它的主要用途在于防身。然而，国外的飞镖从兴起之初，就被视为一种休闲娱乐项目，并逐渐向职业竞技运动的方向发展。到了近现代，中西方飞镖的发展开始趋于统一，成为一种世界通用的运动方式。

（二）飞镖的玩法

飞镖的玩法多种多样，不同的玩法对应的规则也有所不同，但有些基础规则是通用的，比如，赛制、开局投镖、分数计算等。以下是飞镖的基本玩法。

1. 握镖

把飞镖放在掌沿上，找出它的平衡点和重心，用拇指把飞镖推到四指的前端，再将拇指放到重心后一点，其余的手指抓住它，便可以举起手臂掷镖。虽然不同的握镖方法略有差异，但大多数握镖法都与这种方法类似。

2. 掷镖

投掷飞镖需要协调手、前臂和上臂的动作。在掷镖时，飞镖抛出的是一个弧形抛物线，其弧度取决于投掷的力量。投掷的力量越大，圆弧的曲线越平。因此，掌握好投掷的力度是掷镖的关键。

（三）飞镖运动的价值[②]

1. 健身价值

（1）缓解身体疲劳

投镖者投镖时要做到身心放松，基本的技术要领是凝神、静心、屏气、抬头、挺胸、收腹、拢指、转腕、扭腰、转臂等，主要靠肩、肘、腕关节的连贯动作来完成击发，可以使颈、肩、腰、肘、腕等身体各部位的疲劳得到缓解，使心态放松、压力得到释放。

---

① 熊巧. 2016. 飞镖运动在我国的普及与推广的策略. 绿色科技，（9）：232-234.

② 刘岩. 2016. 飞镖运动的研究. 四川体育科学，（2）：23-25，51.

（2）缓解视觉疲劳

眼科专家研究发现，长时间盯准目标训练后，运动元视觉肌肉强度有增加的趋势。在联系过程中适当增加一些远距离目标瞄准的调节时间，对于长时间工作学习造成的眼部疲劳，有明显的缓解作用。

（3）提高大脑的协调和平衡能力

投镖者对最终投射目标的选择是由大脑来决定的，大脑将投射目标的信息传到投标者的手上，最后完成击发，是大脑左右半球配合来完成一整套动作技术的过程。投镖时，一定要做到人镖合一、身心合一，心、脑、眼、手、力协调一致。长期练习投镖，能提高大脑的协调和平衡能力，从而使大脑细胞充分活跃起来，减缓脑细胞工作能力的下降。

2. 塑造良好心态

在飞镖训练过程中，练习者要想保持技术动作流畅而不失误，就需要增强抗干扰和抗压能力，这也是挑战自我、战胜自我的过程。所以飞镖运动既能锻炼练习者的心理抗压能力，又能锻炼其抗干扰能力。与其他运动相比，飞镖运动较易上手，并且更能体现练习者的自我控制能力和展现个性。经过有针对性的系统培训，可以培养练习者沉着、冷静、自信的心态，并获得心理上的成功感和满足感。

（四）飞镖的现代创新

1. 飞镖连接

飞镖连接（Darts Connect）是世界上第一款智能飞镖盘，它通过无线通信技术与智能手机相连，为玩家提供了与全球玩家竞技的平台。飞镖连接的使用非常简单，只需将其与配套的应用程序同步，选择想玩的游戏，就可以开始投掷飞镖了。飞镖连接还内置了一枚摄像头，可以看到对手的每一次投射。它是由电池提供能源的，可通过 USB（universal serial bus，通用串行总线）接口充电，同时支持 4 节 7 号电池。每次射中飞镖盘之后，应用程序便会发出提示音并记录得分，为玩家提供实时反馈。

2. 智能飞镖靶

哈尔滨若朋机器人有限公司发明了一款智能飞物靶系统。该系统的靶体后面装有传感器，在投掷物击中靶体后可检测到击打的信号。此系统还设有超声波测距装置，用来检测投掷人员的距离。[①]2018年，该公司又推出了一款智能体感靶系统方案。此系统在靶体的上方设有一个摄像头，通过图像识别技术获取投掷动作的图像信息。利用模板匹配方法，系统能够实时分析投掷动作、速度和准确度，并与预设模板进行比对，从而精确计算投掷准度并给出相应分数。[②]

在中国，飞镖正逐渐成为受人们喜爱的运动项目。飞镖运动时间可长可短，既可以作为竞技比赛的项目，又可以作为休闲运动。尤其对于广大青少年和学习、工作之余的成年人来说，飞镖运动成为了一种健康、时尚的选择。在长时间的伏案工作、学习之后，掷起飞镖，既能锻炼身体，又能放松心情。

第二节　风力玩具

一、纸飞机

（一）纸飞机的起源

纸飞机是一种用纸做成的玩具飞机，属于手工折纸的一个分支。[③]有人认为，在2000年前的中国，就出现了用纸制作的玩具，当时风筝是一种流行于民间的玩具，但与纸飞机并不完全相同。据说，最早可追溯的纸飞机出现在20世纪初期的西方。现在纸飞机的制作方法是由约翰·K.诺斯罗普（J. K. Northrop）在1930年发明的。诺斯罗普用纸

① 王丁. 智能飞物靶系统. 黑龙江：2016100533170，2016-07-13.
② 王丁. 智能体感靶系统与运行方法. 黑龙江：2018103982240，2018-08-28.
③ 由国庆. 2017. 天津老游戏. 天津：天津人民出版社，159.

飞机来做模拟测试，发现了真实飞机的飞行原理。[①]

（二）纸飞机的基本原理

纸飞机飞行属于无动力滑行，在给予初始投掷力后，靠惯性往前飞行，翼面切割空气，产生压差，维持滑翔。一般纸飞机的机翼对称，机身小，翅膀大，翼面会产生压差，可以产生向上的升力，这样就可以滑行较长时间，当上翼面的压力大于下翼面时，就会坠落。

重力在纸飞机的滑行中扮演着举足轻重的角色，重力分布不均，就会导致纸飞机的倾斜、转向，甚至直接倒栽在地面上。同时，升力大多集中在纸飞机后部，而为了保持空中形态的平衡，需要将重心前移至大约 1/4 处，使飞机平缓飞行（表 3-7）。[②]

表 3-7　纸飞机的受力分析

受力	分析
推力	扔纸飞机时手对其作用的推力（引擎）
阻力	飞机前进时，空气与之的摩擦力
升力	由于前进，在主翼上产生向上的力
重力	纸飞机的全部重力

（三）纸飞机的种类

几乎所有的纸飞机爱好者都在钻研使外观更逼真的折叠方法，于是出现了各种各样的模仿真实飞机比例的纸飞机。为了做到外观仿真，就难免要对纸飞机进行更细致的加工，例如，修剪外形。也有的爱好者动用了胶水、胶带等辅助工具，但是一般这样的作品不被认为是纸飞机，而是被认作为纸模型，因为纸飞机的材料只能是纸，不能有其他材料。一架好的仿真纸飞机不但外观逼真、做工精美，而且滑翔性能稳定。纸飞机的大致分类如表 3-8 所示。

① 中国航空新闻网. 2015-03-25. 纸飞机也有世界杯 告诉你不知道的纸飞机趣事. http://www.cannews.com. cn/2015/0325/wap_122912.shtml.

② 范范. 2011. 折纸飞机大全. 武汉：武汉大学出版社，10.

表 3-8　纸飞机的种类

种类	介绍
传统型	大多数人都能折出的类型，相对简单，不需要太多太复杂的工序就可以完成
仿真型	一些人为了追求更好的性能，选择了增加尾翼等装置，提高了纸飞机的空气动力学技术含量
技术型	大多是为了追求美观，选择生活中的飞行生物，折出类似的样子，却不一定具有很好的飞行性能

（四）影响纸飞机飞行的因素①

通常情况下，影响纸飞机飞行的主要因素有纸飞机的构造、纸飞机的重心和纸飞机的投掷方式。

1. 纸飞机的构造

纸飞机主要由机翼和机头组成。其中，机头部分较重，因为升力作用在靠后的位置，如果机头过轻，纸飞机就不能保持平衡。飞机整体重量适中，左右两边对称，有的样式有尾翼，没有的则需要用替代物来使机体保持平衡。纸飞机机翼的折叠及纸飞机平衡的调整如下。

（1）纸飞机的机翼

在折叠机翼时，应避免将折痕压得过紧，只需保持机翼的外形，并稍微折起反向的翼尖，以确保纸飞机的机翼向上。由于折纸的力量差异，纸片的延展性和弹力也会有所不同。当纸飞机在空中飞行时，机翼会受到上升气流的作用，导致机翼的形状和重心发生变化。因此，合理调整机翼的折叠方式和角度是保持纸飞机稳定飞行的关键。

（2）纸飞机的平衡

保持纸飞机的平衡需要确保其对称性。确定中心轴是制作纸飞机的关键步骤之一，它能够将纸张平均分为两个相等的区域，确保纸飞机的左右两侧平衡。对于新手和折纸爱好者，一种简单的方法是通过

① 范范. 2011. 折纸飞机大全. 武汉：武汉大学出版社，9-10.

对折纸张，使其对称角度重合，然后使用手指从弯曲处中心向两侧分开，直至折叠到纸张的边缘。

2. 纸飞机的重心

纸飞机的前后重量分布是基于中心轴来分配的。重心靠前有助于保持更大的升力，但如果升力不足以抵消地球的重力，纸飞机就会加速下降。重心靠后的纸飞机在空中难以保持稳定，容易被气流吹倒。因此，合理调整纸飞机的重心位置是确保其平稳飞行的关键。

3. 纸飞机的投掷方式

不同的投掷方式可以实现不同的飞行姿势，如直线滑行、垂直翻滚、水平盘旋等。掌握各种投掷技巧能够让纸飞机展现出充满活力的飞行姿态。例如，直线滑行需要抓住机身中间部分，以最大力量甩臂投掷，同时确保机身不倾斜；而垂直翻滚则适用于宽翅膀的纸飞机，通过调整尾翼或机翼后部的角度实现翻滚飞行。对于水平盘旋，需要掌握准确的握持方式和投掷角度，这需要大量实践才能达到完美的飞行效果。

（五）现代纸飞机

玩具飞机并不意味着廉价、质量差或无趣，这一点在 PowerUp 纸飞机上得到了充分体现。设计者在这款玩具飞机上倾注了大量心血。以色列一家公司推出的“强力联合”（PowerUp FPV）是一款以 VR 技术为基础的新型无人机，荣获 2017 年国际消费类电子产品展览会（International Consumer Electronics Show，CES）无人机和无人机系统最佳创新奖。[①]这款纸飞机的外观简洁，很像我们小时候玩过的纸飞机。它采用轻质碳纤维和聚丙烯框架，这两种材料既轻到纸面可以承受，又能经受多次碰撞而不损坏。其最大的特色是支持谷歌纸板眼镜，用户可以通过虚拟现实应用对其进行操作，这一功能无疑

① 搜狐网. 2015-11-19. 用眼镜控制的飞机，颠覆史上所有飞行器. https://www.sohu.com/a/42647778_115300.

增加了飞行的趣味性。使用谷歌纸板眼镜结合智能手机，用户只需通过直观的头部动作，便能控制纸质无人机，并从飞机的视角观察周围的事物。

纸飞机的制作方便、成本低廉，为人们带来了无尽的欢乐和惊喜。在互联网与移动终端普及的今天，人们的娱乐方式愈发丰富多样，而在这张白纸构成的世界里，对飞行的梦想依然炽热，永不熄灭。

二、竹蜻蜓

竹蜻蜓是一种传统的中国民间玩具，流传甚广。竹蜻蜓由两部分组成：一是竹柄；二是“翅膀”。其结构是在一个两端加工成斜面或弯曲面的薄竹片中央榫接一根竹或木制的立轴杆。操作时，双手一搓，然后手一松，竹蜻蜓就会飞上天空，这是通过手搓或绞扭牵动轴杆，带动斜面在垂直方向快速转动，使竹片借助气流而上升。这种简单、神奇的玩具曾令西方传教士惊叹不已，并将其称为“中国螺旋”。后来，竹蜻蜓引起了航空实验家的注意，并将其原理应用于飞机螺旋桨的制作中。[①]

（一）竹蜻蜓的起源

综合不同文献中的说法，关于竹蜻蜓到底是何时、何地、何人发明，也许已经无法考证，我们只能从蜻蜓与竹蜻蜓形态的对比来推测：古人用竹片制作了旋转飞升之物，后因其形与蜻蜓近似，遂取名为“竹蜻蜓”。[②]18 世纪，竹蜻蜓传到欧洲后，对欧洲的航空研究产生了影响。乔治·凯利（G. Kelly）作为“航空之父”，在 18 世纪末对竹蜻蜓进行了详细的研究，并从中悟出了螺旋桨的一些工作原理竹蜻蜓的发展历史，如图 3-14 和表 3-9 所示。

---

① 阅微. 2017. 勾画苍穹（1）. 石家庄：河北科学技术出版社，6.

② 田爱平，姜爱民，张慧. 2016. 从竹蜻蜓到直升机旋翼系统. 力学与实践，(3)：341-346.

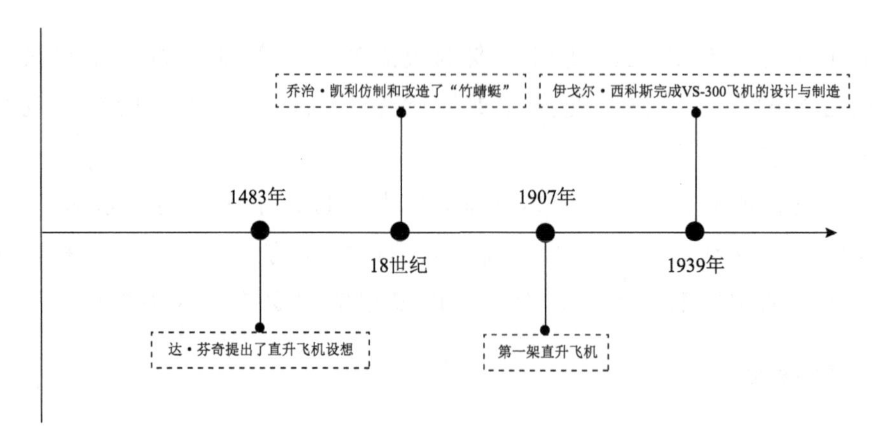

图 3-14　竹蜻蜓的发展历史示意图

表 3-9　竹蜻蜓的发展历史

时间	发展
1483 年	意大利人达・芬奇提出了直升飞机的设想，并画出了草图，为现代直升机的发明提供了启示
18 世纪	传到欧洲，“航空之父”乔治・凯利在 1796 年仿制和改造了“竹蜻蜓”，悟出螺旋桨的一些工作原理。他的研究推动了飞机研制的进程，并为西方的设计师带来了制造直升机的灵感
1907 年	法国人保罗・科尔尼（P. Kearney）研制出第一架直升飞机，并命名为“飞行自行车”
1939 年	美国伊戈尔・西科斯（I. Sykes）完成了 VS-300 飞机的设计与制造，这是第一架实用直升机

（二）竹蜻蜓的基本原理

竹蜻蜓的飞行原理涉及其独特的叶片构造和空气动力学。竹蜻蜓的叶片与水平旋转面之间有一个倾斜角，当然这个倾斜角度是可以调整的。当桨翼旋转时，旋转的叶片将空气向下推，形成一股强风，而空气也给竹蜻蜓一股向上的反作用升力，这股升力随着叶片的倾斜角而改变，倾斜角大，升力就大，倾斜角小，升力也小。当升力大于竹蜻蜓自身的重力时，竹蜻蜓便可向上飞起。

竹蜻蜓的叶片和旋转面也保持一个倾角，当人们用手旋转竹蜻蜓时，旋转的桨翼将空气向下推，形成一股强风，而空气也给竹蜻蜓一股向上的反作用力，这股升力随着叶片的倾斜角的改变而改变。翼面的阻力面积越大，作用力越大，因而反作用力也越大，浮力也越大，竹蜻蜓飞得越高。然而，阻力面积增加时，旋转竹蜻蜓所需的力也会增加，这在实际操作中并不便利。因此，要找到一个平衡点，既要考虑到竹蜻蜓的易于操作，又要确保其能飞得更高（表 3-10）。①

表 3-10　竹蜻蜓的受力分析

受力	分析
推力	转竹蜻蜓时手给予桨翼转动的动力
阻力	桨翼旋转时，与空气之间的摩擦力
升力	推动空气而产生的反作用力
重力	竹蜻蜓的全部重力

（三）竹蜻蜓的种类

传统的竹蜻蜓是以竹子作为材料，相对简单，重量偏重，但材质可降解，更环保。新型竹蜻蜓多以塑料作为材料，更轻薄，可以飞得更高，且制作简单、成本低，但材料不可降解，不利于环境保护。

（四）影响竹蜻蜓飞行的因素

1. 基本影响因素

影响竹蜻蜓飞行的因素有许多，基本因素包括升力与重力、升力与阻力以及重心位置等（表 3-11）。

表 3-11　影响竹蜻蜓飞行的基本因素

飞行因素	原因
升力与重力	如果升力小于重力，则竹蜻蜓不能正常飞行，这就需要将叶片做得尽量薄
升力与阻力	升力随着叶片角度的增大而增加，而阻力也随之增加，在某一临界角度，升力的增加速度小于阻力的增加速度，从而使得阻力的大小达到不可接受的水平，即失速，这会严重影响竹蜻蜓的飞行性能，所以竹蜻蜓叶片的角度不能过大，建议为 15°左右②
重心位置	如果重心位置不在竹蜻蜓的几何中心线上，会导致竹蜻蜓飞行不稳定，要保证垂直的竹棍与叶片之间的垂直度，否则可能会导致竹蜻蜓飞行时尾部严重摆动，最终失稳、失速

① 田爱平，姜爱民，张慧. 2016. 从竹蜻蜓到直升机旋翼系统. 力学与实践，(3)：341-346.
② 王一坤. 2017. 竹蜻蜓飞行过程仿真计算及优化. 科技创新导报，（1）：103-105.

2. 飞行质量因素

为了提升竹蜻蜓飞行的质量，人们通常会尽量将桨翼做薄，桨翼角度为 15°左右。为了使竹蜻蜓上升稳定，保证转轴与桨翼垂直，要用更轻的材质制作竹蜻蜓。将缠绕好棉纱绳的竹蜻蜓木棒插入塑料管中，将竹蜻蜓竖直向上，左手握住塑料管，右手迅速抽拉棉纱绳，竹蜻蜓会飞入高空（表 3-12）。

表 3-12　竹蜻蜓的偏向状况修正

偏向状况	飞行修正
不能正常飞行	将桨翼做薄
升起马上下降（升力的增加速度小于阻力的增加速度，从而使得阻力的大小达到不可接受的水平，即失速）	将竹蜻蜓的叶片角度调小
上升时尾部摆动	调整重心，保证转轴与桨翼垂直

（五）创新设计案例

现代改良版的竹蜻蜓玩具与传统竹蜻蜓玩具的飞行原理如出一辙，都是通过旋转形成气流来推动竹蜻蜓升空。然而，现代版本采用了发射器代替传统的手搓动方式，不仅操作更简便，还降低了竹蜻蜓旋转时可能刺伤儿童四肢的风险。

京商株式会社（Kyosho）推出了一款名为“飞天哆啦 A 梦”的遥控玩具，为我们在现实生活中还原了《哆啦 A 梦》中的情节。“飞天哆啦 A 梦”约手掌大小，造型是一个头上戴着竹蜻蜓的哆啦 A 梦，可以在室内飞行。通过按下自动高度上升按钮，这款配备高度感应功能的玩具就能自动升至合适的高度，同时它还具备慢速前进、旋转、上升、下降等多种功能，极富娱乐性。

竹蜻蜓虽小，却承载了孩子们无尽的梦想。只需双手一搓，然后轻轻一放，竹蜻蜓就能翱翔天际，旋转片刻后才悠然落下。它精巧别致，便于携带，飞行起来灵活自如，是一种既普通又深受儿童喜爱的玩具。这种玩具不仅让孩子们感受到飞翔的快乐，也激发了他们对飞行的奇妙想象力。

三、风筝

风筝是民间的一种工艺玩具，又称作“鸢”“鹞”，距今约有2000多年的历史。[①]起初，风筝的主要材料是木材，故被称为“木鸢”。[②]唐代以后，风筝逐渐演变为娱乐玩具。在五代时期，人们开始将竹哨系在风筝上，当风吹过时，竹哨发出的声音如同筝鸣般悠扬，因此得名“风筝”。北宋以后，纸制风筝增多，逐渐成为流行的玩具。明清之际，风筝更加精巧，不仅可供放飞娱乐，更成为了一种具有观赏价值的工艺品。另外，民间还出现了许多有关风筝的著作，如曹雪芹的《南鹞北鸢考工志》，谈及风筝的扎、糊、绘、放“四艺”。[③]

（一）风筝的发展

相传“墨子为木鹞，三年而成，飞一日而败”[④]，这可能是关于风筝最早的记述。后来，鲁班用竹子作为制作风筝的材料，历经多年，演变成为今日的多线风筝。关于风筝发展的大概历史如图3-15和表3-13所示。

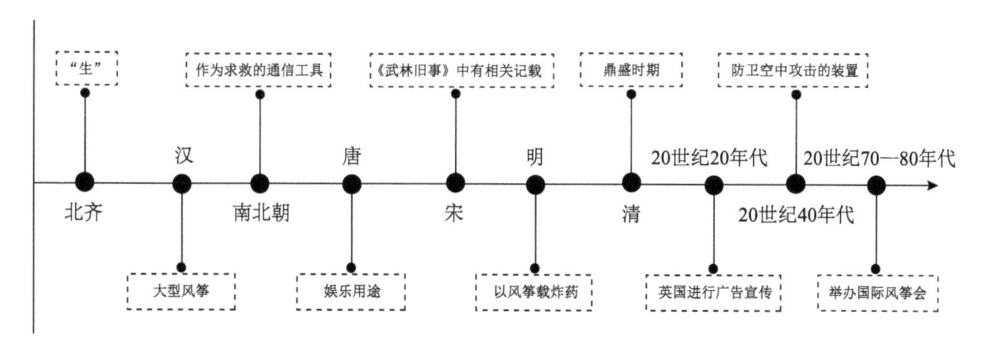

图3-15　风筝的发展历史示意图

① 中央工艺美术学院. 1988. 工艺美术辞典. 哈尔滨：黑龙江人民出版社，242.
② 段宝麟. 1981. 衣食住行史话. 长沙：湖南教育出版社，121.
③ 段宝麟. 1981. 衣食住行史话. 长沙：湖南教育出版社，121.
④ 倪京帅. 2020. 运动风筝教程. 武汉：华中科技大学出版社，3.

表 3-13　风筝的发展历史

时间	发展
北齐	文宣帝高洋将人绑上翅膀，令人从高塔跳下摔死，名为“生”[①]
汉	韩信曾令人制作大型风筝，并装置竹哨弓弦，于夜间漂浮楚营，使其发出奇怪的声音，以瓦解楚军的士气
南北朝	风筝曾被作为求救的通信工具。梁武帝时，侯景围台城，简文尝做纸鸢，飞空告急于外，结果被射落而败，台城沦陷，梁武帝饿死，留下这一风筝求救的故事[②]
唐	被用于军事上的风筝，已渐转化为娱乐用途
宋	宋人周密在《武林旧事》中写道：清明时节，人们到郊外放风鸢，日暮方归。这里的“鸢”指的就是风筝。北宋张择端的《清明上河图》、苏汉臣的《长春百子图》中都有放风筝的生动景象[③]
明	以风筝载炸药，引爆风筝上的引火线，以达成杀伤敌人之目的[④]
清	乾隆年间是中国风筝发展的鼎盛时期，风筝在大小、样式、扎制技术、装饰和放飞技艺上都有了巨大进步
20 世纪 20 年代	英国以风筝进行广告宣传
20 世纪 40 年代	英国海军还曾把风筝作为防卫空中攻击的装置配置在驱逐舰上
20 世纪 70—80 年代	潍坊被人们誉为“世界风筝之都”，从 1984 年开始举办一年一度的国际风筝会

（二）风筝的种类

从古代发展到今天，风筝的种类日益增多，花样不断翻新，形成了一套别具特色的彩绘图案纹样，成为我国传统工艺美术的一部分。风筝的形态多取自于鸟兽虫鱼，纸上的彩绘色彩鲜艳，形象栩栩如生，美轮美奂。[⑤]常见的风筝题材有三种：①动物题材，如雄鹰、海燕、蝴蝶、蜻蜓、蝙蝠等；②人物题材，如白娘子、天女散花、孙悟空、钟馗、七品芝麻官、胖娃娃等；③其他物品题材，如宫灯、花瓶、花

---

① 王凤翔. 2019. 中国古代飞天意象与探索. 哈尔滨：黑龙江大学出版社，214.

② 杨晓. 2012. 青少年应该知道的风筝. 济南：泰山出版社，356.

③ 汪焱军，王清烨. 2020. 艺术欣赏. 武汉：华中科技大学出版社，67.

④ 王凤翔. 2019. 中国古代飞天意象与探索. 哈尔滨：黑龙江大学出版社，215.

⑤ 窦邃. 2000. 扎风筝与放风筝. 北京：金盾出版社，7.

篮、蔬菜瓜果、日月星辰等。此外，还可以从其他的角度对风筝进行分类（表 3-14）。

表 3-14　风筝的种类

种类	介绍
软翅风筝	一般常见的是禽鸟形风筝。它的升力片（翅）是由一根主翅条构成的，翅子的下端是软性的，没有主条依附，主体身架多数做成浮雕式。它的造型多数是禽鸟或昆虫，如鹰、蝴蝶、蜜蜂、凤凰、蜻蜓、螳螂等
硬翅风筝	常见的元宝风筝即属此类。它的特点（翅）是用上下两根横竹条做成翅的形状，两侧边缘高，中间低，形成通风道。翅的端部向后倾，风从两翅端部逸出，平着看像元宝
龙形风筝	主要以龙头蜈蚣风筝为主，也是潍坊风筝的一大特色
板子风筝	就是通常说的平面形风筝。从结构和形状上看，它的升力片就是主体，无凸起结构，风筝四边有竹条支撑
运动风筝	又叫特技风筝、双线风筝或复线风筝。一般为三角形、滑翔伞状、眼镜形，可在空中做一些动作
桶形风筝	由一个或多个圆桶或其他形状的桶组成的风筝，像宫灯、花瓶、火箭、酒瓶等皆属此类

资料来源：马子恺. 2013. 鸢飞龙跃 青云直上——有关风筝的鉴赏收藏知识. 中国城市金融，（12）：70-71

（三）影响风筝飞行的因素

1. 扬力

扬力的产生由两个因素决定：①风力；②牵引力。当风筝被风吹到空中时，气流就会被分为上、下两个不同的层次。风筝下方，空气被风筝表面阻挡，气流变得缓慢，压力变大；风筝上方的气流变得顺畅，速度变得更快，压力变得更小，所以风筝才会飞起来。这也是风筝能在空中保持平衡的原因。①

2. 空中的受力

风筝受风的角度和扬力的大小都可由提线控制，风力的方向基本上是水平的，故放风筝的时候，一般采用一抽一放的方式。抽的时候，

① 刘勃含. 2013. 趣味发明与实践：小小发明家. 北京：现代出版社，61.

由于风筝提线一般放在风筝面靠上的位置，加大牵引力可以使风筝受风的角度变小、上扬力增加，让风筝稳步上升；放的时候，平衡的风筝牵引力会变小。在风力与扬力的作用下，风筝会飞高飞远，这时必须快速抽动风筝，以保持风筝的角度稳定。风力正盛的时候，可以多放线，当风力稍有下降时，就收一些线。①

（四）创新设计案例

1. 微型风筝

微型风筝，顾名思义，是那些体积小巧、精致可爱的迷你风筝。比如我国的“小蝴蝶”风筝，粉、蓝、黄、橙 4 只和真蝴蝶一般大小的风筝放在手上，甚至还没有手掌大。每只彩蝶的身长仅 2.5 厘米，翼展不到 4.5 厘米，不仅造型十分精致漂亮，而且系上极细的丝线后还能在微风中翩翩飞舞。②又如小型蜈蚣风筝，虽然首尾俱全，但体积小到可以整个藏在火柴盒中，其精巧程度令人叹为观止。

2. 弹射风筝

弹射风筝是一种新型风筝玩具，原理同弹弓一样，风筝上有橡皮筋，通过拉动橡皮筋可以将风筝发射出去。与传统风筝相比，其体型更小并且更容易放飞，且使用更安全，不受地域限制，无论是在宽阔的田野还是狭窄的城市空间，都可以畅享放风筝的乐趣。

风筝的历史悠久，其价值也深受世界认可。美国国家博物馆中的一块牌子上醒目地写着:“世界上最早的飞行器是中国的风筝和火箭。”英国博物馆也把中国的风筝称为“中国的第五大发明”。③放风筝被视为一种投身于大自然的娱乐健身活动，春暖花开时，人们纷纷走出家门，在田野郊外放风筝。儿童能呼吸新鲜空气，锻炼身体，陶冶情操，还能增强体质，尽享无尽的乐趣。

---

① 焦国俊. 2018. 风筝飞行的原理. 高中数理化，（14）：27.

② 张定亚. 1992. 简明中外民俗词典. 西安：陕西人民出版社，455.

③ 季海. 2017. 最美的发明. 合肥：合肥工业大学出版社，129.

四、风车

风车又称为吉祥轮、八卦风轮、四季平安符。风车作为一种传统的时令性玩具，常常出现在春节庙会中，儿童手持奔跑，风会吹动叶片旋转不止。

传统风车由彩色纸、细竹、高粱秆和铅丝等物制成。风车形式有单独一支的，也有几支组成一串的。它有两种结构，一种是将正方形四角作为对角剪至一定长度，将同位置的各个叶尖聚拢于中央贴牢，然后以铅丝从中心穿过，一头扭成环结，另一头绑在竹签或高粱秆上即成;另一种结构是用若干纸条一头扭转方向贴于圆心和圆边框之间。有的风车借助于风力而转动，叶轮转动时可带动轴承转动，甚至能拨动小鼓，使其发出响声。①

（一）风车的发展

风车的实际发明者和起源并没有确切的历史记录。民间传说风车是由姜子牙发明的，最初用在祈福、祭祀中。北宋画家苏汉臣的作品《货郎图》中描绘了老货郎卖货和妇女儿童购物的欢闹场面，货担上有风车、山鼓、葫芦、花篮等。南宋画家李嵩笔下的《货郎图》中也有一只小风车，安插在货郎帽子的后面。这个小风车的构造极为简洁：由三根细棍交叉成六角形，每根小棍的顶端各粘一面长方形小旗，中心设轴，轴与柄相连，造型轻巧、简练。这种风车当是宋时较为流行的一种。明末《帝京景物略》中有对风车的记载："风则剖秫秸二寸，错互贴方纸，其两端纸各红绿，中孔，以细竹横安秫竿上，迎风张而疾趋，则转如轮，红绿浑浑如晕，曰风车。"②在漫长的历史长河中，风车更逐渐发展成为农业生产的重要工具。大概1000年前，人们开始利用风车带动磨面机，或带动水车而灌溉农田（图3-16，表3-15）。

① 吴山. 2011. 中国工艺美术大辞典. 南京：江苏美术出版社，705.
② 转引自：王连海. 2011. 北京民间玩具. 北京：北京工艺美术出版社，306.

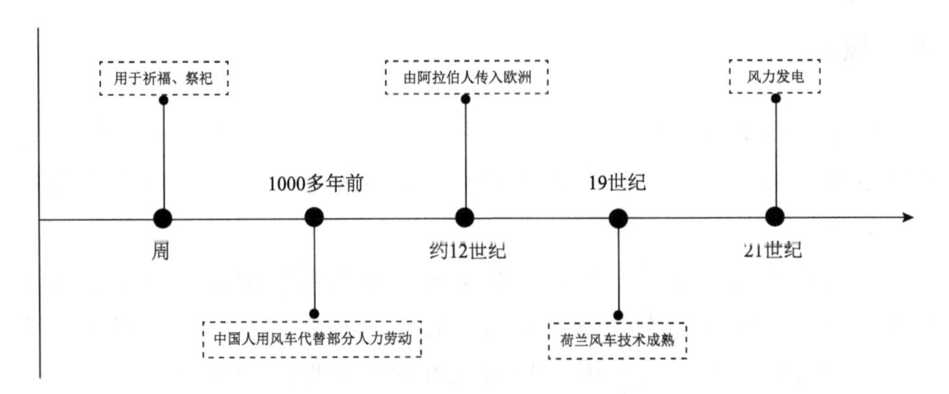

图 3-16　风车的发展历史示意图

表 3-15　风车的发展历史

时间	发展
周	传说起源于周，用于祈福、祭祀
1000 多年前	在中国代替部分人力劳动，用于提高劳动效率
约 12 世纪	阿拉伯人将风车的使用引入欧洲
19 世纪	荷兰的风车技术已经非常成熟
21 世纪	风力发电

不仅在中国，风车在世界很多地方都有广泛的应用和文化象征意义。例如，风车在欧洲农业中起到了重要作用，其不仅是一道风景，更是一种精神象征。风车象征着荷兰的民族文化，在荷兰人眼中代表着自由幸福，象征着人们对天空的热爱。在西班牙，风车也随处可见，是西班牙人民勤劳和智慧的象征。

（二）风车的基本原理

风车是一种由风力驱动的，通过带有可调节的叶片或梯级横木的轮子产生的能量来运转的机械装置。风车的风叶有固定的形状，一边高，一边低，可以使风在风叶表面形成由高到低的吹动，从而改变经过的风的风向。给风一个转向力，那么风也给了风叶一个反方向的力，即风也对固定开关的风叶产生一个反作用力。然而，风叶固定在风车轴上，风给风叶的力又通过固定的风叶转化为风车的切应力，所以风车转动，风越大，风叶给风的转向力越大，相应地，风给风车的转向力越大，风车就转得越快。

（三）风车的种类

风车的种类如表 3-16 所示。

表 3-16 风车的种类

种类	介绍
简易风车	简易风车是在一根竹制的或木质的横杆两端相互错落地粘两张小方纸，横杆中心设轴，轴连在柄上，遇风即转
多角风车	多角风车是中国风车中最具有代表性的，通常是用一张正方形纸叠错为 8 个角，或用三张纸叠错为 12 个角，若每张纸的颜色不同，风车的各角即可呈现有规律的换色，色彩变化鲜明
大风车	大风车是指北京的花轮带鼓的风车，风车轮由竹片弯成，直径约 20 厘米，用竹签和秸秆做轴，以轴为中心呈放射状扎纸条，纸条另一端糊在圆圈上，很像车轮。根据风轮的数量，可以将大风车的框架扎成不同的形式

（四）风车的应用

风车的应用主要包括以下几个方面。

1. 风车发电

风力发电是利用风力带动风车叶片旋转，再通过增速机将旋转的速度提升，来促使发电机发电。依据目前的风车技术，只需要微风便可以开始发电。

2. 风车抽水

风车抽水的作用原理主要就是让风带动桨轮转动，从而实现风能转动能，将低处的水提上来，实现能量转化。

3. 户外装饰

户外景观风车（图 3-17）一般以实用、环保、节能为主题，在装

图 3-17 户外风车装饰（彭静文 摄）

饰景观的同时，能起到更好地宣传绿色节能的作用。户外景观风车的类型多样，有转盘风车、六片叶、八片叶，欧美型、动漫型、卡通型等，不同的风车使用的材料也不相同。

（五）风车的寓意

在传统文化中，风车被视作好运的象征。风吹风车转动，确实能增强室内“气”的流通，因此被赋予顺风顺水、财运亨通、身体健康的寓意，常常被摆放在住宅内气流较大的地方。这些反映了人们对美好生活的向往和寄托。

在现代企业的语境中，风车也象征着企业精神或为人品质，有“求真务实”“去伪存真”的含义。风车象征着事业滚滚向前、蒸蒸日上，寓意和平、团结，给人们带来无限的遐想和对未来的憧憬。

当孩子们手持风车迎风奔跑时，随之而来的是无尽的快乐和美好。这些瞬间都与风车的旋转息息相关。俗话说“风吹风车转，风吹幸福来”，这一表述恰到好处地捕捉到了风车给人们带来的欢乐。如今，吉祥的风车不仅是孩子们钟爱的玩具，更成为了北方地区春节庙会和节俗活动中不可或缺的文化标志。

第三节 绳索玩具

一、空竹

空竹（图 3-18）也叫“空筝”，是一种民间玩具，俗称“地龙”“地黄牛”“抖嗡子”，因外形似葫芦，故又称“闷葫芦”。空竹有双轮与单轮之分，由竹木制成，轴一般用苦梨木或蜡杆子之类的木材做成，底部选用粗大无裂缝的毛竹，在底部周围捆或粘上苎麻，底部留有空隙，空洞为 2—16 个不等，空洞的数量与声音的大小有关。单人玩耍时，双手各执一棍，将空竹架在两棍间的线绳上，通过抖动空竹便可使其发出嗡嗡的声响。如果是两人合作，还可将空竹扔向对方，由对方抖动后进行抛转，然后转身将空竹抖回。抖空竹的技巧较多，可做转身、翻滚、扔高、猴爬竿、盘旋等动作，如系单轮空竹，还可使其独立地在平地上进行持续的垂直旋转。①

图 3-18　空竹（李清 摄）

（一）空竹的发展历史

1. 国内发展

空竹运动发源于中国，并且在中国得到了极大的发展（图 3-19，表 3-17）。

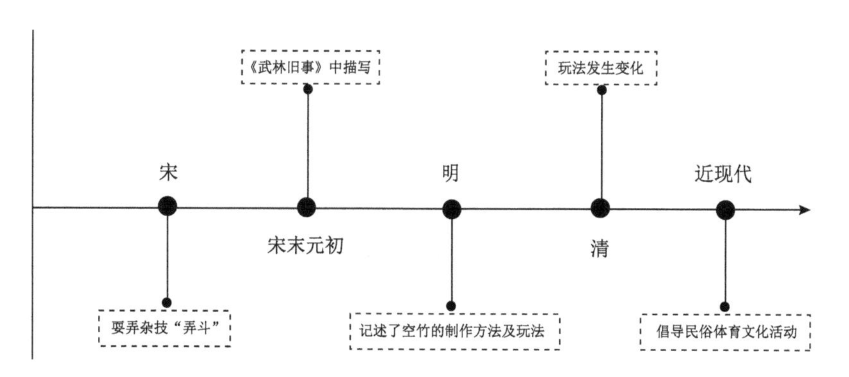

图 3-19　空竹的发展历史示意图

表 3-17　空竹的发展历史

时间	发展
宋	在《东京梦华录》《中国文化通史》中，都有关于宋代耍弄杂技“弄斗”的记载，而“弄斗”即为空竹的雏形

① 吴山．2011．中国工艺美术大辞典．南京：江苏美术出版社，703．

续表

时间	发展
宋末元初	周密的《武林旧事》中也有关于“弄斗”的记载
明	空竹被称为“空钟”，在《海外遗珍·漆器》中，有一个儿童在抖空竹，另外还有几个儿童则在一旁观看的图案。《帝京景物略·春场》中不仅记述了“杨柳儿活，抽陀螺。杨柳儿青，放空钟”的童谣，还记述了空竹的制作方法及玩法
清	在《燕京杂技》中就有对空竹形状的描述，此时的空竹已经极其类似于现今常见的双头空竹。在《清代野记》的描述中，我们可以发现空竹的造型从双头发展为单头，而形状的变化也促使空竹的玩法发生了质的变化
近现代	空竹在很长一段时间淡出了人们的视野。改革开放后，国家积极开展了大量的民俗体育文化活动，以满足人们的健身需要，为空竹的发展提供了契机

资料来源：王韶玉. 2018. 论空竹文化的起源与发展策略研究. 湖北科技学院学报，38(6)：85-88

抖空竹是古代庙会的重要组成部分。庙会期间，会有专门的空竹摊子经营各种空竹，摊主一边表演空竹，一边向观者兜售。清代李虹若在《朝市丛载·时尚》中曾记载：“抖空竹，每逢庙集，以绳抖响，抛起数丈之高，仍以绳承接，演习各种身段。”清朝中叶，江苏仪征人历惕斋在其《真州竹枝词引》中写道：“有士名抖嗡者……抖者以两柄牵三尺绳承之，随承随抖，嗡滚于绳，左右不坠，少顷，声嗡嗡然，忽乃抖之使高，其声益宏，待将落，则仍以绳承之，三起三落，逾摔逾高，观者喝彩。遍翻古书，无此玩具，未知是抖嗡二字否也。”[①]从以上记述便可得知，清朝是抖空竹发展的一个鼎盛时期。这一时期，不仅空竹器材简单，易于学习，而且动作花样繁多、技法多样，受人欢迎。同时，参与抖空竹的人群不断扩大，从王公贵族到普通民众，大人、孩子都参与其中。

2. 国外发展

抖空竹运动在 18 世纪传到国外，得到外国人的极大喜爱。19 世纪以后，法国空竹运动甚至成了一项比赛项目，也有人为该项活动专门成立俱乐部，空竹运动成了当时极为流行的运动之一。大约 20 世纪 60 年代，法国对空竹进行改造，形成了具有法国特色的西式

① 秦海生. 2010. 抖空竹运动发展研究. 体育文化导刊，(12)：100-104，108.

空竹。

（二）空竹的种类

抖空竹运动发展到今天，其外延缩小了，不包括在地上玩耍的“抽绳转”，而专指抖在空中嗡嗡作响的空竹。空竹的制作也发生了很大的变化，种类繁多，按制作的原材料可分为塑钢、塑木结构空竹，竹木结构空竹，玻璃钢（环氧树脂+玻璃丝布）与木材结构空竹，塑胶与金属结构空竹；按规格来分有几百种，常用的空竹直径在10—13厘米，最大的可达40厘米以上，最小的只有2厘米；按结构，可分为地轴空竹、双轴空竹、单头空竹、双头空竹和楼子空竹；按玩法，可分为单人玩的空竹和双人玩的空竹；按功能，可分为电子空竹、工艺品空竹和练习表演空竹；还有一些根据个人喜好制作的多层和宝塔形空竹。①

（三）空竹的技法

1）鸡上架。空竹在空中急转时，将绳扣解开并把空竹向上抛起，用棍接住，使之在棍上跳滚或转到另一棍上。

2）仙人跳。用脚踏在绳的中段，使在脚一侧转动的空竹由脚背上越过至脚的另一侧。

3）满天飞。将空竹抛起，然后用绳接住，再继续抖或进行抛掷。

（四）空竹的运动原理

单轮空竹一头重，一头轻，仅凭绳的作用很难使其保持缓慢转动或静止状态，但在启动进而高速转动后，却能在某一高度的水平面内做稳定的平面运动。空竹受绳的作用力很复杂，除了摩擦力，还有支撑力。其中，支撑力在各作用点的强度也不尽相同，但其合力总是可以分解为沿轴的力、垂直于轴的水平力和垂直于轴的竖直力3个分力。

① 秦海生. 2010. 抖空竹运动发展研究. 体育文化导刊，（12）：100-104，108.

双轴空竹与单轮空竹类似，也有进动，但是双轮空竹由于不存在力偶矩，所以没有进动。①

（五）抖空竹运动的意义

1. 健身价值

经常练习抖空竹，对身体主要有以下三方面的好处。

（1）集中精神，改善视力

在抖空竹的过程中，精神需要高度集中，眼睛要时刻注视空竹在空间旋转位置的变化，从而做出准确的判断和动作。这种锻炼方式可以有效地提高双眼和脑神经的功能，尤其是在户外蓝天白云的环境下，眼球的不断转动有助于改善视力。

（2）全身运动，促进协调能力

抖空竹是一项全身性的运动，需要四肢的巧妙配合。在运动中，眼睛追瞄、头部俯仰、腰部扭转、上肢提拉抛盘、下肢走绕跳落等各种动作需要在瞬间完成，要求反应迅速、动作敏捷。长期的锻炼可以提高四肢的协调能力和灵敏性，促进全身血液循环和人脑发育，进而延缓衰老。

（3）调节心情，改善不良情绪

抖空竹运动可以提高中枢神经系统的功能水平，增强机体对外部环境的适应能力。因此，这项运动有助于缓和或消除激动、易怒、紧张、神经质等不良情绪，降低患神经衰弱症的可能性。

2. 文化传承

2006 年 5 月 20 日，经国务院批准，抖空竹被列入第一批国家级非物质文化遗产名录。2007 年 6 月 5 日，经文化部确定，北京市宣武区的张国良和李连元为该文化遗产项目的代表性传承人，并被列入第一批国家级非物质文化遗产项目 226 名代表性传承人名单。②

抖空竹作为一种集娱乐性、健身性、技巧性、灵活性和表演性于

---

① 张昌芳，刘家福．2006．抖空竹的力学原理分析．力学与实践，（4）：89-92．

② 陈育新．2011．中国杂技发展研究．成都：四川文艺出版社，97．

一体的运动，深受人民大众喜爱。无论是在民俗玩具还是在体育器具中，空竹都堪称难得之物。发展抖空竹运动，不仅是对传统文化的传承和发扬，更是对青少年身心健康的一种投资和保护。特别是中小学在体育课上引入抖空竹训练，对青少年的生长发育大有裨益。我们应该积极挖掘、整理、继承和发展这项运动，让更多的人了解和享受抖空竹带来的好处和乐趣。

二、悠悠球

悠悠球又称溜溜球，是一种由一根绳子牵着一个扁圆形塑料球的玩具。[①]这个塑料球通常由两片球体组合而成，这两片球体的形状和重量并不需要完全相同。整个悠悠球通过一个轴心连接，这个轴心可以是螺丝制的，也可以是木制的。细绳的一端绑定在轴心上，而另一端则通过绳圈绑在手指上。玩悠悠球不仅是一种娱乐活动，还是一项极具观赏性的手上技巧运动，其花式多样，难度各异，世界上许多玩家都热衷于这项运动。

每个球手的风格和自创花式都不尽相同，故悠悠球的技术、花式、种类繁多。当前的主流花式有 5 个组别，分别是 1A、2A、3A、4A、5A。每个组别的花式种类都数以千计，而且每年仍然会有非常多的新花式被研究出来。[②]

（一）悠悠球的发展

悠悠球的历史悠久，最早关于悠悠球的记载源自于公元前 440 年的希腊。然而，相传在 16 世纪的菲律宾，狩猎民族使用的一种器具也被认为是悠悠球的起源。这种器具是在绳子的前端挂着重物，与现在的悠悠球相似，用于狩猎和格斗。

悠悠球的历史演变和发展如图 3-20 和表 3-18 所示。

① 李湘黔. 2013. 中国民间文化与物理趣味. 成都：西南交通大学出版社，94.
② 阿威. 2007. 悠悠大赛全攻略. 长春：吉林摄影出版社，10.

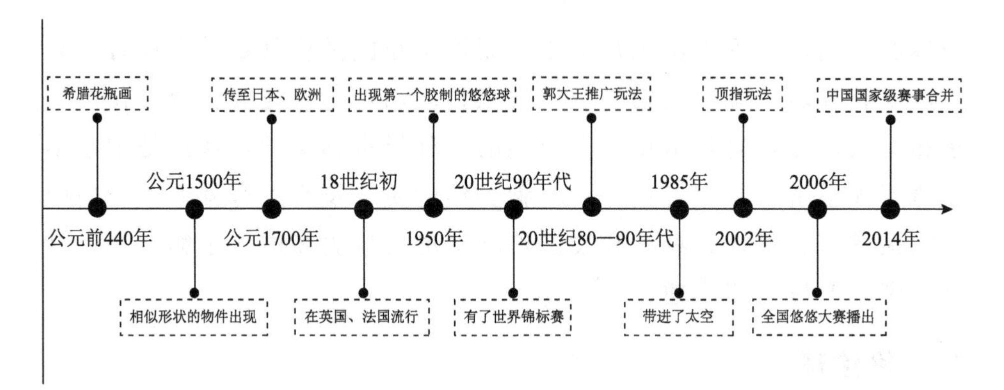

图 3-20　悠悠球的发展历史示意图

表 3-18　悠悠球的发展历史

时间	发展
公元前 440 年	一幅希腊花瓶画中画了一个男孩在玩悠悠球。那个时期的希腊记录中有用木头、金属制成的玩具，或者用陶土制成的玩具
公元 1500 年	相传菲律宾的狩猎民族在 20 英尺（约 6 米）的绳子前端挂上晒干的鱼贝之类的重物，作为狩猎动物和格斗的工具使用
公元 1700 年	悠悠球由中国东传至日本的长崎，向西传至印度，并由印度传至欧洲。在日本，悠悠球被形象地叫作“独轮车”“钱轮”，深受年轻人的欢迎
18 世纪初	悠悠球在英国以“王子财宝”、在法国以“诺尔曼悠悠”之名广为流行，尤其是在法国和英国的上流社会盛行，被贵族视为一种时髦、高尚的玩具
1950 年	邓肯（Duncan）制作出第一个胶制的悠悠球。1962 年，邓肯把悠悠球表演推广到电视上
20 世纪 90 年代	夏威夷出现悠悠球运动，并有了世界锦标赛
20 世纪 80—90 年代	中国台湾地区的悠悠球职业玩家郭大王到大陆推广玩法，掀起不小的悠悠球热潮
1985 年	作为太空玩具计划的一部分，被美国航空航天局“发现”号航天飞机带进了太空
2002 年	日本玩家渡边光太发明了顶指玩法
2006 年	借着广州奥飞文化传播有限公司拍摄的《火力少年王》的热播，悠悠球终于被大多数人认识。中国也有正式的悠悠球比赛，2006 年的全国悠悠大赛在中国中央电视台少儿频道播出
2014 年	中国悠悠球大赛（China National YoYo Contest，CNYC）与中国悠悠冠军联盟挑战赛（China YoYo Corporation Championship，CYCC）正式合并，中国国家级赛事由之前的多个演变为如今的一个

资料来源：啤酒（于仲）. 2007. 转动的悠悠球 国内篇. 武汉：华中科技大学出版社，1-3

（二）悠悠球的运动原理

悠悠球的运动原理主要涉及重力势能、动能和绳子与球体之间的摩擦力。当玩家将悠悠球向下投掷时，球受到重力的作用自然下落。然而，在下落的过程中，悠悠球受到绳子和轴承的牵引，产生类似飞轮的转动。这种转动使得悠悠球在绳子的末端形成旋转动力，从而将势能转化为动能。同时，由于球体与绳子之间的摩擦力，使得绳子能够卷绕在球体上。玩家通过控制手的动作，可以调整悠悠球的运动轨迹和旋转速度，从而实现各种技巧和花式。

下面分析最基本的“下行上爬”运动。游戏者将细绳的另一端套在手指上，从高处释放悠悠球，悠悠球在重力和细绳拉力的作用下匀加速下行。由于细绳的约束，下行运动与细绳展开的速度相同，同时悠悠球沿轴心匀加速转动。当细绳全部伸展时，悠悠球的转动速度和下行速度达到最大，并突然“转向”，开始上爬，当爬到最高点时，又重新开始下行，但转动方向相反。之后，悠悠球会自动下行上爬，由于阻力和摩擦力的阻碍，运动一段时间后逐渐停下来，如果每次“转向”时，轻轻往上提，补充损失的能量，则可反复“下行上爬”。[①]

（三）悠悠球在中国

悠悠球正式进入我国是在 1990 年，由台湾企业家郭恒均引入上海，从而掀起了一股悠悠球的热潮。在台湾，悠悠球被称作“溜溜球”，因此郭恒均被人们誉为“溜溜球郭大王”。20 世纪 90 年代初，他成功地将悠悠球这项运动在上海引领为新的“潮流”。[②]

1999 年，奥迪玩具公司抓住了这个机会，也研制了一批悠悠球，比较著名的就有“烈火”“学者”“火眼金睛”等。这些悠悠球的推出，让国内玩家能够真正接触到这一运动，并引发了深入的研究和讨论。

1997—1998 年，日本玩具业巨头万代公司代理了如今悠悠球界三

---

① 王岱川. 2016. 转动物体的动能和“溜溜球”的机械能守恒. 物理通报，（9）：85-87.
② 李湘黔. 2013. 中国民间文化与物理趣味. 成都：西南交通大学出版社，94.

大品牌之一的“尤美加”（Yomega），把悠悠球运动带到了亚洲。万代公司强大的制作能力使悠悠球运动被改编成动画片《超速 YOYO》。2001 年，中国引进了动画片《超速 YOYO》，动画片播出后，全国又掀起悠悠球热。

2006 年，广州奥飞文化传播有限公司推出了真人剧《火力少年王》，在全国播出并引起了轰动，大街小巷都能看见有人玩悠悠球，悠悠球在中国开始全面普及。

2008 年，南方电视台创办了 5 极限悠悠球俱乐部，每个月一次的 5 极限悠悠球争霸赛开始在广州举行。2014 年，中国悠悠球大赛与中国悠悠冠军联盟挑战赛正式合并，中国国家级赛事由之前的多个演变为如今的一个。随着网络的普及，不少中国专业的悠悠球网站开展教学、玩家交流等。

（四）悠悠球的益处

悠悠球不仅是一款有趣的玩具，还具备多种健身和娱乐功能。首先，玩悠悠球需要保持站立姿势，这有助于锻炼身体的平衡能力。其次，抛接球的动作需要投射力量，持续坚持玩耍可以增强手臂力量。此外，悠悠球是一项对手部灵活性要求很高的运动，可以提高手部的敏捷度和协调能力。

悠悠球不受场地和人数的限制，儿童和大人都可以共同享受玩耍的乐趣，从而促进亲子间的互动，并在娱乐中培养专注力，解压放松。

三、翻花绳

翻花绳是一种古老而受欢迎的儿童游戏，亦称“解股”“翻套”。玩耍时用一根长 3 尺（约 1 米）左右的线绳，两端相接成环状。一人将线绳系在手上，伸直两只手臂，另一人则用两只手钩住绳子并将其翻转。随后，两人轮流进行翻转（图 3-21）。其花样依形状不同而命名为面条、手绢、马槽等，每轮进行到无法再创造出新的花样为止。

在北方地区，大多数儿童都钟爱这一游戏，并乐在其中。[①]

图 3-21　翻花绳的小孩雕塑（李清 摄）

（一）翻花绳的发展

翻花绳游戏源远流长，大致的发展历史如图 3-22 所示。翻花绳最早可以追溯到汉代，当时它是宫廷内女孩子的一种娱乐游戏，到了清代更是广为流行。关于翻花绳游戏的最早史料记载是清代蒲松龄的《聊斋志异·梅女》，其中详细描述了梅女与封生一起翻花绳的情景。“（梅）女曰：……今长夜莫遣，聊与君为交线之戏。封从之，促膝戟指，翻变良久，封迷乱不知所从，女辄口道而颐指之，愈出愈幻，不穷于术。封笑曰：‘此闺房之绝技。’女曰：‘此妾自悟，但有双线，即可成文，人自不之察耳。’”[②]

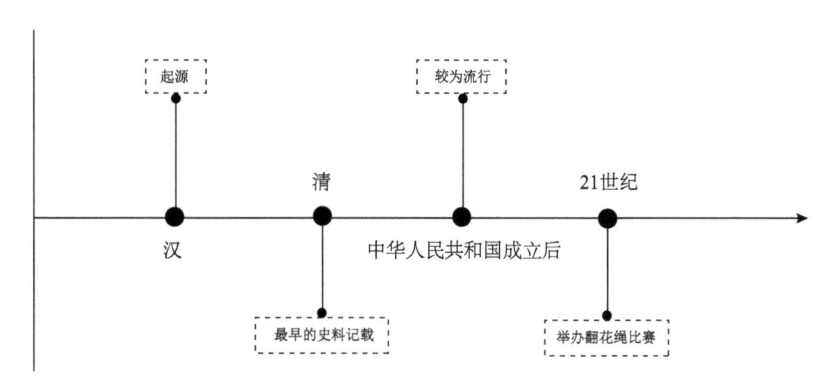

图 3-22　翻花绳的发展历史示意图

① 李治亭. 1993. 关东文化大辞典. 沈阳：辽宁教育出版社，972.
② 蒲松龄. 2007. 聊斋志异. 天津：天津人民出版社，308.

中华人民共和国成立后，翻花绳游戏再度流行。由于携带方便，既不显眼又不占空间，那时很多孩子兜中或书包内都装着线绳，在课余或课间活动中随时可玩可收。我国部分地区在民间还流传着一些有趣的绳谣，如："花绳新，变方巾，方巾碎，变线坠，线坠乱，变切面，面条少，变鸡爪，鸡爪老想刨，变个老牛槽，老牛来吃草，它说花绳翻得好！"

（二）翻花绳的玩法

在翻花绳游戏中，利用线绳和双手手指就可以翻转出许多花样。其中，还有一些非常复杂并已经成为专业技巧型的表演。这一游戏的玩法是先将绳打个小巧的结，环绕于单手或双手，然后撑开，准备动作就做好了。翻花绳的玩法很多，两个人能玩，一个人也能玩，据说至今能够总结出来的花样有2000多种。其中，单人玩法和双人玩法各有不同。

1. 单人玩法

单人玩法是用一根闭合的绳子，将绳圈套在手指上，并利用手指不停地进行勾、拉、套，进而翻出面条、大桥、饼干、降落伞等造型（图3-23）。

2. 双人玩法

在游戏中，两人必须相互协商、相互配合、相互鼓励（图3-24），才能实现每翻一次都会产生新颖的图案，使游戏顺利地进行下去。二人挑翻的有双十字、花手绢、面条、牛槽、酒盅等。

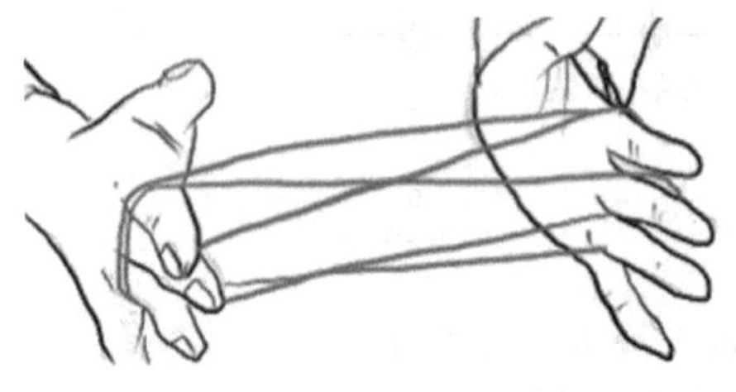

图3-23　单人翻花绳（彭静文 绘）

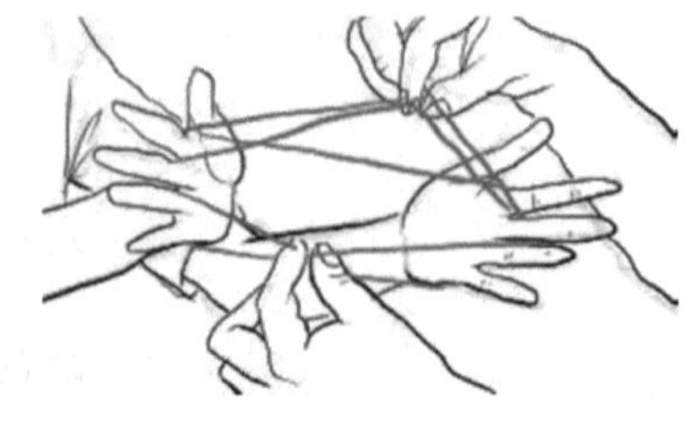

图3-24　双人翻花绳（彭静文 绘）

（三）翻花绳的意义

1. 增强自信

翻花绳游戏虽然简单易学，但对于初学者来说，特别是对于手指不够灵活、双手配合不够默契的幼儿来说，确实有着一定的难度。幼儿刚开始学翻花绳时，线绳根本不听从手指的指挥，会不时地从手指上脱落下来。通过引导鼓励、同伴间的互相影响，再加上个人的勤学苦练，翻出的图案会由易到难、由简单到复杂、从模仿到创新，翻花绳的水平会得到不断提高。

2. 提高创新能力

翻花绳游戏最常见的玩法是两人轮流翻出新的花样。这种玩法能有效地训练儿童手指的灵活性，激发儿童的想象力和创造力，也可以锻炼玩者的耐心和敏捷性。经常玩翻花绳的儿童，不仅能够翻出优雅美观的造型，还有可能创造出前所未有的、属于自己的新造型，从而提高创新能力。

3. 促进大脑发育

翻花绳游戏主要是依靠手指来操作。每一个造型图案，需要手指完成撑、压、挑、翻、勾、放等一些精细的动作，左右手配合一致。在这一过程中，手指、手腕和双侧肢体的灵活性、精确性、实际操作能力都能得到不同程度的发展。手和大脑是紧密相连的，越是复杂、精细、熟练的手指训练，对大脑的发育也就越好。翻花绳游戏需要眼睛观察和辨别纵横交错的线条，需要大脑记住动作的顺序和操作方式，因此具有巧手、健脑、开窍的作用。

此外，翻花绳还能促进儿童的社交互动。对翻花绳的兴趣能给儿童提供与他人交流、学习的机会，体现了儿童学习的主体性，并能激励儿童在学习基本玩法的基础上进行创新。

第四章　玩具与游戏中的探索

“探索”，对于玩家而言，就是探寻玩具与游戏蕴含的几何之美、逻辑之美和科学之美；对于玩具制造者而言，就是探寻不同材料和工艺在玩具实现上的可能性。

在没有手机、互联网的时代，我们并不寂寞，因为有众多造型奇特、构思精巧的玩具陪伴着我们，这是无数“玩具制造者”努力探索的结果。过去只被用来制作服饰或被褥的棉花与布料，在手工艺人穿针引线、剪裁填缝间变成了一个个形象生动的玩偶；自然界中常见的绿草、植被，在几经翻折、编织后，被赋予了新的生命，或小如蟋蟀，或大如雄鸡、巨龙；就连用来食用的糖、面粉都能在技艺娴熟的民间“玩具制造者”手中变成一件件既可观赏又可食用的玩具。这是劳动人民的智慧，也是探索的力量。

儿时抽象与逻辑思维的提升，离不开玩具给予我们的锻炼。四四方方的木板，裁切六次，分成不同的形状，这就是中国传统民间益智玩具——七巧板。在拼摆七巧板和模型拼装玩具等的过程中，我们在样式繁多的排列组合里看到了其如“七十二变”般的本领，然后开始不厌其烦地尝试，仅为摆出从未出现过的新造型。四四方方的木块，将其均等地分成大小一致的单元，再加一个转轴，匈牙利经典益智玩具——魔方就诞生了。九个圆铁环配上一个互锁框架，中国传统的九连环就形成了。人们在无数次扭转魔方、解锁九连环的过程中，苦恼又倔强地尝试着，只为看到六面同色的方块和相互分离的圆环出现在自己手中。这正是探索的魅力，既源自对空间几何奥秘的好奇，也来自孩子天真执着的追求。

探索有时是枯燥、重复的，但它又是诱人的、生动的。我们穷尽一生都在探索，本章出现的所有“玩具伙伴”都在我们探索的旅程中发挥了一定作用，使我们的探索过程不至于那么乏味。也许在时间洪流中我们逐渐忘却了它们，不过没关系，现在翻开下一页，“老朋友们”都在等着我们。

第一节　玩具材料的探索

一、玩偶

在布偶尚未诞生的时代，玩具主要由石头、陶土等材料制成，其中陶土玩具尤为常见。然而，随着纺织技术的不断进步，棉布逐渐成了人们衣物的主要材料。由于其成本适中且易于加工，心灵手巧的人们开始利用棉布的零碎部分制作出了精美的布偶玩具。在我国，手工布偶的制作技艺最初在农村地区流传。当时，人们通过缝制各种动物、花卉的纹样，将自己对美好生活的向往注入每一个作品中。常见的造型有布老虎、兔子等。

在中国传统文化领域，虎的经典艺术形象具有独特的地位。虎纹样在布老虎上的运用已成为民间常见的一种艺术类型，给人们的生活带来了无限乐趣。[①]人们喜欢制作布老虎（例见图 4-1）陪伴孩子，希望孩子健康、强壮、勇敢。

图 4-1　布老虎样品（李晓锋 摄）

① 虞婧逸. 2020. 布老虎的虎纹样探究——以山西、山东、陕西、河南为例. 今传媒（学术版），（8）：153-156.

布老虎的形式多样，有单头虎、双头虎、四头虎、子母虎、情侣虎等。布老虎的造型各不相同，民间艺人通常对布老虎的外观造型进行夸张处理，有的娇小玲珑，有的乖巧可爱，有的古灵精怪，有的勇猛威武。大部分布老虎的造型还是以勇猛的神态来突出其生动形象，以头大、眼大、嘴大等来突出老虎的威武气势，再通过对所选布料进行剪裁、缝制、定型来制作。

在制作布老虎时，首选纯棉材质的布料，而不宜选择丝绸或者其他材质的布料。虎身的缝制大致需要三大块布料，一般左右半身均采用两块黄色的棉质布料缝制。值得注意的是，这两大块布直接连接前后两爪的外侧，与脸部、额头对接成一体。布老虎最重要的部位就是眼睛。眼睛制作的成功与否会直接影响整只老虎的神态是否大气威猛，从眼睛中心到外沿一般需要九层布料加以装点，制作工序精细而烦琐。上、下嘴唇多是用剪成云朵状的黑色底布缝制而成的，长度为 6—7 厘米，宽度有 3 厘米左右。在制作完各个部位后，需要从虎尾部填充一些材料，使整只老虎圆滑饱满。以上便是缝制布老虎的基本方法和主要步骤[①]（图 4-2）。

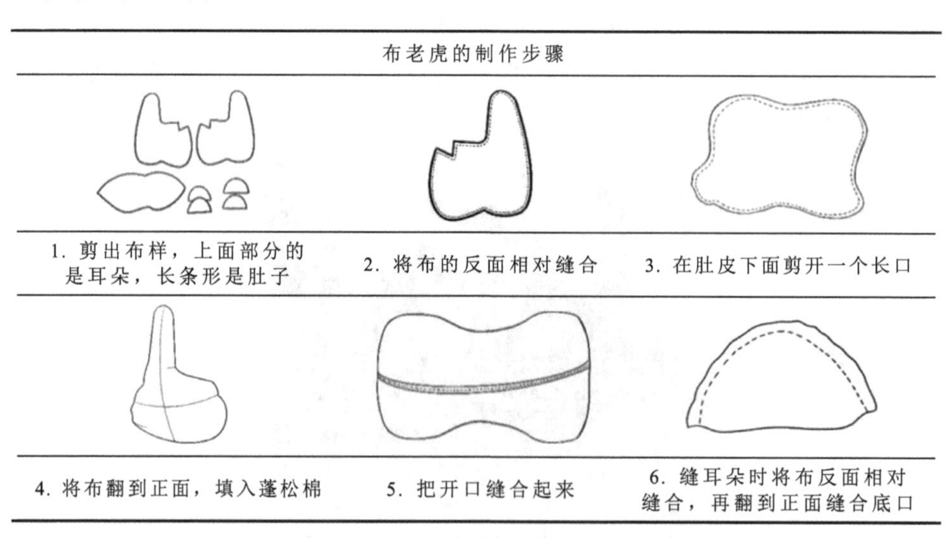

图 4-2　布老虎的主要制作步骤（李晓锋 绘）

① 李超. 2016. 新时期以来长治黎侯虎的制作工艺及其传承. 淮北职业技术学院学报，(3)：63-67.

洋娃娃在西方有着悠久的历史，是一种比较受欢迎的玩具。最初的洋娃娃主要是仿照西方小孩的模样制作的，材料以布或塑胶为主（图4-3）。随着时间的推移，制作洋娃娃时不仅模仿小孩的模样，也开始模仿其他人物和动物造型。这些玩偶也被称为“布偶”，是儿童主要的玩具之一。

图 4-3　洋娃娃

从上面的叙述可知，中西方的主要玩偶在造型、材质、功能及作用等方面也有较大差别（表 4-1）。

表 4-1　中西主要玩偶对比

项目	时间	造型	材质	功能及用途	作用
中国	古代	老虎	泥、布、陶土	图腾崇拜 平安祈福 赏玩	辟邪消灾 作为礼品
	20 世纪 60 年代	仿制西方洋娃娃	塑料	会简单的动作和表情变化	作为玩具
西方	20 世纪初	洋娃娃	塑料、赛璐珞	祭典仪式 赏玩游乐 研究教学	寓教于乐 陪伴成长

二、草编玩具

草编是中华民族一门古老的手工艺，有着浓厚的地方文化底蕴。它不仅反映了当地人的历史和文化习俗，还彰显了中国几千年来独特的审美情趣。草编玩具的原料是天然纤维麦秸秆或玉米皮，两种不同风格的原料能够制作出不同特色的文化产品，体现了不同地方的文化底蕴。[①]

① 崔巍，刘智文. 2019. 通化师范学院非物质文化遗产项目 长白山乌拉草编结技艺：满族山林渔猎文化的缩影. 吉林画报，（5）：64-67.

在草编的原料中，秸秆是其中之一。水稻的秸秆常被称为“稻草”或“稻藁”，俗称“禾秆草”，而小麦的秸秆则被称为“麦秆”。这些秸秆可以被人们巧妙地利用，编织成各种精美的工艺品和玩具（图4-4），不仅实现了废物的再利用，还传承了古老的手工艺文化。

图 4-4　草编小动物

例如，草编蚂蚱是我国民间流行的一种手工艺玩具，取材简单，制作加工后的成品可观赏、玩耍。其主要制作过程如图 4-5 所示。

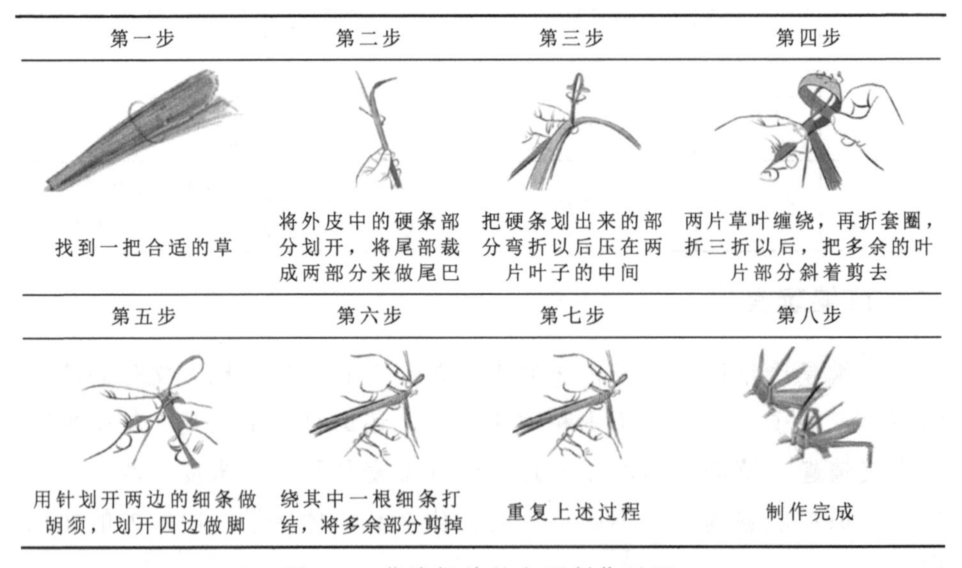

第一步	第二步	第三步	第四步
找到一把合适的草	将外皮中的硬条部分划开，将尾部裁成两部分来做尾巴	把硬条划出来的部分弯折以后压在两片叶子的中间	两片草叶缠绕，再折套圈，折三折以后，把多余的叶片部分斜着剪去
第五步	第六步	第七步	第八步
用针划开两边的细条做胡须，划开四边做脚	绕其中一根细条打结，将多余部分剪掉	重复上述过程	制作完成

图 4-5　草编蚂蚱的主要制作过程

草编是一门非常珍贵的工艺，但这种传统工艺在不断走向衰落，能够完整编织的艺人已很少。近些年，由于气候等原因，自然原料供应不足，技术开发型人才缺少，工艺较落后，草编工艺的发展受到了一些限制。儿童利用一些稻草进行编织，可以做出自己喜爱的造型。在这个过程中，儿童的动手能力能够得到锻炼。现在与玩具相关的草编工艺发展缓慢，新一代青少年应积极传承并弘扬草编工艺，使中国的传统草编工艺得到更为广泛的流传，并推动草编玩具的发展。

三、竹编玩具

竹编工艺是我国人民在长期的社会实践中创造的传统手工工艺，主要是利用本地产的竹竿等材料编成各种生活及艺术用品的手工艺技术。[①]竹编产品在中国传统家居中随处可见。竹子筒长节稀、质地柔韧的特点，使其适用于多种制作工艺。经过高温蒸煮处理，竹材质地变得更加柔韧，再涂上纳米材料增强其耐久性，然后使用矿物质彩色染料进行上色处理，使得竹编产品色彩鲜艳、不易褪色。在手工艺者的精湛技艺下，这些竹编材料最终被编织成儿童喜爱的竹编玩具（图 4-6）等。

图 4-6　竹编玩具（李晓锋 摄）

竹编工艺的发展经历了漫长的历史过程，如表 4-2 所示。

---

① 马晶照. 2021. 竹编传统手工艺的现代传承与再生途径研究. 竹子学报，（1）：87-90.

表 4-2　竹编工艺的发展历史

时间	发展	代表作品
新石器时代	生活器具	竹编簸箕、竹器
殷商	纹样丰富，装饰色彩浓厚	编织出现了方格纹、米字纹、回纹、波纹等纹饰
战国	编织技法已十分先进	竹席、竹帘、竹笥（即竹箱）、竹扇、竹篮、竹篓、竹筐
秦汉	竹编沿袭了楚国的编织技艺	方纹格
汉	龙灯	竹篾作为骨架编织而成的龙头、龙身、龙鳞片，也用竹丝扎结
唐	用于凿山开渠，引水灌溉农田	青神竹编竹篓
宋	出现竹编劳动工具、玩具	竹编宫扇、花灯
明	采用很细的竹丝编织物品	竹编膳食盒、竹编书籍、竹编圆盒
清	竹编艺术水平提高，被列为朝廷贡品	竹编宫扇、竹篮
民国时期	水平有新发展，能在扇面上编字、编花	竹编带字扇
中华人民共和国成立以后	蓬勃发展	竹编凉席、竹编枕席、工艺型竹扇
20世纪60—70年代	出现新的竹编产品	花、鸟、鱼、虫等仿生竹编产品
20世纪80年代至90年代中期	鼎盛时期的竹编达到薄如蝉翼、细如发丝的程度	竹编画《中国百帝图》《清明上河图》

竹编工艺技法多种多样，不同的手工艺人的编织技法各不相同，形成了各式各样的纹样图案。[①]竹编工艺大体可分为起底、编织、锁口三道工序。在编织过程中，以经纬编织法为主。在经纬编织的基础上，还可以穿插各种技法，如疏编、插、穿、削、锁、钉、扎、套等，使编出的图案花色多种多样。[②]国内有名的竹编工艺（产地）有青神竹编、东阳竹编、嵊州竹编、道明竹编、大足竹编、闽西竹编、三穗竹编等。

随着生活方式的变迁，传统竹编工艺的发展正面临诸多挑战：其准入门槛较高，工艺复杂，导致传承后继乏人；同时，传统竹编工艺

① 段思禹. 2021. 浅析西双版纳竹编工艺在家具设计中的应用. 西部皮革，（2）：5-6.
② 吴婕妤，陈红，费本华等. 2020. 浙江地区竹编工艺特色概述. 林产工业，（3）：61-64.

难以满足现代审美需求，也需要与现代生活环境相适应。[①]不过，值得关注的是，目前在儿童手工艺学习领域中，竹编内容正逐渐被纳入。孩子们通过学习、制作竹编，不仅能够锻炼手眼协调能力，培养耐心和专注力，还可以亲手传承这项古老的手工艺，为中国的传统手工艺注入新的生命力。因此，尽管当前竹编工艺的发展仍面临一些困境，但我们对其未来充满信心。随着社会对传统文化和手工艺的重视度增加，以及更多人愿意学习和传承竹编工艺，我们相信竹编在未来会有更多的发展机遇，继续在中国的文化宝库中闪耀光芒。

四、食品玩具

（一）糖画

糖画俗称“倒糖人儿”“倒糖饼儿”“糖灯影儿”，后来其吸收了中国皮影、民间剪纸的艺术与雕刻技艺，逐渐演变成糖画。[②]由于工艺条件受限且制作工具较为缺乏，早期糖画的制作技法和成品相对单一。随着糖画制作技艺的成熟，它不仅可食用，其造型、图案、寓意、文化内涵等也逐渐丰富。中国民间艺术家将制糖与其他艺术相结合，比如，在其中加入皮影戏或剪纸的元素，从而创造出更加多样化的图案。糖画的图案和创作题材会根据社会流行的审美观念而发生一些改变，在某种意义上，它同那些珍贵的文物一样，是历史的见证者。[③]糖画的发展历史如图 4-7 所示。

由于糖画技艺独特的魅力，越来越多的糖画艺术家正在通过开设课程、举办相关活动来持续努力传承糖画技艺，如举办糖画竞赛等。2008 年，成都糖画被列入第二批国家级非物质文化遗产名目，这一荣誉不仅是对糖画艺术家们努力的肯定，也表明了公众和政府对糖画技艺的支持和认可，提高了糖画在社会中的认可度。

---

① 吴义祥，黎静萍，张宏阳等．2021．东阳竹编文化基因的设计转化研究——以竹编灯具为例．竹子学报，（1）：73-78．

② 陈与．2011．糖画 新年的第一缕甜香．重庆旅游，（1）：110-113．

③ 赵全宜，丁玉婵．2018．传统糖画艺术在现代设计中的发展和运用．美术教育研究，（13）：90，92．

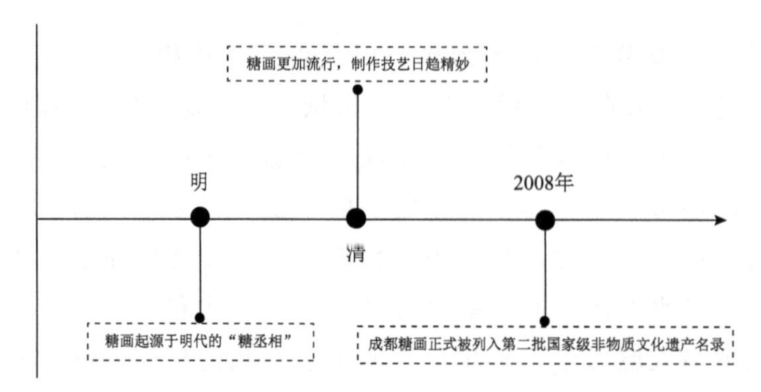

图 4-7　糖画的发展历史示意图

如今，我们还能偶尔在商业街看到糖画艺人，他们坐在木架子前，身前的大理石台面光洁如镜，一侧摆放着竹签和木板。木板上的圆圈里画着各种各样的图案，有龙、鸟、狗或花篮等。艺术家们用一个大勺盛上适量的热糖，直接在平板上作画，行云流水的动作间，一幅幅复杂而逼真的图案便在他们的手下呈现。稍等片刻，待糖画稍作冷却，再用平铲把糖画从大理石板上移除，即可用竹签来支撑糖画了，一幅完美的糖画就诞生了（图 4-8）。

图 4-8　糖画的制作过程（李清 摄）

糖画大致可以分为两种，如表 4-3 所示。糖画绘制的图案可以是个性化的主题，也可以是传统主题。传统的主题对象通常是象征财富的物品、著名人物及中国古典小说中的人物。例如，艺术家可以画出中国神话中的异兽、中国文学中的虚构人物、常见的动物等。

表 4-3　糖画的种类

种类	介绍
平面画	做法比较简单，画家以红糖或白糖为原料，以青铜勺子和铲子为工具，以大理石板作为“纸”。其中必须先在锅中煮好糖稀，然后再作画
实心画	画出图案的轮廓，然后进行填充

糖画不仅是中国民间的传统手工艺食品，还是中国儿童深爱的经典可食用玩具。如今，当人们看到糖画摊子时，都会被其所吸引。糖画艺人以勺为笔，以糖为墨，绘制造型各异、惟妙惟肖的糖画图案，整个过程优雅流畅，令人赏心悦目。作为一种数百年传承的绝活，糖画在现代社会中依然大放光彩，小到庙会街头、大街小巷，大到民俗展会、文化交流活动，均有糖画艺人的身影。每当一个个晶莹通透的糖画在他们手中诞生时，都仿佛是一场视觉与味觉的盛宴。欣赏糖画的制作过程，不仅能让人感受到传统手工艺的魅力，还能让人们在这繁华的世界中找到一份纯真与甜蜜，流连忘返。

（二）面人

中国民间的面塑也称“面人”“面花”，是一种用料简单但工艺精细的中国民间艺术。中国的面塑艺术早在汉代就有文字记载，经过几千年的传承，已是中国传统文化和民间艺术的一部分，寄托着广大民众的审美情怀和生活理想，同时也是研究历史、考古、民俗、雕塑、美学不可忽视的实物资料。[①]面人的出现标志着我国麦类作物的发展已经非常成熟，麦类作物种植的历史久远。甘肃、宁夏、陕西、内蒙古、山西、河南、河北、山东等地都有制作面人的习俗，各地叫法不

① 马知遥，赵静宜. 2021. 中国面塑艺术发展现状及可持续性探讨. 河北科技大学学报（社会科学版），（1）：105-112.

一，形态各有特点。[①]

面塑是用面粉、糯米粉、甘油或澄面等为原料制成熟面团后，用手和各种专用塑形工具捏塑成各种景物、器物、人物等具象的手工技艺，还需在原料中混入添加剂做防裂、防虫、防霉处理。面人多以动物和神话传说、历史故事及地方戏曲中的人物为题材，部分是雅化的陈设艺术品，做工考究，造型精致；部分是供儿童娱乐的食品玩具，造型简单，形象生动。

面人玩具的制作工艺精细，形象生动，色彩鲜艳，能吸引儿童的注意力，激发他们的想象力和空间认知能力。同时，面人玩具的互动性也很强，孩子们可以通过揉捏、塑造面人，体验到创作的乐趣。

（三）日本糖艺

1. 饴细工

在日本，糖人或糖塑被称为“饴细工”。制作者需要用彩色的糖稀，通过手和其他工具如镊子、剪刀来塑造形象。制作者也会用可食用的染料对所雕刻的造型进行涂色、绘画，赋予作品鲜明的个性形象。

2. 发展历史

饴细工起源于中国，大概在日本平安时代（794—1192 年）传入日本。饴细工以其美丽的形态和可食用的特性，成为寺庙里备受喜爱的祭品。到了江户时代（1603—1868 年），饴细工不再局限于寺庙祭祀，更是演变成了一种娱乐形式。那个时期的街头表演者常常在节日里走上街头，现场雕刻糖果并出售给顾客，为人们带来了欢乐与甜蜜。

3. 方法与艺术

饴细工是一种精致而复杂的手艺，要求工匠在作品尚未完全定型、仍具可塑性时，将其巧妙地安放在一根棍子上进行雕塑。工匠通常使用单刃剪刀剪出所需的形状，当然也可以使用其他辅助工具。这个雕

① 刘会. 2018. 晋南面塑的文化艺术特征与传承. 美术大观，（4）：78-79.

刻的过程相当迅速，展现了工匠高超的技艺和敏锐的观察力。最后，艺术家运用可食用的油漆和染料，赋予这些作品色彩与生命，使其栩栩如生。

（四）其他食品玩具

“食玩”一词源自日本，简单来说就是附带食品的玩具，在日本叫“玩果子”。[①]另外，国内学界将快餐店儿童餐所附赠的玩具也归为食玩，其实这类玩具应该称为“快餐玩具”（fast food toy）。“食玩”在日本的受欢迎程度不亚于扭蛋，而且历史悠久，甚至有人认为食玩就是随食品发售的扭蛋。日本的食玩有两种：一种是可食用的；另一种是纯玩的，不可食用。一个食玩的典型内容是一个印刷精美的纸盒包装，里面装有糖果、玩具和说明书，糖果上一般会有相关的玩具标识。有些食玩除了说明书外，还附有玩具收藏卡，是非常精美的艺术品。[②]

我们常吃的跳跳糖、泡泡糖都是一种具有娱乐性质的休闲食品玩具。跳跳糖中所含的二氧化碳在嘴里遇热后产生了推力，使跳跳糖颗粒在嘴里能够蹦跳，这一特性很快就吸引了小孩子的注意。泡泡糖是以天然树胶或甘油树脂型的食用塑料作为胶体的基础，然后加入糖、淀粉糖浆、薄荷或白兰香精等调和压制而成。泡泡糖既好吃，又可以吹泡泡，还对口腔有一定的清洁作用，深受儿童的喜爱。

翻糖是西方的一种面塑艺术，也是一种糕点装饰技艺，是面塑工艺在材料上的一种革新。18 世纪，人们开始在蛋糕表面抹一层糖霜以增加蛋糕的风味。20 世纪 70 年代，澳大利亚的烘焙师发明了糖皮，英国人将糖皮引进后并进行改进，利用相关材料制作出花卉、动物、人物，并搭配精美的手工装饰放在蛋糕上，形成了一种新的蛋糕和西点的表面装饰手法——fondant，中文译作“翻糖”。[③]西方技艺师在学习了中国面塑艺术中的捏、搓、揉、掀等操作步骤后，开始尝试制

---

① 张芷盈. 2019. 日美食玩大不同. 中外玩具制造，（6）：32-33.

② 霍宇娟. 2017. 基于天津饮食文化的卡通玩偶设计研究. 天津科技大学，9.

③ 无忌. 2020. 翻糖，甜蜜的艺术. 课堂内外（初中版），（10）：8.

作翻糖。翻糖技艺为面塑的发展找到了更为新颖的载体，无论是面塑还是翻糖，都是承载技术的一种介质。

翻糖来源于西方国家，但是流传到中国后，技艺师将中国元素融入翻糖设计中，使这门手艺有了地地道道的东方味道。翻糖能在世界范围内流行开来，是与它的特性分不开的。西点师利用延展性极佳的翻糖做出各式各样的造型，并将精美的手工装饰放在蛋糕上，取代原有的不可食用的造型材料，赋予蛋糕特定的意义和韵味。同时，翻糖之所以能够把蛋糕装饰得多姿多彩，主要归结于其独有的制作工艺。①

五、金属工艺玩具

（一）金属编织玩具

金属编织玩具是采用金属材料通过细致的编织、雕刻和上色工艺，制成的繁复、典雅的作品。铁丝是用铁拉制成型的线状成品，硬度较高，用来作为编织的材料会有难度，但在手工艺人的手中，经过艺术化处理，用铁丝能做出很多意想不到的玩具。在创作过程中，艺术家利用手边有限的铁丝材料将创意融入铁丝编织之中，创造出了很多有趣的造型，使编织出来的玩具特色鲜明。国外艺术家用铁丝编织的自行车，使金属编织的艺术有了新的表现形式（图 4-9—图 4-11）。金属编织的自行车可以实现一些简单功能，比如，推动车轮转动轴，可以使轮子自由转动，从而使其成为可以动起来的自行车玩具，在增加互动性的同时，也使玩具具有了能动性。

图 4-9 铁丝编织示例一（左：赵伟露 绘）

图 4-10 铁丝编织示例二

① 蒋卓君. 2018. 当翻糖艺术遇上中国风. 当代工人（C版），（5）：85-88.

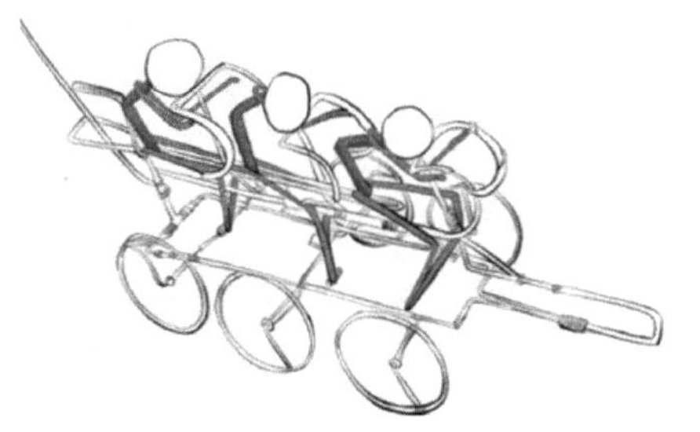
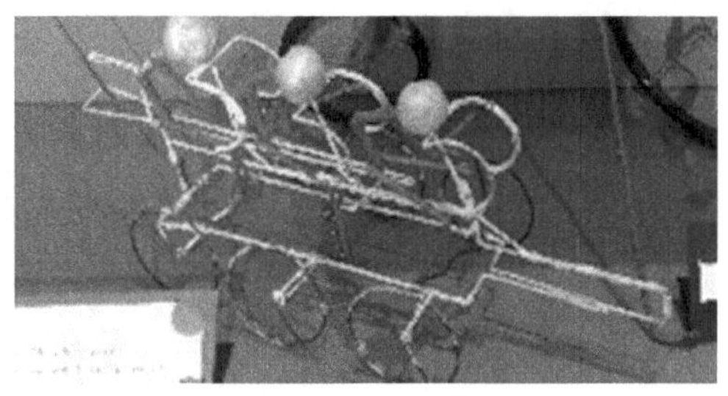

图 4-11　铁丝编织示例三

金属编织玩具更多地融合了设计者的想象力和创造力。创作者在创作时进行了不同的尝试，通过添加不同的材料，结合多种结构进行编织，使铁丝编织玩具的造型更加别致、生动（图 4-12，图 4-13）。

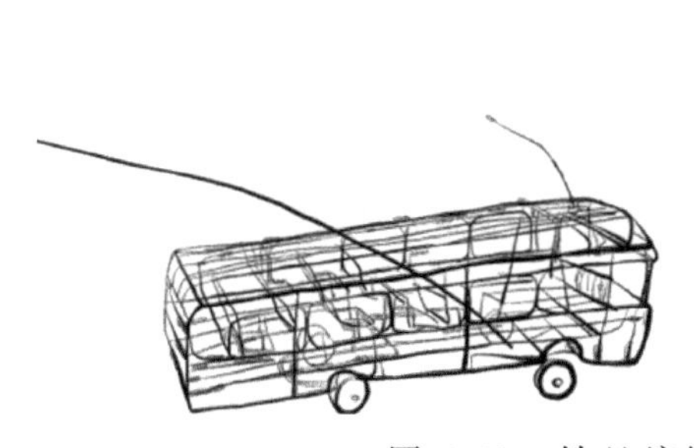

图 4-12　铁丝编织小车（一）

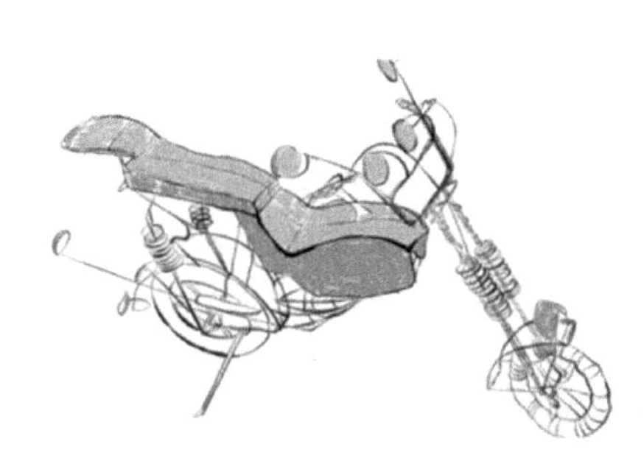

图 4-13　铁丝编织小车（二）（左：赵伟露 绘）

手工艺人以国外的动漫形象如蜘蛛侠、美国队长等卡通小人，以及小汽车等，用金属材料编织出了相应的玩具造型（图 4-14）。

图 4-14　国内外动漫金属编织（李清 摄）

（二）铁艺玩具——滚铁环

滚铁环是中国 20 世纪 70—80 年代比较流行的民间游戏，也是当时的一项体育活动。铁环作为一种简易的玩具，由两部分组成：一部分是由铁丝构成的直径约 66 厘米的铁环；另一部分是推动铁环前进的顶头是“U”字形的铁棍或铁丝（图 4-15，图 4-16）。滚铁环的动作有一定的难度，要想做得熟练，需要掌握一定的技巧和方法。

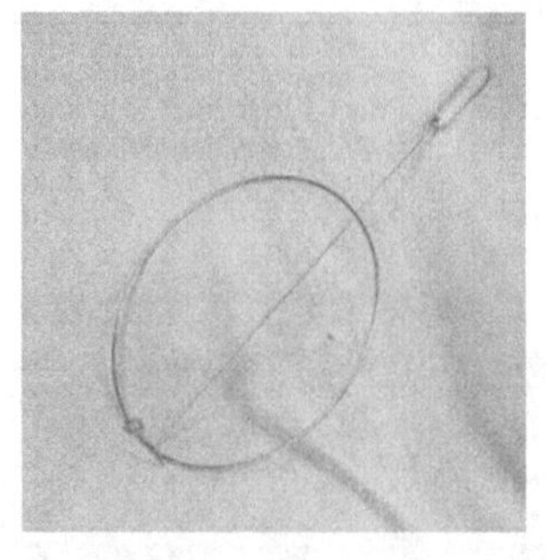

图 4-15　滚铁环玩具（李晓锋 摄）

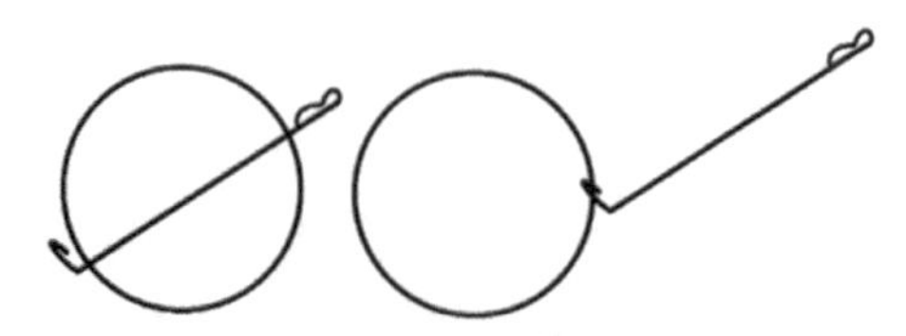

图 4-16　滚铁环（李晓锋 绘）

1. 玩法

滚铁环游戏需要选择平坦的路面或坡度不大的草坡，儿童用右手持长柄，将其搭在铁环上，将手部力量通过长柄的钩子传递到铁环上，促使铁环快速地滚动，用铁钩控制其方向，可直走、拐弯。儿童还可以通过调节手部力量的大小，控制铁环的运动速度，长柄也随着铁环的滚动而滚动，儿童则跟在后面快速奔跑。滚铁环也是对车辆的简易模拟，铁环可以被看作一辆独轮车，长柄就像是方向盘，这一游戏能充分显示出孩子对机械控制的热爱。

2. 游戏竞赛

滚铁环竞赛分为单人比赛和多人竞技比赛。单人比赛即参赛者手持铁钩，推动铁环在跑道上滚动，人跟着铁环跑，保证铁环不滚出跑道且不倒，滚得越远，成绩越高；多人竞技比赛的项目有 50 米或 100 米竞速、100 米障碍（如过水坑、绕树丛）、4×100 米接力赛等。在后两项比赛中，参赛者顺利通过障碍物或完成四人接力，最快到达终点即为胜利。

3. 游戏的意义

滚铁环是儿童非常喜爱的一个户外运动项目，在整个游戏过程中，能考验儿童的耐心、耐力、平衡性。在奔跑中，能增强儿童身体的灵活性、协调性、控制能力，使儿童学会克服困难、勇往直前。

金属工艺玩具不仅体现了艺术家的创意，更折射出广大民众在利用金属资源方面的智慧，他们用巧手制造了妙趣横生、工艺性较强的游戏用具。现代机械生产技术的发展，对传统的金属编织工艺产生了巨大的冲击，因此为了促进传统金属工艺的发展，设计师需要在现代不同设计领域加强对金属工艺理念、技术的应用，同时促进青少年对金属编织技艺的了解。

六、泥塑

（一）泥塑的起源与发展

1. 起源

泥塑是以黏土捏制成动物或者人物造型，再依形描画上鲜艳的色彩，也有的不上色，保持泥土的原色，民间俗称“彩塑”“泥玩”。泥塑是一种古老而喜闻乐见的民间艺术。据考古发掘，它的出现可以追溯到新石器时代，发源地是陕西省宝鸡市凤翔县（现为凤翔区）。①

① 李天依，李延. 2021. 传统吉祥纹样在现代文创设计中的应用研究——以玉田泥塑为例. 华北理工大学学报（社会科学版），（4）：135-140，146.

泥塑艺术自两汉逐渐发展至宋代，与墓葬祭祀和宗教文化等活动相互作用，并受到了农耕文明、社会风俗等的影响，逐渐由道观、寺庙、神像等大件物品发展出小件把玩物品和泥塑玩具等日常生活摆件，以泥土为原材料的艺术产生于民间，最终在民间开花结果[①]，其技法也是多种多样，有手捏、模制等。在古代，丧葬需要大量的泥塑陪葬品，这在很大程度上对泥塑的发展和演变起到了推进作用。

2. 发展

随着泥塑艺术品在社会的流传，小型的泥塑可供观赏、把玩。在我国，可以按照地区将泥塑分为很多种类（表 4-4）。民间艺人通过一些美好的神话传说，以及自己丰富的想象力和灵活的双手，制作出栩栩如生的神话故事中的人物、动物和场景。例如，河南淮阳泥塑“泥泥狗”就是典型代表。每年农历二月初二，民间都会举行盛大的庙会，民间艺人会在庙会期间制作一些古拙、神奇的泥塑艺术品。这些泥塑艺术品是泥塑艺人通过神话传说，凭借自己的直觉制作的，具有很强的视觉冲击力。

表 4-4　泥塑的主要种类

地区	介绍
天津泥人张	天津泥人张彩塑是清道光年间发展起来的，创始人是张明山先生，流传至今已有 100 多年的历史
河南淮阳“泥泥狗”	淮阳的“泥泥狗”是河南淮阳著名的民间传统手工艺品，是我国自古以来保留下来的民俗文化中的艺术瑰宝
北京兔儿爷	兔儿爷是泥彩塑的代表作之一，在老北京是一种家喻户晓的吉祥物，是老北京中秋节的标志之一
江苏无锡惠山泥人	惠山泥人始于南北朝时期，明代达到鼎盛，明末清初出现了专业的泥人作坊
湖北黄陂泥塑	黄陂泥塑是湖北传统的手工艺品，五百罗汉是其中的代表作

3. 制作方法

泥塑的制作一般分为七步：取土、泡泥、和泥、闷泥、捏制、烧制和上色。取土是泥塑制作的第一步，一般而言，黄土的黏性、可塑

① 李佳. 2021. 略谈我国民间泥塑的文化内涵. 天工，（2）：56-57.

性比较好；取好土之后需要先泡水，即把土倒在铁桶里浸泡一个星期左右；将泡好的泥取出之后，按比例将棉絮均匀地加入泥中；把和好的泥装入塑料袋中包起来（能起到保湿作用），放置大概一个星期；取出焖好的泥，按照构思开始操作；放在电窑中以 800 ℃的温度烧 12 个小时；捏好的泥人自然晾干或烧制后进行上色。①

（二）工具

雕刻工具如钢丝刀、舌形刀、压平刀具等是艺术家手指的延伸，能帮助艺术家进行更复杂的雕刻。雕刻工具有各种各样的形状，大小也不同，每个工具都有一种或多种用途。为了防止泥塑模型的坍塌，需要用一定的材料来支撑整个身体，如四肢或腿等零部件。

泥塑是我国民间艺术中的瑰宝，是传统典型的观赏类玩具。它的文化内涵丰富且多样，在数千年的传承中吸纳了各时期的民俗文化和民间元素，一直保留着一定的活力。它虽然没有玉雕和石雕等手工艺术那样精细的流派和体系，却有着深厚的群众基础和较高的观赏价值，我们在研究民间泥塑文化内涵的同时，要更加关注如何将这门艺术传承和发展下去。②

第二节　拼装与拆解玩具

一、拼图与拼装

（一）七巧板

1. 起源

七巧板也称“七巧图”“智慧板”，它的雏形是“燕几图”。“燕几”在古代指的是招呼宾客使用的案几，最早由宋代的燕几图演化成

① 秦改梅. 2020. 指间技艺 慧心巧思——贾氏泥塑制作流程简介. 科学之友,(6):26-27.
② 李佳. 2021. 略谈我国民间泥塑的文化内涵. 天工，（2）：56-57.

明朝的蝶几图，再由清初的七巧图演变为现代的七巧板。[①]宋代的黄伯思对几何图案很有研究，对“燕几”做了进一步改善，设计成6件一套的长方形案几系列。到了明代，戈汕依照“燕几图”的原理，又设计了“蝶翅几”，由13件不同的三角形案几组成，拼在一起是蝴蝶展翅的形状，分开后则可拼出100多种图形。后来，七巧板在宋代“燕几图”和明代“蝶翅几”的基础上，由室内游戏演变成家喻户晓的传统民间拼图玩具。明清时期，有人对七巧板重新排列，使七块板的组合方式大大增加，后又经过不断演化，形成了今天的七巧板（图4-17）。[②]七巧板是我国古代的一种拼板工具、拼图游戏，发展到现代成了不可代替的数学教具，在欧洲曾经一度非常流行，是全世界很受欢迎的拼图游戏之一。

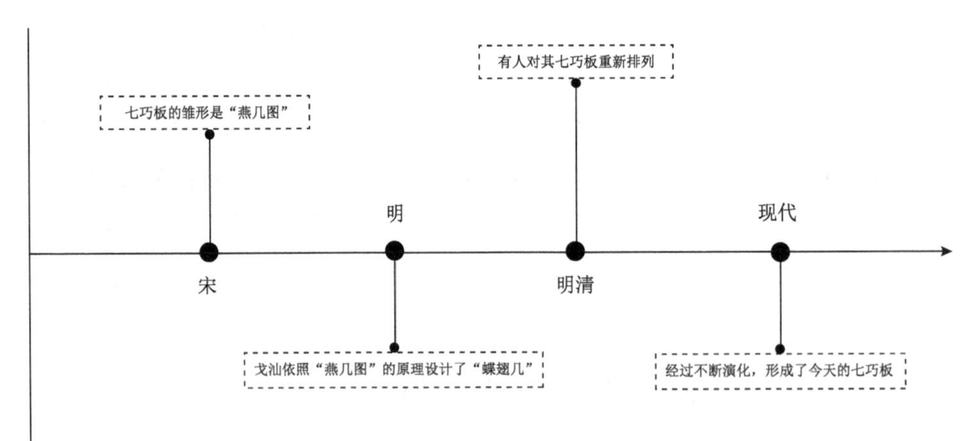

图 4-17　七巧板的发展历史示意图

2. 传入西方

拼摆七巧板是一种能够发散思维的活动，有利于培养人的观察力、注意力、想象力和创造力，不仅具有娱乐的价值，还具有一定的教育价值，因此被人们运用到了教学中。由于七巧板可以持续不断地反复组合，其受到了数学、哲学、心理学、美学等诸多领域研究者的

① 倪艳. 2021. 神奇的七巧板. 数学小灵通（1—2年级版），（3）：40-41.

② 孙敏娜，李纶. 2009. 试析七巧板组合家具的设计美学. 美与时代（上半月），（9）：78-80.

关注，还被作为制作商业广告和印章的辅助手段。①

19 世纪，七巧板传入欧美地区，不断演变发展，直至今日，七巧板在西方仍是儿童喜爱的玩具。

3. 七巧板的制作

通过制作七巧板，我们可以探寻它的内在规律。制作七巧板，需要一支黑笔、一把尺、一把剪刀和一块纸板（纸张）、几支彩笔。首先，在纸上画一个正方形，把它分为 16 个小方格；紧接着从左下角到右上角画一条线，从左上角出发，绘制一条线连到中心点；从刚才的那条线的尾端重新画一条线，直到左上与右下的对角线的 3/4 处。另外，在左上与右下这条对角线的 1/4 处画一条线，与上边的中间相连。最后，把它们涂上不同的颜色并沿着黑线条剪开，一副七巧板就做好了（图 4-18）。

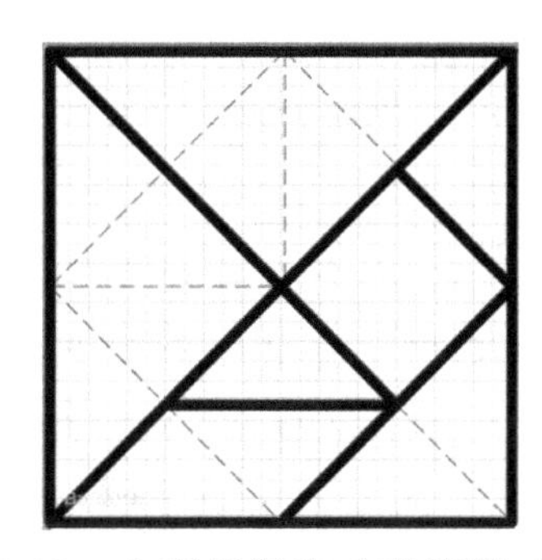

图 4-18　七巧板制作（李晓锋 绘）

4. 特征及造型

七巧板作为民间智慧的结晶，色彩和材料的变化与民间的手工艺者有着莫大的联系。作为 19 世纪风靡全国的玩具之一，七巧板也正因其结构简易、操作简单、通俗易懂等特点才能够流行至今。②操作者可以根据自己的想法借助七巧板随机拼接出自己想要的图案，不同的

① 李慈，胡文杰. 一种基于智能玩具实现互动七巧板游戏的方法. 广东：CN107185227B，2020-12-08.

② 曾辉，王磊. 2021. 中国古代玩具形制设计与功能分析研究——以七巧板为例. 常州工学院学报（社科版），（3）：79-83.

拼接呈现出不同的视觉效果，若想拼出一个特定的图案，也是一种挑战，这也是七巧板的乐趣所在。七巧板拼摆出的图形由 7 块板组成，且板与板之间要有连接，如点的连接、线的连接或点与线的连接，可以一个人玩，也可以几个人同时玩。将七巧板按照不同的方式进行拼摆、组合，可以形成各式各样的几何图形和形象，如桥梁、船只、房屋、手枪，跑步、跌倒、玩耍、跳舞、站立的人物，以及鱼、猫、狗等（图 4-19）。

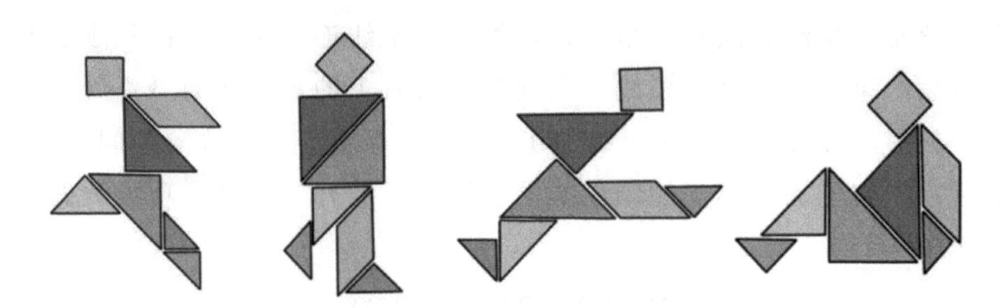

图 4-19　七巧板造型（李晓锋 绘）

（二）拼图

拼图是广受欢迎的一种智力游戏，它变化多端、难度不一，让人百玩不厌。[①]拼图是一种事先设计好图案，然后按照图案形状进行拼装的玩具。通常需要将拼图的各个部分互相咬合或镶嵌的部件组合起来，且每个拼片上都是碎片性的图案，当拼装完成后，整个拼图就会呈现出一幅完整的图案。如今，市场上有许多不同类型和不同材质的拼图，如 2D、3D、球形、几何体等。

1. 起源与历史

拼图游戏起源于 18 世纪。当时的欧洲正处于剧烈的变革时期，工业革命的兴起令当时的英国、法国两大传统强国先后进入全球扩张的时代，为了争夺海上贸易和殖民地霸权，两国进行了多次战争。打仗当然需要对当时的历史、地理有所了解，为了让全民了解局势，支持战争，两国都出现了一种“拼地图”游戏，之后，解剖地图成为教育

① 张梓涵. 2017. 拼图的历史. 现代班组，（12）：53.

玩具。[①]纵观拼图的发展历史（表 4-5），我们可以看出它在功能上的发展变化。

表 4-5　拼图的发展历史

时间	发展
18 世纪	出现第一个“竖锯”拼图。大多数历史学家都把这一功劳归功于英格兰的雕刻家约翰·斯皮尔斯伯里（J. Spilsbury）
19 世纪	“吉格锯”诞生。“解剖”过的地图受到富裕家庭的欢迎
20 世纪	拼图游戏市场出现了规模更大的生产厂商，木材拼图成为一种高端产品，由一小批制造商生产
21 世纪	标准硬纸板拼图保持了它的流行并有所创新

2. 工艺

拼图基本的材料是红木阔叶树、卡板（也称为刨花板）。大多数制造商都使用平版印刷，因为它们质量高、经济，容易进行大规模生产。大多数 2D 拼图都是正方形的、长方形的或圆形的，边缘部分要么是直的，要么是光滑的曲面形状。3D 拼图多是用木料或发泡胶制成的，后来发展为金属材料和磁吸材料。

拼图中有很多图案是基于著名的照片或绘画制作的，其中优质的木制拼图越来越受欢迎。未来的拼图游戏可能是电子的，不需要使用任何纸板或木材；可能是虚拟的，由计算机辅助构成，并且仅存在于屏幕上。特殊软件使拼图爱好者能够不受物理构造的影响和限制，就可以重新组装图片。

拼图玩具可以提高儿童的推理和思考能力，增进手眼协调能力，从镶嵌式拼图到拼接完整单一图案的拼图，到破坏图案结构及规则的拼图，再从平面至立体，每一个拼图块都需要孩子旋转不同的角度，不断地观察和尝试才能组合成功。拼图是需要拆散、重组的玩具，因此在拼凑的过程中，也可以增强儿童对挫折的忍受度。面对一堆零乱的拼图块，儿童需要独立思考图块的颜色、位置和方向。因此，经常玩拼图的孩子的推理能力往往能得到锻炼。积木是立体的、任意的组

① 佚名. 2018. 拼图游戏. 小学科学，（11）：34-35.

合，而拼图是一种平面或半立体组合的概念，需要在 2D 空间拼出一个合乎逻辑的、规则的物象，懂得秩序和逻辑的意义是十分重要的。

（三）模型拼装玩具

模型玩具拥有其他玩具或游戏无法代替的动手性，它受众面广且消费者的年龄跨度较大，并且具有教授 STEM[science（科学）、technology（技术）、engineering（工程）、mathematics（数学）]技能的教育性。其中，建筑模型玩具能够开发儿童的 STEM 技能，尤其是工程技能，是普通教育类玩具无法实现的，其独特的实操性更是其他玩具无法代替的。

1. 国外模型玩具

20 世纪后，玩具成了推动经济发展的一大产业。模型玩具成了世界的主流玩具，其优点包括引入高科技、关注儿童身心发展、促进产业结合等。在国外，建筑模型玩具出现的时间较早，且随着材料和工艺技术的发展逐渐变化（表 4-6）。

表 4-6　国外建筑模型玩具的发展历史

时间	事件
19 世纪下半叶	福禄贝尔（Froebel）的礼物作为一种教育玩具，通常为简单的、未上漆的几何形状
20 世纪	20 世纪初，玛丽亚·蒙台梭利（M. Montessori）开发了各种各样的游戏材料块，如木材、石头、铁、羊毛、丝绸、板材，培养了儿童的感官能力
1907 年	麦卡诺（Meccano）、弗兰克·霍恩比（F. Hornby）推出了铁制建筑工具包，由不同长度的扁平金属条组成，有孔，可使用螺母和螺栓连接
20 世纪 20—30 年代	木匠开始制作玩具，市场上有很多简单、制作精良的木制玩具和木制建筑套件
1955 年	乐高系统游戏推出简单、色彩缤纷的模块化建筑玩具

2. 国内立体拼图

国内立体拼图出现于 20 世纪 90 年代。立体拼图建筑玩具能够提升儿童的造型力、专注力和动手能力，且根据儿童的年龄阶段不同，程度有难有易，可分龄玩耍。[①]

乐立方是中国第一家专业从事立体拼图原创设计、研发、生产的公司。1998年，乐立方研发出第一款立体拼图玩具——BD001大房子。2008年，乐立方立体拼图进入玩具反斗城销售，2012年，乐立方通过《国际玩具业协会商业行为守则》管理体系认证，也成长为世界的立体拼图原创设计、生产厂家。

3. 3D立体建筑模型对比

3D立体建筑模型对比如表4-7所示。

表4-7　3D立体建筑模型对比

种类	3D立体金属拼图建筑模型	3D立体建筑拼图纸模型	3D立体建筑拼图木质模型	3D立体建筑大颗粒积木模型
材质	金属	纸+泡沫板	木材	环保丙烯腈-丁二烯-苯乙烯共聚物
适用年龄	14岁以上	10岁以上	14岁以上	2岁以上
益处	亲子互动，观赏性高	提升思维能力，训练手脑协调能力	益智玩具，建立空间想象力	外观可爱，实用性强，提高创造性思维

4. 著名的模型玩具

德国的砖块积木玩具给儿童提供了真实的劳动体验，有丰富的趣味性和可玩性，玩法开放，对儿童手眼协调性和耐心等方面的培养有很大帮助。

立体拼装玩具是开发儿童智力的优质玩具，它通过各种可以组装排列的玩具构件来实现儿童的“小小王国梦”。立体拼装与建构的过程不仅可以丰富儿童的想象力，促进儿童的创造性思维的发展，提高儿童的精细动作和协调能力，还能促进儿童空间建构能力的提升，同时在提高儿童专注力、锻炼逆商和抗挫折的能力方面有更优越的表现。

二、鲁班锁

鲁班锁又称“孔明锁”，亦称作“别闷棍”“六子联方”“莫奈

① 张澄. 2010. 乐立方刮起立体拼图风. 中外玩具制造，（12）：57.

何”“难人木”等。民间传说它是由诸葛亮设计的，也有传说是由鲁班设计的。传统的孔明锁玩具部件是用原木制成的若干根长短、粗细相同的木条通过内部的凹凸部分（即榫卯结构）相互制约组合而成。[①]鲁班锁来源于中国古代建筑中首创的榫卯结构。榫卯结构是利用榫和卯结构木件之间相互结合，把木件玩具的多和少、长和短、高和低巧妙地结合在一起，而且只要木质坚硬，榫卯结构就可以完美地顶住压力。

1. 鲁班锁的种类

目前，鲁班锁类的玩具比较多（图 4-20），形状和内部的构造各不相同，一般都是易拆难装。其大致分为两种：六根鲁班锁和九根鲁班锁（表 4-8）。此外，比较常见的还有大小孔明锁、四季锁、孔明连环锁、十二方锁、正方锁、二十四锁、十八插钩锁、六方锁、十四阿哥锁、三三结（大菠萝）、三八结等，看上去简单，其实内中奥妙无穷，不得要领，很难完成拼合。在拼装时，需要仔细观察，认真思考，分析其内部结构。它能锻炼人的手眼协调能力及解构能力，同时积木搭放的过程也能提高耐性和自制力，可以使手部肌肉更加灵活。鲁班锁对放松身心、开发大脑、锻炼手指的灵活性均有好处，是老少皆宜的休闲玩具，也可作为家庭游戏玩具，增进亲子间的学习互动氛围。

图 4-20　鲁班锁（李晓锋 摄）

① 许世红，黄毅英. 2013. 培养儿童空间认知能力的有效途径探究——以拆拼孔明锁为例. 数学教育学报，（2）：91-94.

表 4-8　鲁班锁的种类

鲁班锁（孔明锁）		
种类（常见）	六根鲁班锁	九根鲁班锁
形态变异	由于地区、设计理念的不同，六根鲁班锁的构造也不同	六合榫、七星结、八达扣

2. 鲁班锁与榫卯结构

鲁班锁是一种复杂的、有高度技巧性的榫卯结构。榫卯是两个木构件之间采用凹凸处理的接合方式进行连接的结构，凸出部分叫"榫"，凹进部分叫"卯"（图 4-21），其特点是不需要使用钉子，利用榫卯原理就可以将物件牢固地结合在一起，显示了古人巧夺天工的创造成就。[①]解开鲁班锁要有聪明的头脑，可以将它和古代足智多谋的军师孔明联系起来，所以有人称它为"孔明锁"。

图 4-21　鲁班锁的榫卯（李晓锋 摄）

鲁班锁在连接过程中不需要铁钉或黏合剂，以"十"字双交卡榫组成。它看似简单，但设计难度相当大，榫卯结构仅借助木条的不同凹凸结构拼凑，挖槽的位置稍有不足或位置上略有偏差，都可能会影响拼装和牢固度，需要将木块大小不一的卡榫精准地放置才能组合成功，而且只要抽掉一根木条，整个接合的木块就会散架。

3. 鲁班锁与数学

鲁班锁实际上是一种涉及立体几何知识的玩具。它通过几何分割，

① 冯启飞，曹潇丹. 2014. 民间玩具孔明锁的榫槽工艺研究. 山东林业科技，(2)：85-89.

可以组成多种锁定方式（图 4-22）。鲁班锁能让我们领略到科学的奥秘与趣味，也能够学到一些知识。此外，鲁班锁也因其蕴含的立体几何知识，流传中外，喜者众多。

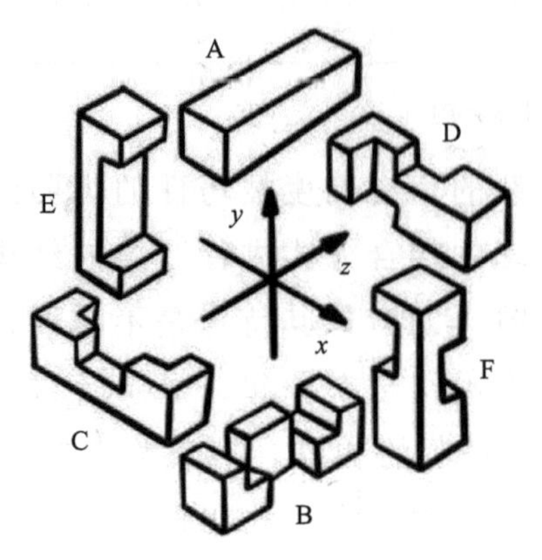

图 4-22　鲁班锁的组装（李晓锋 绘）

4. 鲁班锁结构的应用

鲁班锁的榫卯结构不仅可以应用于玩具上，还可以应用在器具上，比如，筷子篓、针线盒等。人们选用优质的竹子做出类似于鲁班锁结构的外部框架，之后在里面嵌入匹配的木板，再固定成筷子篓，可以将这样的筷子篓挂在厨房的墙上，以便放置相关餐具（图 4-23）。

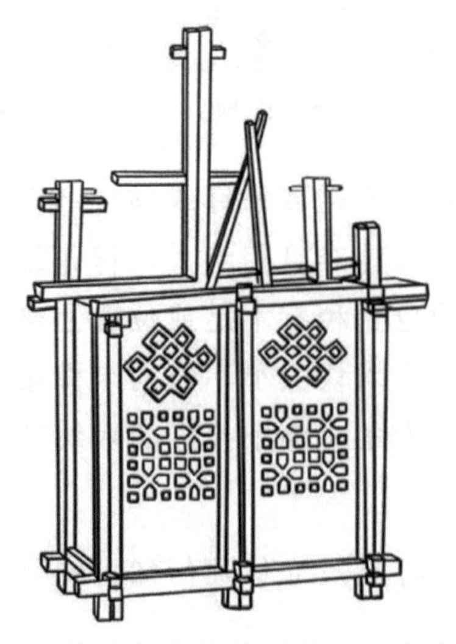

图 4-23　榫卯结构的筷子篓（李晓锋 绘）

鲁班锁在漫长的历史发展中不断演变，除了作为玩具，也会用在家具设计与制作上（图 4-24）。一块普通木头经过精雕细琢、巧妙制作，就可以变成外形美观、无眼无榫、收合自如，既能使用又适合收藏的家具用品。保加利亚的设计师佩塔尔·扎哈里诺夫（P. Zaharinov）设计的桌子深受鲁班锁的影响，通过鲁班锁的结构和形式制作而成，这些桌子的组成材料主要是玻璃和木材，没有任何的金属或塑胶零件。

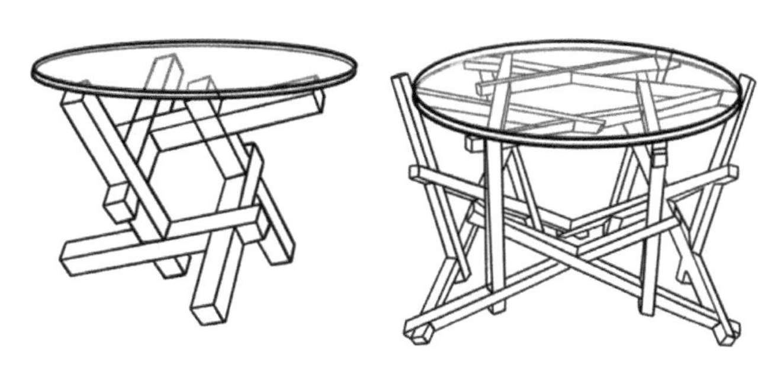

图 4-24　榫卯结构的茶具（李晓锋 绘）

当代很多建筑设计中都使用了鲁班锁的榫卯结构，结合了中国古代的科学思想和现代建筑的特点，利用若干个积木般的块体相互咬合，使整个建筑呈现出一个巨大的鲁班锁造型，不但外表美观而且结构合理，受到鲁班锁榫卯结构的启发，实现更加复杂的内部构造，从外形到材料都在不断改变，甚至以它特殊的造型在艺术、建筑等各领域崭露头角，让一种古老的玩具折射出一个民族的文化，散发出独特的魅力。

以鲁班锁为代表的榫卯结构玩具将中国上下五千年的智慧融入其中，它独特的拼接方式打破了乐高的拼接思维。其实，无论是鲁班锁、榫卯结构积木还是乐高积木，都可以促进儿童视觉和触觉的发展，提高儿童的认知水平，尤其是搭积木的初期，会让儿童对硬度、大小、形状有初步的认知，在培养他们的逻辑思维能力和想象力的同时，还能培养其专注能力，儿童既可以玩拼搭，又可以学习互锁结构及其原理。

第三节 智力游戏

一、解密魔方

魔方，英文为 Rubik's cube，也称鲁比克方块，是匈牙利布达佩斯建筑学院的厄尔诺·鲁比克（E. Rubik）教授在 1974 年发明的。当初，他发明魔方时，仅仅是将其作为一种帮助学生提高空间思维能力的教学工具。[①]但要使那些小方块可以随意转动而不散开，不仅是一个机械难题，还牵涉木制的轴心、座和榫头等。当魔方在手时，他将魔方转了几下后才发现如何把颜色混乱的方块复原竟是一个有趣而且困难的问题。随后，鲁比克就决定大量生产这种玩具。魔方发明后不久，就风靡世界，人们发现这个小方块组成的物体实在是奥妙无穷。[②]

最初经典的魔方是 6 个面中的每一小块都贴满了贴纸，白色、红色、蓝色、橙色、绿色和黄色是魔方 6 个面的颜色。在早期的立方体中，颜色的位置依据立方体而定，内部枢轴机构使每个面能独立转动，从而打乱了颜色。目前，魔方的版本是彩色塑料面板，目的是防止魔方表面褪色或颜色脱落。

（一）魔方游戏的发展

1. 魔方的起源

20 世纪 70 年代中期，鲁比克在布达佩斯应用工艺美术学院的室内设计部工作。虽然有报道说立方体是用来帮助学生理解 3D 物体的教学工具，但实际目的是解决零件独立移动的结构问题。就这样，最

① 张金钊，张金锐，张金镝等. 2013. 三维立体动画游戏开发设计——详解与经典案例. 北京：北京邮电大学出版社，139.

② 孙波. 2011. 玩转魔方你最帅. 长春：吉林科学技术出版社，7-8.

初的“魔方”被创造出来了。[①]

2. 魔方的发展

在发展过程中，魔方发生了一系列的变化。与近百年来流行的其他竞技类游戏相比，魔方发展的速度是极其迅猛的，由此也可看出人们对魔方游戏的推崇。

拉里·D. 尼科尔斯（L. D. Nichols）在1970年3月发明了一种2×2×2的“拼凑成团的碎片”，并为其申请了加拿大专利。尼科尔斯的立方体是由磁铁连接在一起的，1972年4月获得美国专利。弗兰克·福克斯（F. Fox）在1970年4月9日申请了一项专利“娱乐装置”，这是一种在球面上的滑动拼图，他也因此于1974年1月获得英国专利。[②]

1980年5月，第一批魔方问世之后，最初的销量并不高，于是理想玩具公司在年中开始了一场电视广告活动，刊登报纸广告，并在英国、法国和美国获得了同类型的最佳玩具奖。20世纪80年代，掀起了一阵“魔方狂热”。

20世纪90年代，大众对魔方的热情有所减弱，21世纪初，人们对魔方的兴趣再次回潮。这部分归因于互联网视频网站的出现，这些网站允许粉丝分享和展示他们的解决方法。

（二）魔方的玩法

每个方块均只有一个位置，要想尽一切办法使它们到达正确的位置，这是玩魔方的基本思想。魔方的中心块是不会变的，它是一个中轴，一切转动都围绕它进行。魔方的玩法大致可分为普通玩法、盲拧和单拧3种。其中，普通玩法适用于用魔方来放松和娱乐的爱好者，他们玩魔方通常是为了消磨时间或者锻炼手和脑的协调性，不会一味地追求更高的标准。盲拧是玩魔方的最高阶段，意味着不用眼睛观察魔方，就可以将其复原。这种玩法对一个人的记忆力和空间想象力的

---

① 孙波. 2011. 玩转魔方你最帅. 长春：吉林科学技术出版社，7-8.

② 庄海燕. 2010. 魔方天堂：你也能成为魔方高手. 天津：天津科学技术出版社，1-4.

要求较高。单拧，即单手转动魔方进行复原，对手指的灵活程度要求很高，因为没有另外一只手的帮助，魔方难以保持平衡，尤其是在高速转动的过程中。

（三）魔方的种类

魔方包括多种类型（图 4-25）。在其发展过程中，出现了一些别具特色的魔方，记录了魔方的变化特点，比如，魔方形博物馆、巨型魔方、最小魔方等，这都在魔方的发展史上留下了浓墨重彩的一笔。

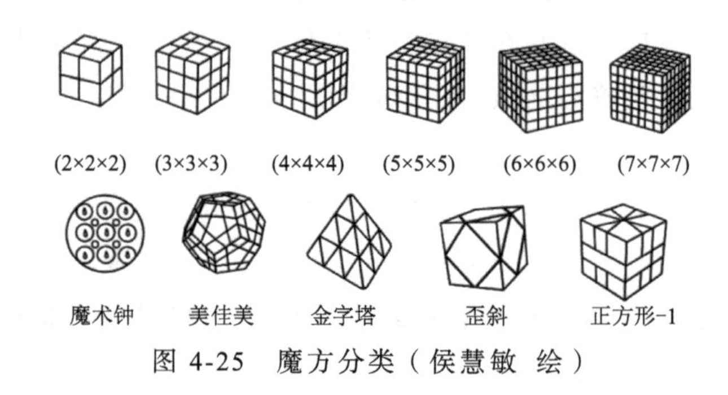

图 4-25　魔方分类（侯慧敏　绘）

魔方机器人也逐渐在魔方领域崭露头角（图 4-26），它们可以在很短的时间内解开魔方谜题。魔方机器人首先会通过摄像头来对魔方进行观察，然后通过这些信息及软件对颜色构成进行分析，构建多维数据集，将信息发送给相关算法，算法将求解出来的字符串发送给魔方机器人身上的电机控制器，最终能解开魔方谜题。

图 4-26　魔方机器人

（四）魔方竞技

1982 年，第一届世界魔方大赛在匈牙利举行，之后每年都会在世界各地举办。正式比赛时，魔方裁判员会事先用计算机随机生成一个 25 步的魔方转法，然后会有专业的“转乱手”把大家的方块转成那样，最后的成绩会取 5 次比赛的平均时间，有的比赛甚至会把最好成绩与最差成绩删掉。①

根据粗饼·中国魔方赛事网的相关介绍，整体上而言，魔方竞技可以分为两类：第一类是由世界魔方协会（World Cube Association，WCA）认证的比赛，比赛名称前冠有“WCA”字样，比赛选手的成绩会被记录下来，跟全世界的魔方选手进行排名，我们常说的魔方世界纪录是出自 WCA 认证的比赛；第二类是非世界魔方协会认证的比赛，大多是地方政府、学校社团等联合组织方组织的比赛。

魔方比赛不限年龄，各年龄阶段的人都可以参加。魔方究竟是脑力竞技还是体育竞技，一直都没有一个定论，更确切地说应该是两者的结合。所以在智力上和体力上没有明确的区别，魔方比赛也不会因性别而区分组别。大多数孩子学完基础复原之后，都可以在 3 分钟内将魔方还原，如果孩子喜欢，想近距离接触世界级的比赛，也可以参与其中。②

二、华容道与推箱子

（一）华容道

1. 华容道的产生与发展

华容道是中国民间的一种益智游戏，深受人们的喜爱。华容道原是中国古代的一个地名，华容道游戏来自三国时期的一个故事。相传曹操在赤壁大战中被刘备和孙权的“苦肉计”“火烧连营”打败，被迫退逃到华容道，又遇上诸葛亮的伏兵，关羽为了报答曹操对他的恩情，

---

① 孙波. 2011. 玩转魔方你最帅. 长春：吉林科学技术出版社，14-15.

② 庄海燕. 2010. 魔方天堂：你也能成为魔方高手. 天津：天津科学技术出版社，168-170.

明逼实让，终于帮助曹操逃出了华容道。[1]

华容道有一个带 20 个小方格的棋盘和 10 个滑块，每个滑块代表各个角色的棋子，最终能够帮助曹操从初始位置移到棋盘最下方中部，从出口逃走。在这个过程中，不能跨越棋子，并且要设法用最少的步数将曹操移到出口。据记载，华容道游戏最少通关步数是 81 步[2]，步数是华容道游戏成功的关键。其中，关羽与曹操是解开这一游戏谜题的核心。然而，四个刘备军兵是比较灵活的，也比较容易应对，至于如何充分发挥他们的作用，需要玩家进行深入的思考。[3]

2. 华容道的玩法

华容道游戏属于滑块类游戏，就是在一定范围内，按照一定的条件移动滑块，最后满足用最少的步数把曹操移到出口的要求。

华容道的棋盘是由 20 个小正方形组成的 4×5 的长方形，共有 10 个棋子，4 个占 1 个格子的棋子为刘备兵，1 个占 4 个格子的大正方形棋子为曹操，5 个占 2 个格子的棋子为张飞、赵云、马超、关羽和黄忠五虎大将。棋盘上仅有 2 个格子空着。游戏的玩法是在这个长方形的棋盘内滑动棋子，在有解的情况下，用最少的步数把曹操移到正下方出口即为胜利。初始布局被称为“横刀立马”（图 4-27），一个棋子走一个空格，或连续走两个空格算一步。日本的藤村幸三郎曾在《数理科学》杂志上发表过华容道“横刀立马”的走法，其最少步数为 85 步。后来，清水达雄得出更少的步数为 83 步。美国著名数学家马丁·加德纳（M. Gardner）又进一步将其减少为 81 步。[4]

① 李瑞民，蒋昌俊. 2007. “华容道”游戏解法的研究与实现. 计算机工程与应用，(13)：108.

② 崔永雄，张聪，庞旭. 2011. 华容道、开窗等经典智力问题的求解算法研究. 科技创新导报，(26)：2.

③ 梁素琪. 2017. 中国女性老年人益智玩具设计研究（60—79 岁）——以岭南地区为例. 广东工业大学，24.

④ 李彦辉，李爱军. 2010. 一种改进的广度优先求解华容道问题的方法. 计算机系统应用，(11)：194，222-225.

图 4-27　横刀立马

资料来源：李彦辉，李爱军. 2010. 一种改进的广度优先求解华容道问题的方法. 计算机系统应用，（11）：194，222-225.

3. 华容道的衍生玩具

拯救小象（图 4-28）这款玩具融合了我国传统经典的华容道游戏玩法，其创新之处在于模拟了交通环境中的情景，通过交警、小象、车之间的互动关系实现交互。游戏将拯救小象作为主要设计思路，在游戏过程中车与交警互相配合，成功将小象从城市场景中移动出来，游戏结束。拯救小象游戏利用情景化设计理念激发儿童对滑块类游戏玩具的兴趣，并在娱乐的过程中开发儿童的智力，培养儿童从小爱护动物、保护环境、遵守交通规则的意识。①

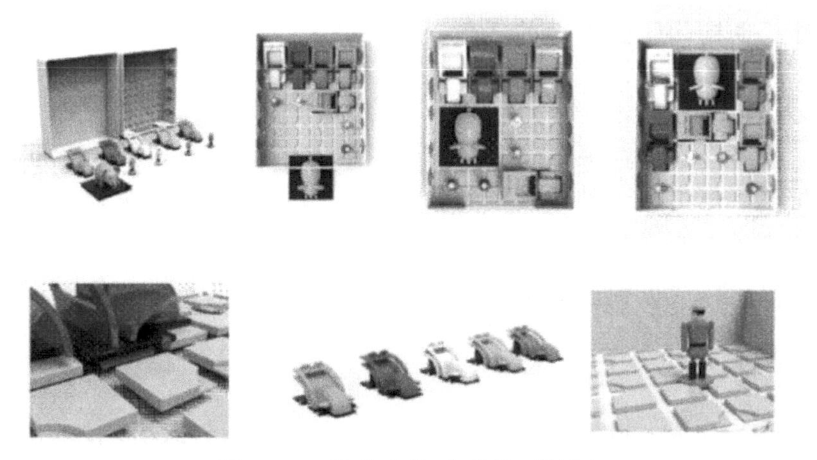

图 4-28　拯救小象（李旭 设计）

① 周祺，李旭，周济颜. 2020. 模糊 Kano 与情景 FBS 模型集成创新设计方法. 图学学报，（5）：796-804.

（二）推箱子

推箱子是一款益智解谜游戏，最早是由日本人创作的，旨在考验玩者的逻辑思考能力。推箱子游戏有很多版本，其中最受欢迎的是一款比较经典的电子推箱子游戏，影响比较大，深受玩者的喜爱。它与华容道游戏类似，都是通过推或移动的方式取得最终的闯关胜利。推箱子与华容道的区别在于，一个是虚拟电子游戏，另一个是现实实物，但二者均属于益智解谜游戏。

随着推箱子游戏被搬上手机后，这款经典游戏被多次翻新，游戏开发人员将独特的创意、精美的画面、丰富的效果及便捷的操作融入新的游戏设计中，游戏开发人员赋予游戏主角不同的形象——搬运工、宇宙飞船等，游戏场景更加丰富。在玩游戏的过程中，儿童的观察分析、推理判断、专注力和空间思维等能力都能得到锻炼。

无论是华容道还是推箱子，在游戏过程中，不仅能提升儿童的动手能力、逻辑思维能力、空间想象力，更重要的是能提升其推理能力，激发了儿童的探究欲望。虽然这类游戏没有特定的公式，但有可遵循的顺序及步骤。玩者在游戏的过程中通过自己的努力，得出解决方法并发现游戏规律时，能激励其随机应变、突破自我，在思维得到锻炼的同时，也能体验到成功的乐趣。

三、九连环

九连环是中国一种传统的智力玩具，在民间极为常见。它包含 9 个相同的圆环及一把“剑”，目的是把 9 个圆环全套上或卸下。一些人认为解此环可以训练思维能力，是人智力水平的象征。[①]

（一）九连环的发展

“解连环”这个概念在战国就存在于中国博大精深的文化之中。《庄

① 吴鹤龄. 2008. 七巧板、九连环和华容道——中国古典智力游戏三绝. 北京：科学出版社，119-121.

子·天下》中哲学家惠施的故事"连环可解"中也有记载。明代有关九连环的提法是中国人提到的最早的九环之谜。九连环的发展历史如图 4-29 和表 4-9 所示。

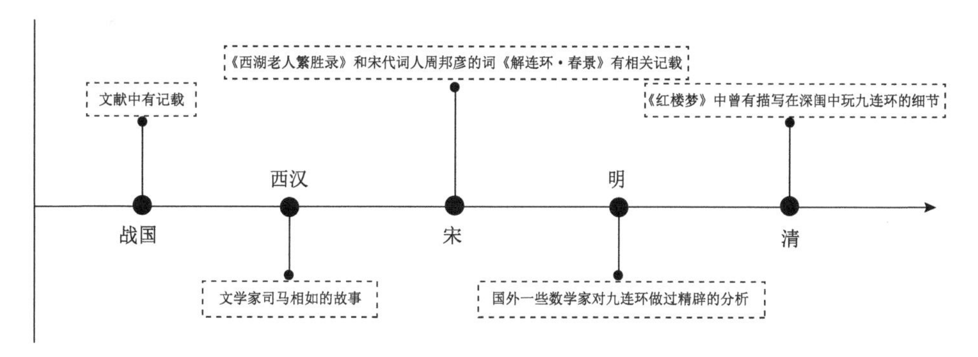

图 4-29　九连环的发展历史示意图

表 4-9　九连环的发展历史

时间	发展
战国	关于九连环的记载有两种。其一是《庄子·天下》中有一句话："连环可解也。"其二是《战国策·齐策六》中的记载，"秦昭王尝遣使遗君王后玉连环，曰：'齐多智，而解此环不？'"
西汉	文学家司马相如的故事："一别之后，二地悬念。只说三四月，却谁知五六年。七弦琴无心弹，八行书不可传，九连环从中断，十里长亭望眼穿。百般想，千般念，万般无奈把郎怨。"①
宋	《西湖老人繁胜录》一书列举了当时临安街头的各种民间杂艺，其中的"解玉板""开科套"明显属于连环类玩具。宋代词人周邦彦的《解连环·春景》中也有"信妙手，能解连环"的句子
明	这一时期，九连环开始流行。国外一些数学家对九连环进行了分析
清	上至士大夫，下至贩夫走卒，个个爱玩"九连环"。《红楼梦》中曾有描写玩九连环的细节

无独有偶，16 世纪，希腊的亚历山大大帝也曾被一个"不可能解开的绳结"难倒。传说能解开此结者可以统治亚洲。苦思无果的亚历山大一怒之下，挥起宝剑斩断了绳索。②这个"不可能解开的绳结"与我们中国古代九连环的做法很相似。然而，九连环到底是起源于东

① 转引自：陈图龙. 1999. 数谜故事. 昆明：晨光出版社，142.

② 汪沛，武阳. 2017. 程序正义均衡论. 武汉：武汉大学出版社，14.

方还是西方，在没有确凿的证据前，还无法下最终的定论。

（二）九连环的玩法

九连环的环是以金属丝制成的 9 个圆环，按照固定的方法反复操作，便可将 9 个圆环分别解开，以解开为赢，需要经过 81 次上下移动才能将相连的 9 个环套入一柱，再用 256 次才能将 9 个环全部解下。解开九连环需要很长的时间，这个过程也可以增强人的耐心。不仅如此，还可以根据玩者的需要，通过增加环数来提高难度，环数增加将使解开步骤呈几何级数增长，但不会改变解环方式。[①]

（三）九九连环

随着时间的推移，人们对九连环的认识与了解逐渐加深，热爱巧环的民间人士对九连环进行了研究及开拓创新，各式各样的九连环陆续出现，例如，玉米九连环。由于这类九连环最初用了 18 个环，因此被称为“九九连环”。九九连环隶属于九连环类别，之后出现的九九连环不一定就是 18 个环，但主体构架上的手柄基本保留和延续了九连环手柄的特色，以及手柄与环梁的初始套入关系，即套入的不是一条梁，而是全部或者一部分环，这是传统九连环及九九连环的共同特点。

（四）九连环在西方的发展与应用

九连环在西方国家被称为“Chinese Ring”，并被一致认定为是人类所发明的最具奥妙的玩具之一。对于九连环的研究，集中在两个方面：一是找到解开九连环最简便的方法；二是研究九连环解开步骤中的数学原理，并找出最为精确、简便的计算方法，计算出每一环的解开步数。[②]

在西方，人们利用九连环的原理来设计门锁，法国人很早就把九

---

① 佚名. 2009. 三种传统益智玩具，请你来挑战. 家庭医药·快乐养生，（12）：34-35.

② 王林. 2014. 基于创造学的产品设计方法研究及应用——以九连环类为例. 广东工业大学，32.

连环应用于锁的设计中，以防盗贼，而英国人则最早于 18 世纪将其用于农舍防盗。[①]

（五）九连环在中国的发展与应用

中国的九连环代表着先人的智慧，环环相扣，趣味无穷，是我国劳动人民智慧的结晶。九连环对我们现在生活中的产品也有一定的影响，设计师运用九连环的理念设计产品，九连环结构在一些产品中得到了广泛应用，例如，安全扣设计就运用了九连环环环相扣的原理，使其牢固稳定，不可松脱。

（六）九连环赛事

随着时代的发展，解锁九连环也成了一种竞技类赛事，“国育杯”思维运动会就选取九连环作为个人单项赛的比赛项目，使其成为一项竞速类型的手部极限运动。参赛选手需要具备一定的逻辑推理能力和有序思考、统筹兼顾的良好思维习惯，方能破解九连环。

九连环是由 9 个环通过 9 根杆相连的，有一个手柄穿过，游戏的目的是让人动脑筋将手柄从环中取出。解九连环的第一种方法是将第一环从手柄的前端绕出，这样环就可以从手柄的中缝掉下来，从而解开第一环。第二种方法是，可以将九连环的前两个环一起从手柄的前端绕出，从手柄的中缝放下，从而解开第一环和第二环。在前两环解开后，第三环是解不开的，但是第四环可以解开。第四环可以绕过手柄的前端，从中缝落下。避开需要马上解下的环而解它上一层次环的方法，叫作飞跃。我们可以看出，前两环解开后，前四环皆可解开，第五环显露出来，可以解开（飞跃）第六环。按照上述步骤，解环过程中可以完成偶数的飞跃、奇数的演绎，直至环全部被解开。

① 吴鹤龄. 2015. 七巧板、九连环和华容道——中国古典智力游戏三绝. 北京：科学出版社，141-150.

（七）九连环的价值

第一，能锻炼儿童的抗挫折力。任何一种连环的解法都有较大的难度，甚至令人觉得不可能解开。解连环具有一定的挑战性，能激发儿童的好奇心和征服欲。完整拆解开九连环需要很多步，整个过程中需要有一定的专注力和耐心才能顺利完成。

第二，探索规律性，增强儿童的逻辑思维。益智玩具都有其内在的规律，九连环的规律性特别强，必须按照特定的程序有条不紊地操作才能解开。九连环需要严格按照一定的逻辑顺序才能用最少的步骤解环成功，否则会越解越乱，越解步骤越多。

第三，具有趣味性，能激发儿童的好奇心。苏霍姆林斯基认为，在人的心灵深处，都有一种根深蒂固的需要，这就是希望感到自己是一个发现者、研究者、探索者。在儿童的精神世界中，这种需要则特别强烈。[①]人们对智力玩具具有天生的爱好，都想探索它、研究它、发现其中的奥妙，儿童更是如此。

第四，具有多样性，能增强儿童的创造性。九连环有多种花样和形式，在动手解各种九连环的过程中，儿童的注意力集中，潜意识地进入一种极度专注的思维模式，能提高儿童的逻辑思维能力。

九连环是中国人智慧的象征，它在中国历史长河中始终扮演着一个智者的角色，也理应受到大家的重视，将其发扬光大，把中国古代贤人优秀的智慧继续继承和发扬。

游戏是孩子的天性，智力游戏蕴含着发展的需要和教育的契机。著名教育学家陈鹤琴说过，游戏是孩子的生命，是孩子获取知识的基本活动形式。[②]对于学前教育来说，游戏是一种具有特殊意义的活动。儿童的学习主要是在游戏中进行的，丰富的游戏是儿童进行学习的最好的课堂。无论个性还是才智，都要通过儿童本身的行动得以实现，我们遵从儿童的意愿，组织智力游戏和创造富于刺激性的环境，充分发掘儿童的潜能。

---

① 陈大伟. 2010. 有效教学的理念与实践. 天津：天津教育出版社，32.

② 项家庆. 2016. 幼儿游戏设计与教师成长. 北京：北京时代华文书局，3.

第四节　探索游戏中的艺术与科学

孩子对外界事物好奇，会积极主动地去学习。科学实验是儿童掌握自然科学知识的有效方式之一。它不仅仅是科学启蒙的好帮手，还能锻炼儿童的动手能力，培养其积极主动的探索精神，也能提升其面对复杂问题时的系统思考能力。我们将这些实用、有趣的实验应用到日常生活中，简单、趣味、科学融为一体，这种启发式的教育能够激发儿童对科学探索的兴趣，促进儿童的综合素质全面提升，培养儿童的团队合作意识，提高团队合作能力。

一、艺术＋实验

（一）艺术实验

人们将某种艺术作为实验艺术时，通常都没有把它当作一种流派、风格或门类，而是表达了一种“有待检验”的态度。[①]实验艺术展现的不再仅仅是视觉方面的审美，而是强调主题表达的中心思想，重视审美与实验结果之间相互依存和相互推动的关系。艺术实验试图让实验艺术更接近生活现实，为公众提供丰富的精神空间。实验＋艺术可以创造无限的可能性，同一种事物，利用不同的结构，不同的材质和拼合方式，可以组合成无数的造型，产生新的意义。

（二）艺术实验举例

在生活中，如果我们进行大胆的尝试，就可以使身边的玩具发生千变万化，获得不同的创作理念和源源不断的创作热情。利用积木进行拼搭可以做成一辆可以行走的带有风车的小车，通过自己的想象力进行组装，内部结构也可以实现转动、推拉，这些都是值得去尝试的

① 朱尽晖. 2009. 艺术实验与研究. 西安：陕西人民美术出版社，3-4.

游戏玩具。

1. 蔬果印章

总有一些绘画实验和绘画玩具等着我们去探索，其中不借助绘画工具也可以创作一幅作品的蔬果印章就是一种可行性艺术实验。我们可以选择质地硬实的土豆，用刀子在土豆上刻出想要的形状，也可以找其他瓜果蔬菜做刻章媒介，如芹菜、白菜、油菜的根茎。儿童可以将它们充分利用，做成自己喜欢的图案，再将做好的蔬果印章蘸上多彩的颜料，就可以在纸或画布上印出不同造型、不同颜色的画面。这种实验艺术更加具有生活气息，也更加具有想象力和创造力。

2. 水拓画

湿拓画，又名“水拓画”，也称为大理石花纹纸艺术（图 4-30）。这种古老的绘画技法在公元 8—9 世纪便已经出现。[①]关于水拓画，在唐代小说家段成式的《酉阳杂俎》中有记载。文中首次记载了水画这一艺术形式，并且详细记录了水画的绘制方法。这一方法具有一定的特性，即利用水油分层原理制造肌理效果，从而形成具有特色的水拓画。[②]

图 4-30 水拓画纹样（侯慧敏 绘）

① 陆烨. 2017. 水中游——神奇的湿拓画. 早期教育（家教版），（6）：22-24.

② 董筠怡，龙艳荣，吕佳. 2019. 手绘图案在 T 恤中的应用. 设计，（9）：148-149.

在绘制水拓画前，要先准备好基础画液，按照画面载体的属性，取白色的黄蓍胶粉（天然树脂胶），将其溶解在蒸馏水中。为了确保胶粉完全溶解，需要定时多次搅拌，然后静置形成稳定的画液；选择敞口较大的托盘，把调制好的画液倒入其中。①水拓画颜料一般以化学合成染料加入分散剂、消泡剂制成，能很好地染于布料、木材、皮革等材质表面；天然颜料仅适用于纸质材料的水拓画，其他材料上染率较低。另外，还有水拓画的数字绘画。在绘画前，要调试各色颜料，化学合成颜料可直接使用，天然颜料则需要加入牛胆汁进行调配，确保颜料能均匀漂浮在水面上。然后，在画液中逐滴加入液态颜料，观察其漂浮和扩散状态，通过调整画液和颜料浓度，使颜料有深浅变化及呈现扩展状态。创作图案时，滴入彩色颜料，用刷子使颜料均匀分布，用相应的工具调整纹路，使其呈现独具特色的图案和色彩组合。②

我们能够在水面上绘画，是因为水面有一层肉眼看不到的油脂，它可以把墨迹托起来，形成水平面印刷版，如果用油漆倒在水面上搅拌，还可以在木板上印出假的大理石花纹。

儿童正处于充满幻想、敢于创造的年龄，他们的想象无拘无束，是天性的自然流露。在制作水拓画的过程中，能培养儿童的动手能力、想象力，每一幅画背后都潜藏着很多个这样画的理由。这能够激发儿童的好奇心和兴趣，为其以后的艺术探索学习奠定良好的基础。

3. 扎染

扎染工艺具有悠久的历史，作为一种传统的染色工艺，有着独特的技术特点。民族扎染技术经过长时间的传承与创新，已经具备深刻的历史含义，蕴含着丰富的民族文化论。

扎染是利用多种手法制作完成的，包括扎、缝、折、捆等。在制作过程中，由于捆扎和染色过程中的高温作用，一些点和面在拆线完成之后依然隆起，保持有凹凸褶皱，使纹路具有了立体感。不同的针法和折法所产生的褶皱在织物表面交错相映，染色后则出现皱纹错综

① 贾晗. 2017. 湿拓画的概述. 西部皮革，（6）：268.
② 陈晓鹏，吴沫霏. 2020. 水拓画的数字绘画模拟研究. 丝绸，（6）：114-119.

且深浅不一的纹路肌理。其独特的纹理，丰富了平面织物的表现层次，增加了一种立体的肌理样式效果。①

4. 拓印

传统拓印是雕刻或石刻手工的复制品，其方法是将一张纸紧紧覆盖在作品上，用黑色或彩色材料拓印。传统的拓印材料是宣纸和一种叫拓印蜡的块状黑色材料。有时，特别是在拓印细弱的线条时，更宜用另一种方法，即用一种粉状石墨加油达到一定的干硬度，再用敷墨具施于纸上。拓印被广泛用于复制各种文化时代的多种浮雕，艺术家们常将拓印视为创作的过程，他们为拓本上色，并添上或改动原来的线条。②

拓印的制作步骤主要分为清洗、上纸和扑墨。①清洗。清洗就是使用毛刷等工具把拓体上的灰尘、污垢等清理干净。②上纸。上纸可以分为干上纸和湿上纸。干上纸就是将宣纸直接铺在已经刷有白芨水或清水的待拓器物上。湿上纸就是将宣纸叠好，放入清水中，然后将湿纸铺在待拓器物上。③扑墨。扑墨是用拓包蘸取适量的墨，用轻扑或者轻擦的方法将墨扑在附着的待拓器物的拓纸上，形成墨迹，成为一种拓片。③

艺术教育对儿童的成长起着非常重要的作用，是他们人生开始的基石，是提高国民文化素质的必要手段。无论是蔬果印章、扎染还是拓印，艺术实验中的探寻都可以解放儿童的天性，增强其自信，促使他们对艺术的见解力得到提高，增强艺术修养及表现能力。在实验的过程中，儿童得到的肯定与鼓励会让其有一定的成就感，更容易获得成功。在进行艺术实验的过程中，要让儿童学会欣赏，目的是增进其对美好事物和人的理解。

---

① 郭海燕，陈晓风. 2016. 手工扎染技术的创新及服饰品开发. 山东纺织经济，（3）：32-34.

② 辛欣，徐春锋，付延宇. 一种古代文学遗迹拓印装置. 辽宁：CN214188887U，2021-09-14.

③ 束婷婷. 2021. 浅谈平面拓印传统工艺技法. 文物鉴定与鉴赏，（10）：159-161.

二、科学＋实验

（一）STEAM 教育

随着全球科学技术的高速发展，当今的教育越来越倾向于将科学（science）、技术（technology）、工程（engineering）、艺术（arts）、数学（mathematics）教育进行整合。STEAM 教育理念在小学科学新课程标准中也被明确提出来，强调了进行工程与技术领域学习的重要性。[①]STEAM 是源自美国的一种教育理念，开始只有 STEM，后来加入了艺术（art），才成了 STEAM。[②]

STEAM 教育本质上是一种科学教育，主要目的是让学生学习物质科学、生命科学、地球科学等方面的知识。与 STEAM 教育相对的是传统的物理、生物、化学、地理等学科教育。两者最大的区别在于，在传统的学科教育中，各个学科之间相对独立，而 STEAM 教育则是跨学科的，把跨学科的知识组织在一起，教授给学生。[③]

（二）STEAM 科学实验

STEAM 科学实验是对儿童进行科学启蒙的一种方式，能很好地保护儿童的好奇心，有助于其理解抽象的物理、化学知识，引导其爱上科学，也能为他们学习物理、化学打下良好的基础。科学实验工具不仅是一种玩具，更是一种开发脑力、拓宽视野的教具。STEAM 趣味科学实验工具既能提高儿童的专注力，也能提高儿童的动手和动脑能力，使其快乐地学习。STEAM 科学实验的所有实验材料基本都是可食用级产品（图 4-31），大人和儿童可以放心使用，更加舒心地体验游戏的过程。

---

① 冯忠元. 2019. 基于 STEM 教育的小学科学实验教学初探——以“建高塔”的教学为例. 科学大众（科学教育），（3）：54，197.

② 项珍. 2018. 基于“脑靶向教学法”的 STEAM 课程的实施策略——以《百变投石机》为例. 教学月刊小学版（综合），（10）：42-45.

③ 倪蒙特. 2019. 使用 STEAM 教学法，提升初中科学的教学质量. 家长，（5）：58，60.

图 4-31　科学实验

1. 物理实验——泡泡雨云

我们都知道阴天可能会下雨，但是却有很多人不知道下雨的原理。泡泡雨云实验可以解释天空为什么会下雨。进行实验前，需要准备以下材料：一个大透明玻璃杯、几个小玻璃杯、食用色素、剃须膏、清水、一个小滴管。具体实验步骤如表 4-10 所示。

表 4-10　泡泡雨云实验步骤

序号	实验步骤
1	将色素倒入杯子里，水加得越少，食用色素浓度越高，云朵里的“雨滴”下落得就越快
2	在一个大玻璃杯里倒 2/3 杯的清水
3	将适量剃须膏倒在水面上
4	用小滴管从小杯子里吸取色素，滴在剃须膏上面。色素越靠近水面，“雨滴”下落得越快

泡泡雨云实验与降雨的原理是一样的。在这个实验中，清水就是空气，剃须膏就是云朵，云朵里聚集了足够的水分，就会降雨。对儿童来说，泡泡云雨实验是一种简单、易行、有趣的游戏，通过这个实验可以教儿童关于天气的知识，讨论关于云、雨的知识，可以告诉儿童，水就像我们生活中的空气，剃须膏就像是云，当云朵积聚了足够的水分时，就会生成雨。

2. 化学实验——“法老之蛇”

“法老之蛇”实验（表 4-11）实际上是一种化学反应，是膨胀反应中比较有名的一个。实验的科学原理是：食糖里面含有的碳可以与氧气发生反应生成其他东西，点燃糖时，它会迅速燃烧并与空气中的氧气发生反应，产生二氧化碳和水。小苏打（碳酸氢钠）在高温下分解，并会释放大量二氧化碳，这会导致缺氧，于是一些糖就分解成碳元素，并开始固化形成黑蛇状物质。二氧化碳和水蒸气将糖与小苏打的混合物向上推。同时，这些气体被困在固体碳中，就形成了一种质地很轻、蓬松的泡沫，从沙子中冒出来，看起来像蛇的形状。

表 4-11　“法老之蛇”实验步骤

步骤	内容
第一步	在盘子中装入沙子（沙子必须是干的，如果沙子是湿的，要先晒干了再使用）
第二步	往沙子里倒入酒精，让沙子被浸润
第三步	量出 1 汤匙的小苏打和 4 汤匙的砂糖拌匀。再将拌匀的小苏打和糖混合物倒在沙子中间形成一小堆
第四步	点燃沙子里的酒精，糖和小苏打的混合物开始燃烧，燃烧时产生气泡，气泡被困在火焰中，形成了黑蛇状物质

“法老之蛇”实验能让儿童对化学实验产生兴趣，对类似的反应也能有更好的理解，并且能够学会分析同类化学反应现象

科学和知识在生活中无处不在，科学实验课程可以培养儿童的理性思维能力和细节观察能力。科学实验能揭示事物现象的本质和规律，实验能让儿童观察到现象产生的全过程，产生探究的欲望。科学实验能引导儿童用实验的手段去验证事物的属性，发现事物的变化、联系和规律，掌握正确的学习方法，能使儿童迅速掌握前人已认识到的真理，从而快速地转化为自己的技能。在教师的引导下，运用理论与实践相结合的教学原则，儿童通过亲身实践，能主动去探索新知识，获取新知识。

随着时代的变迁与发展，人们的生活方式与娱乐方式也随之发生改变。有了新材料、新技术、新工艺的加持，传统游戏与传统工艺的实现方式也变得日益丰富。游戏是一个有趣的探索过程，不仅是在探索游戏的解决方法，也是在探索游戏的多种玩法。科技赋予了传统游戏新的生命力，给予儿童更多探索的方式，能将传统游戏与传统工艺

更好地传承下去，让更多人了解传统游戏与传统工艺背后的故事。探索给我们的生活带来乐趣，在孩子们的成长发展过程中扮演了重要的角色，本章出现的“玩具伙伴”只是我们日常生活中的一部分，还有更多的玩具和游戏形式等着我们去探索、发现。

第五章　游戏中的图形与图像

随着图像技术的飞速发展，游戏在视觉呈现形式方面也不断实现新的突破。本章通过二维图形与图像、光影游戏、游戏中的“镜”与“景”及计算机游戏四部分，以逐渐丰富的形式递阶铺展开来，带领读者领略游戏中的图形与图像的发展和变化。每一部分内容以时间为主线，纵贯历史起源、社会发展，从传统到现代，从原始取材到科技支撑，辅以各游戏种类在国内外的发展变化，让读者对相关游戏的纵向发展与横向对比有较系统、客观的认知。

本章用一种全新的视角解读游戏中的图形与图像，以及图形与图像中蕴藏的游戏形式，让读者更好地品味生活中细小图形与图像蕴含的趣味和新意，客观、理性地认知视觉游戏中的演变与融合、共性与个性、虚拟与现实。

第一节　二维图形与图像

一、视觉游戏

视觉游戏最初是用来刺激婴幼儿视觉发育的，通过光线明暗和黑白图案的变化对婴幼儿的视觉进行刺激，从而达到促进婴幼儿视力和智力发育的目的。后来，视觉游戏演变出多种形式，主要是通过制作有视觉欺骗效果的图像和造型引起视错觉，达到奇幻的效果。其中，关于几何学的视错觉种类最多且广为人知。

（一）视觉游戏的构成

绘画元素中的点、线、面、构图、色彩、透视、平面及立体造型，通过创作者的巧思绘制，以具体的图像表现心理、情绪、抽象概念等，进而形成了视觉游戏中的艺术品（图 5-1）。[①]不同职业、年龄和文化背景的玩家都可以从视觉游戏中感受到乐趣，获得启发。

图 5-1　方柱还是圆柱？
（桑德罗·戴尔·普利特 绘）

（二）视觉游戏的种类

视觉游戏可以提供一种途径，让儿童的视觉感官系统接受刺激，提高他们的视觉接受力、理解力及分析力，促使他们在视觉感知活动中做出适当的反应，强化他们的感知和认知能力。例如，苹果鸭梨游戏（图 5-2），在让婴儿认识不同形态的水果的同时，也能够教会他们认识水果的不同颜色，让他们将物品与颜色联系起来，了解颜色与物品的对应关系。当婴儿能够把色彩和物体相联系时，也就表明他们真正认识了这个物体。

① 韩宿莽. 2019. 儿童图画书中的视觉游戏. 南京艺术学院，1.

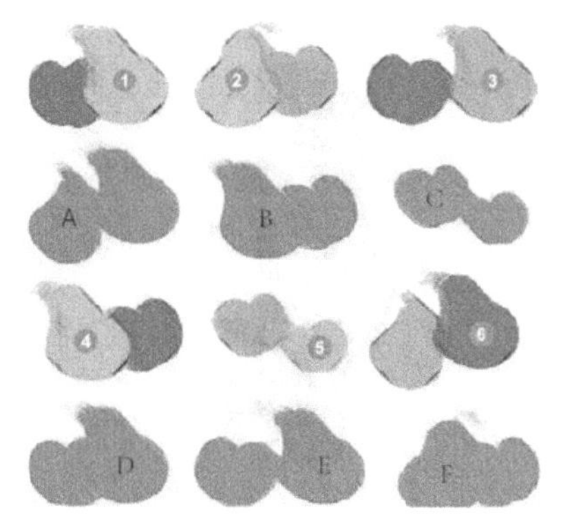

图 5-2　苹果鸭梨游戏（谢颖 绘）

常见的视觉游戏有三大类。第一类是幻觉图像，通过叠加、拉伸、交错的创作手法，配合视觉艺术和知觉心理因素，构成具有运动感、闪烁感等的视幻觉现象，令人感受到 3D 的视觉效果，更有创作者配合一定速度的运动，能让观察者产生四维（four dimension，4D）的超空间感。第二类是波动视觉图像，左右移动时会感觉到图像在波动（图 5-3）。第三类是图底互相反转的图像，或者表述为图像中隐含另一种或多种图像，形成双重意象图像（图 5-4）。视觉游戏以其变幻无穷、充满趣味的视觉感受，对建筑装饰、产品设计、服装印染、广告宣传、橱窗布置甚至舞台设计、电影制作、电子游戏等产生了深远的影响。随着科技的发展，视觉游戏也直接发展出了运用电光制造艺术效果的艺术形式，如立体摄影和全息摄影。

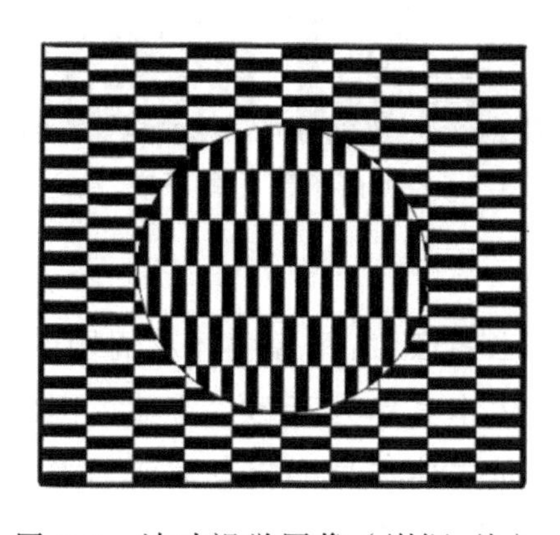

图 5-3　波动视觉图像（谢颖 绘）

图 5-4　双重意向图像（谢颖 绘）

（三）传统视觉游戏

1. 黑色白色

黑白色的强烈对比，能刺激幼儿的视觉感应系统，提高幼儿的视觉感应能力，促进幼儿的视力与大脑的发育。给幼儿看黑白图片、黑白棋盘和黑白轮廓线等（图 5-5），可以培养幼儿的专注力，增强幼儿对亮度强弱的敏感性。

图 5-5　黑白图形（彭静文 绘）

2. 正负形

正负形是指在艺术图像中，图像主体和周围的空间可以互为图底，相互转换。一般将形体本身称为正形，将其周围的空白称为负形。当主体周围的空间而不是主体本身形成有趣或艺术相关的形状时，负空间可能是最明显的，并且这种空间偶尔用于艺术效果作为图像的“真实”主题。平面正负形中最典型的例子就是鲁宾花瓶（图 5-6），白色的人脸和黑色的杯子互为图底。中国的太极图也是正负形的典型代表。

图 5-6 鲁宾花瓶（爱德加·鲁宾 绘）

3. 矛盾空间

矛盾空间（图 5-7）又称“不可能图形”，是利用光影和视点转换在 2D 空间内表现 3D 空间的立体形态。它的设计违背了透视原理，通过一种视觉欺骗形成维度错乱，无法还原到 3D 空间内，只存在于图片中。矛盾空间是一种美学与数学融合的产物，它的发现者是谁，并没有定论，但埃舍尔（Escher）是这个领域的鼻祖以及大师是没有争议的，他赋予了简单几何图形生命与意义。[①]其中，广为人知的埃斯切尔盒子，是利用光学错觉在人的视觉系统之中瞬间投射形成的 3D 形态，是现实中不可能存在的实体模型。

图 5-7 矛盾空间（埃舍尔 绘）

① 张彬. 2016. 艺术中的视错觉现象研究. 苏州大学，65-66.

4. 多义图形

多义图形是指图形自身有两种或多种解释方法，随着人的注意力变化，图形有多种释义。[①]观察者的目光聚焦在图片中的不同部位，就会出现不同的图形，而且在不同视线下形成的图像之间可以逆向转换，但这两种或多种图像不能同时被观察到。兔子与马的形象可以同时表现在一张图中，根据耳朵的特征，可以将其理解为兔子，然而视线转换，根据动物的脸部轮廓特征，却又能将它视作马（图 5-8）。

图 5-8　兔与马（谢颖 绘）

（四）视觉游戏与电子游戏

视觉游戏的设计遵循了光学、几何学、色彩与形态构成等美学原则，以独特的魅力被广泛地应用于各领域。电子游戏将视觉游戏的结构幻化和维度错乱法则完美地结合在游戏情景中，给玩家带来超现实的视觉体验，代表性作品是《纪念碑谷》。

《纪念碑谷》是视觉游戏在电子游戏中应用成功的典范，玩家可以在游戏中控制人物的行走，通过启动或改造游戏内的机关结构，让不同的平面交错、切换，产生新的连接，达到改变行走路线、重建并通过关卡和帮助主人公到达指定地点的目的。游戏中设置了大量的立体视错觉，在通过关卡的时候，玩家需要在 2D 画面中构建 3D 结构，打

① 张彬. 2016. 艺术中的视错觉现象研究. 苏州大学，61-62.

破常规认知，摆脱思维禁锢，在场景旋转时，找到视觉上的连接点，对其智力和洞察力提出了较高的要求。[①]该游戏巧妙地运用视错觉将路径和关卡重组或分离，在光学、几何学、色彩学和形态构成学的共同作用下，以想象力、逻辑性和规律性在游戏中利用人类视觉系统瞬间意识实现将2D图形向3D投射，从而构建大量现实中不存在的结构，充满了探索性和虚幻性，能给玩家带来独特的视觉和游戏体验。[②]

较早的游戏如《无限回廊》，也是视觉游戏的代表。其中运用了大量的矛盾空间画面，在2D空间与3D空间之间搭建起桥梁，实现了空间维度之间的跨越。与《纪念碑谷》不同的是，《无限回廊》的色彩与界面更简洁，路线更具迷惑性，游戏难度更大。除《纪念碑谷》《无限回廊》外，《菲斯》《回到床上》等也是把视觉游戏中的不可能图形、扭曲错觉作为游戏的核心要素。

（五）视觉游戏与栅格动画

栅格动画又名"网格屏障动画"，也称为"莫尔条纹动画"。它利用人眼的视觉暂留特性，通过移动光栅使印在纸上的动画底图实现动画效果，将单张的静态图片转变为连贯流畅的动画。这种互动探索型的观看方式代替了被动接受型的观看方式，观看者可以自由支配、控制和调整动画，极大地激发了观看者的好奇心和探索欲，具有一定的知识性、科学性和趣味性，已被广泛应用于视觉设计、广告策划和图书插画中。[③]

目前，栅格动画被广泛地应用在各个领域，常见的有电影拍摄、产品包装、书籍印刷、玩具设计等。《动物动物动起来：在极地》是一本儿童3D立体科普书。在这本书中，读者会被带到神秘的极地世界，比如，走起路来左摇右摆的企鹅，在妈妈旁边活蹦乱跳的小北极

① 龚治瑾. 2020. 视错觉艺术应用探讨——以《纪念碑谷》为例. 海南大学，16-17.

② 李怡云. 2018. 视错觉在界面视觉设计中的应用探析——以《纪念碑谷》为例. 山东大学，41-43.

③ 李党娟，王佳超，王佳等. 2020. 光栅参数对莫尔条纹动画像质的影响. 西安工业大学学报，（4）：373-377.

熊，一群拉着雪橇向前奔跑的雪橇犬，美丽炫目的极光，等等。该书利用叠纹、光栅等印刷技术，将企鹅、北极熊、雪橇犬等生活在极地的动物及美丽炫目的极光动感地呈现出来。读者捏住书角，来回翻动，便能以动画的形式看到在极地世界中生活的动物。[①]

栅格动画在产品方面的应用以暗影影院玩具（图 5-9）为代表。暗影影院玩具在旋转的纸卷上操作，并以交错的两帧动画形式打印图像序列，每帧动画都有一个规则间隔的垂直细条纹，每一个条纹都与下一帧的条纹交替。在某些版本中，查看窗格上的条纹被伪装成栅栏。暗影影院玩具具有木质或纸板制成的底盘，带有机架和手摇曲柄，便于在查看窗格中使图像循环滚动。

图 5-9　暗影影院玩具（谢颖 摄）

此外，一些公共艺术作品中也有栅格动画的运用。《在别处》是一个能够引发视听错觉的装置作品，即用简单的屏幕来营造运动的效果。观者的动作将引发一系列机械式的动画影像，犹如产生于视觉层面上的俳句作品。

教育的基础主要是在儿童幼年时期奠定的。3—6 岁是儿童视觉发展的关键时期，最适合培养其洞察力，父母应抓住机会锻炼孩子的洞察力和记忆能力，与孩子多玩一些有趣的视觉游戏，以丰富的色彩、图形提升孩子的视觉感官认知，为孩子的视知觉发育打下良好基础。

① 卡罗尔·考夫曼. 2020. 动物动物动起来：在极地. 李怡译. 石家庄：花山文艺出版社，1-2.

二、成像与儿童玩具

成像技术最早是在大约2400年前由小孔成像发展而来的。[①]后来，随着技术的发展，出现了暗箱、胶卷成像、数码成像、立体摄影、全息摄影、空气成像等高科技成像技术，但小孔成像依然是成像技术发展史上的里程碑。

在日常生活之中，小孔成像现象有时也会自然发生。比如，在日食期间，可能会在偏食的情况下产生小的新月形，或者在环形日食的情况下产生空心环。再如，针孔相机中的针孔充当镜头，针孔迫使场景中每个发光的点在胶片上形成一个小点，使图像清晰。

成像技术的发展对儿童玩具也有一定的影响，儿童相机（如宝丽来）的诞生和普及就是最好的证明。儿童相机以其简洁的操作和柔和的外观设计逐步向儿童玩具领域演变，能让儿童在使用相机探索童趣的过程中逐渐亲近自然、亲近世界，且有助于培养他们的艺术审美能力。

成像技术的发展以儿童相机为代表，在儿童玩具领域取了得一定的成果，它对儿童成长的影响已涉及生活的方方面面。以B. Duck（小黄鸭）儿童相机为例，可以看出相较于传统的数字照相机等，儿童相机在外观、造型方面更加圆润、可爱，多采用动物造型，色彩更加鲜艳；在参数性能方面，儿童相机并非像传统相机那样一味地追求高质量的照相效果，而是更加注重以相机为主体来辅助儿童观察世界；从功能用途而言，相较于传统相机，儿童相机轻便、易用，同时内置一些经典的益智小游戏，能够在旅途中供儿童娱乐。

以小孔成像为开端发展而来的成像技术和儿童相机能让儿童以自己的视角去记录世界、记录成长，培养他们的观察力、想象力与专注力，增强儿童玩具的亲子互动性，并以此为媒介发现儿童眼中奇妙的世界。同时，儿童创意相机不仅能培养儿童的艺术情操和审美能力，也为他们保留了一份温暖和记忆。

① 杨广军. 2013. 神奇的成像术. 上海：上海科学普及出版社，8.

2D的视觉形式可以让幼儿在各类视觉现象中感知世界，利用双眼去探索他们身边的万事万物，并以视觉的形式记录他们成长过程中经历的点点滴滴。在生活中，家长可以利用各类2D形式的物品（如认知卡片等），引导幼儿进行视觉观察，让幼儿在认知世界的同时，提升其认知力、观察力及想象力，为幼儿的身心发展打下良好的基础。

第二节　光影游戏

一、皮影

皮影是一种利用兽皮等做成的人物剪影来表演故事的民间戏剧，是中国民间古老的传统艺术，不仅历史悠久、种类繁多、流传广泛，同时在美术造型、文学剧本、音乐唱腔、表演技艺中体现出来的综合性也是举世无双的。[①]皮影是中国民间流传至今的傀儡戏，又被称为“灯影戏”“影子戏”。皮影表演中的影人和场景道具是由民间艺人手工雕刻制成的皮料制品。传统的表演方式是使用平面铰接的切割图形，使它们保持在光源和半透明屏幕之间，观众可以通过白色透明幕布欣赏影人表演。[②]皮影流传至今，尤其是单手皮影玩具等已经逐渐具备了游戏的特征。

（一）皮影的起源

皮影作为一项家喻户晓的民间娱乐活动，关于其确切的起源时间，至今仍未有定论，但据说与一则凄美的爱情故事有关。相传汉武帝的爱妃因病去世，汉武帝不思饮食，不理朝政，思念成疾。大臣李少翁说能为其招魂，在夜晚点上灯烛，挂上围帐，汉武帝观看到了夫人的

① 魏力群. 2019. 皮影. 重庆：重庆出版社，3.

② 牛亚楠. 2021. 皮影艺术在儿童玩具设计中的重现及应用研究. 湖北工业大学，12.

影像。[①]后来，这种表演形式也慢慢流入了民间。

（二）皮影的发展

滦州皮影的崛起，使我国皮影文化的发展达到了一个新的高度。清末民初，中国皮影艺术发展到了鼎盛时期，很多皮影艺人子承父业，代代相传，能人辈出。无论在影人造型制作、影戏演技唱腔还是流行地域上，都达到了巅峰。[②]这与当时戏曲的整体勃兴的大环境紧密相关。历史朝代更迭，经济的发展与繁荣，南北的文化交流更加频繁与深入，促进了各区域皮影戏的融合与发展。皮影的发展历史如图 5-10 和表 5-1 所示。

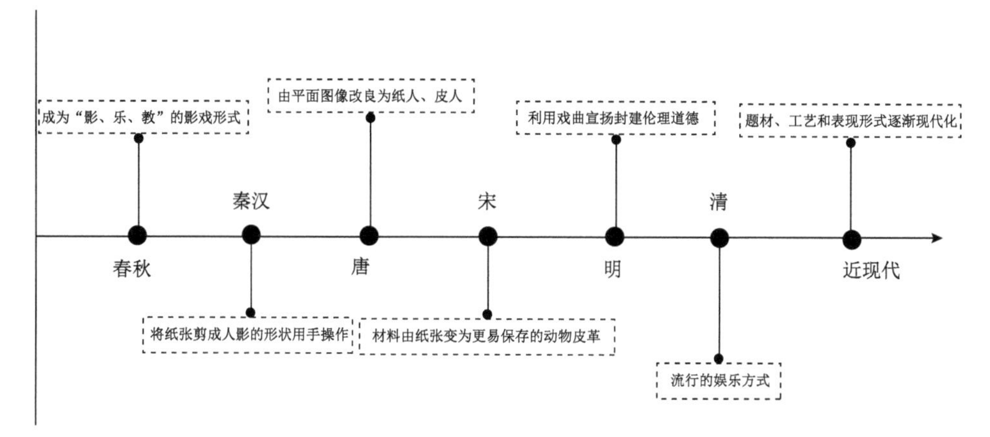

图 5-10　皮影的发展历史示意图

表 5-1　皮影的发展历史

时期	典故或用途	形式
春秋	子夏用“影乐”的形式聚众讲学（孝义皮影戏）	使“设教、乐琴、影乐”融为一体，成为“影、乐、教”的影戏形式
秦汉	方士们进行招魂等巫术活动	将纸张裁剪成人影的形状，用自己的双手或身体进行影子游戏
唐	唐代僧人挂图讲经	将所用的挂图由平面图像改良为纸人、皮人

① 魏力群. 2019. 皮影. 重庆：重庆出版社，12.

② 佚名. 2016-03-18. 皮影戏源于帝王爱情故事《汉书》最早记载. http://jiangsu.china.com.cn/html/jsnews/ gnxw/4850539_1.html.

续表

时期	典故或用途	形式
宋	精神文化需求	材料由纸张转变为更易保存的动物皮革
明	利用戏曲宣扬封建伦理道德	以古代中原影戏的“素纸雕镞”造型为本
清	流行的娱乐方式	将影戏的音乐改为以丝弦为主，并配以打击乐伴奏，将唱词的形式改为当地方言
近现代	在社会环境的影响和现代影视艺术的冲击下走向没落	题材和材料、工艺和表现形式逐渐现代化

资料来源：朱恒夫. 2020. 中国皮影戏的历史、现状与剧目特征. 浙江艺术职业学院学报，(1)：32-45

（三）皮影的制作工艺

在中国，皮影具有极强的地域性，不同地区制作皮影的方式也有一定的差异。但是皮影的制作程序大多相似，通常要经过选皮制皮、描样、雕镂、着色、熨平、缀结等数道工序并结合手工创作完成，具有极高的美学与文学价值。通过查阅一些资料可以发现，皮影的制作流程大致包括以下几个方面。

1）选皮制皮。在选皮方面，因地域与生物不同，一般以牛皮或驴皮最佳。用清水浸泡数日，将皮泡软，再将其取出，对皮的两面进行刮制，除去污垢，刮薄至均匀透明，洗净后，在木框上绷紧阴干。

2）描样。根据不同的用处，将制好的皮料切块，然后将切好的皮料经湿布包裹使其软化，再用硬木推板打磨光平，最后使用钢针描绘图样。

3）雕镂。将描好图样的皮料垫在木板或蜡板上进行雕刻。先刻眼，再对其他部位进行雕刻。雕镂完毕后，擦洗干净，双面着色。

4）着色。着色时，主要使用红、黄、青、绿、黑五种颜色，形成明快艳丽的对比。这五种颜色一般互不调配，但可通过点染进行深浅色的层次区分。可以使用平涂手法对皮料双面着色，使皮影的色彩呈现效果异常绚烂。

5）熨平。着色之后，最关键的一步是阴干和熨平，确保皮料可以长久保存而不扭曲、皱缩。东北部地区的皮影在压平后还需要上一层清漆，以增强透明度和耐用性。

6）缀结。在影人全身十个部件的关节点处连接，用一皮条包围在上身的脖领处，作为安装影人头的插口。最后，在脖领前钉上一根铁丝作为支撑影人的主杆，在两手处用线各拴一根铁丝作为耍杆，一件完整的皮影人即告完成。[①]

（四）皮影流派

早期的皮影在造型风格上具有相对的一致性，直至宋代末年，由于战争和自然灾害引起社会动荡，皮影艺人分流各地，出现了以地域性为特征的流派划分。因不同地域的曲艺和唱功有各自的特色，皮影也在不同的唱腔中形成了不同的流派。

皮影的剧目在一定程度上反映了当地人民的生活状况和精神风貌，不同的唱腔使皮影形成了不同的流派，而唱腔与地域性有密切的关系，因此各流派的名称大多数都与地理位置有关。[②]因为皮影的音乐唱腔风格与韵律吸收了各地的戏曲、曲艺、民歌小调、音乐体系的精华，从而形成了众多流派，如浙江皮影、湖北沔阳皮影、广东皮影、山东泰山皮影、陕西皮影、山西晋南皮影、四川皮影、湖北皮影、湖南皮影、北京皮影、山东皮影、青海皮影、宁夏皮影，以及川北皮影、陇东皮影等。[③]

（五）国外的皮影

皮影在世界上许多国家都备受欢迎，作为一项古老的传统娱乐形式，它在东南亚有着悠久的历史，如印度尼西亚、马来西亚、泰国和柬埔寨等。皮影戏在印度尼西亚、柬埔寨和泰国是一种重要的生活艺术和民间传统，影响深远，甚至一度传播到了埃及、土耳其等。部分

---

① 四川省文化和旅游厅. 2020-03-01. 旅游达人带你线上安逸走四川丨邂逅惊艳时光的宝藏. http://wlt.sc.gov.cn/scwlt/hydt/2020/3/1/e5d5b0e0815a491d90a2a78a72ebda39.shtml.

② 王家欣. 2014. 隔帐陈述千古事 灯下挥舞鼓乐声——惟妙惟肖的皮影戏. 青春期健康，（14）：76-79.

③ 魏力群. 1998. 中国民间皮影造型考略. 河北师范大学学报（哲学社会科学版），（3）：120-125.

国家的皮影对比如表 5-2 所示。

表 5-2 部分国家皮影对比

国家	皮影名称	材料	操耍方式	特点
印度尼西亚	爪哇皮影	由鞣制的鹿皮、水牛皮制成的薄穿扎皮单片	影人在屏幕后表演，靠近屏幕并从后面照亮，手和手臂则由附着的手杖操纵	女性在皮影戏中扮演着重要角色，表演时会与人物角色结合
柬埔寨	皮影傀儡 影子傀儡戏	牛皮	影人的手不可移动，颜色为皮革的原始颜色	内容以宗教故事为主
泰国	喃戏	水牛皮、藤	用整张水牛皮雕镂而成，没有活动关节，不能灵活操作	内容以民间传说和宫廷生活为主

以印度尼西亚的爪哇皮影（图 5-11）为例，外国皮影表现出了与中国皮影相异的特征。另外，中国皮影戏还被清朝年间来到中国的传教士带回欧洲，被称为“中国影灯”。法国通过改造，创造了“法兰西影灯”，后又传到英国，对其电影和动画产生了极为深远的影响。

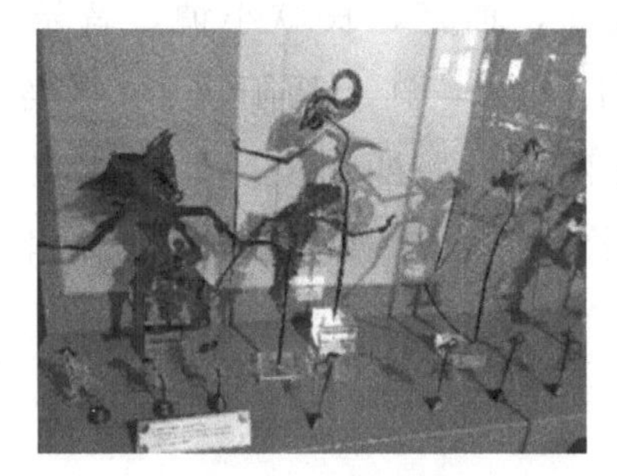
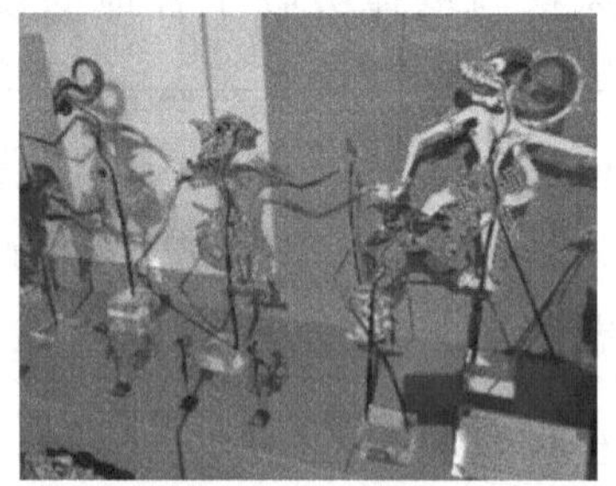

图 5-11 爪哇皮影

（六）皮影的创新与发展

皮影作为人类非物质文化遗产，具有极强的地域性和民族性，其文化中包含的戏剧学、民俗学、图案学、美学、心理学等的价值需要被传承和发扬。但传统文化需要与时俱进才能被保留和继承，所以皮影艺术也要在发展中不断改革和创新。从传统皮影的制作工序、操作技术、娱乐方式等方面进行创新，可以促使其融入现代科技的发展中，并以现代人能接受的方式延续。

1. 单手皮影

单手皮影（图 5-12）的材料一般是木材、竹子、塑料等，是用现代工艺切割、上色、组装而成的，整体上坚硬挺括，不易变形和损坏。人物的肩、手、膝等关节以金属器连接，以实现可自由旋转、活动的功能。与传统皮影最大的不同是，单手皮影只在人物造型的肩膀处设有一根控制杆，通过单手转动控制杆来实现人物肩膀、手部甚至全身的活动，相较传统皮影（需要用 5 根竹棍进行操作）的控制难度更小，更易于操作和玩耍。这种创新方式既保留了传统皮影的神韵与精髓，又降低了生产制作和操控难度，提高了人们的接受度，便于推广和普及，这无疑为传统文化注入了新活力，促进了传统文化的传承。

图 5-12　单手皮影（牛亚楠 摄）

2. 皮影转轴显示盒

皮影转轴显示盒（图 5-13）是在保留传统皮影观感的基础上，创新了皮影的演绎方式。它在显示盒屏幕上绘制不同的故事背景，将皮影固定于显示盒屏幕后面的透明板上，通过屏幕背景变换替代传统皮影戏的影人操耍，表演时只需要手控盒子上端的转轴移动屏幕，就可以体验到传统皮影戏带来的视觉感受。皮影转轴显示盒是利用相对静止原理设计达到操作技术的创新，配合音乐和灯光效果，能给观者带来类似于皮影的视觉体验。此设计让传统皮影以更简单的操作方式、更原汁原味的观看感受和更强的趣味性得到观者的喜爱与认可，皮影文化也在传承与创新中得以发扬光大。

图 5-13 皮影转轴显示盒（韩耔萱 设计）

3. 皮影游戏产品

皮影游戏产品通过对传统影人肢体运动的顿挫感与机械感进行模仿和再现，通过存留其动作特征，还原传统皮影艺术的“灵韵”，并从用户的潜在认知出发，将传统皮影艺术的造型、花纹与色彩作为表达皮影艺术的显性文化因子进行转换后再现，强化现代游戏产品设计中的传统艺术与美学思想，达到传承皮影思想的目的。[①]皮影游戏产品主要通过把握旋动代替传统的竹棍操控，在控制方式上可以有效降低用户的操作难度，提高产品的普适性与易玩性（图 5-14）。用户可以自由选择不同模块控制相应的故事角色，或者根据“控影人”数量调整模块为分控或联动，增强产品的灵活性与趣味性。

图 5-14 皮影游戏产品操作展示（牛亚楠 设计）

① 周祺，牛亚楠，毕伟龙. 2022. 基于层次分析法的皮影游戏产品设计. 包装工程，(12)：217-224.

4. AR 皮影绘本

除上述设计创新外，皮影的传承与设计还可以与智能设备和多媒体技术相结合。在数字化的今天，基于 AR 技术的非物质文化遗产保护已取得了一定的成就。皮影文化的发展也必然要搭载科技的快车，用现代化的手段将皮影带到大众的生活中，用人们喜闻乐见的方式扩大使用范围、增强用户黏性。与 AR 技术的结合，将是传承皮影文化发展的关键一步。[①]AR 绘本《皮影中国》遴选了皮影剧的经典剧目，并邀请国家级非物质文化遗产传承人张向东先生进行皮影刻绘。作为融媒体出版物，其借助 AR 技术，立体化、全方位地呈现了书中的经典故事，精致的动画、丰富的交互体验、精美的图文内容，为读者带来了全新的阅读体验。[②]它通过将文化与科技巧妙融合，为传统文化的艺术呈现提供了新的思路。

二、手影

手影是一种古老的传统游戏，它以手为笔，以影为墨，只需一点光就可以展开巧思，通过手势的变化创造出各种不同的影像。现代手影游戏的受众以儿童为主，它可以惟妙惟肖地模仿并幻化成各种动物，如活泼可爱的小白兔、展翅高飞的老鹰、凶恶狡猾的大灰狼等。可以说，人类的想象力有多丰富，手影的变幻就有多神奇。[③]

其实，神奇的手影世界就是一个充满童真的世界、一个充满想象的世界。神奇的手影游戏可以启发儿童的思维，培养儿童的想象力和创造力。

（一）手影的发展

手影是一种民间儿童游戏，表演者通过手指、手掌、拳头的伸缩

① 赵双柱，包亚飞，潘思凡等. 2017. 基于 AR 技术的非遗文化的保护与开发研究——以甘肃环县道情皮影戏为例. 兰州文理学院学报（自然科学版），（6）：89-92.

② 光明网. 2019-12-04. 皮影中国 AR 绘本. https://topics.gmw.cn/2019-12/04/content_33374577.htm.

③ 杜玲. 2020. 传统手影游戏在幼儿园教学中的应用初探. 学周刊，（13）：167-168.

变化，在光源的映照下进行表演。手影的历史十分悠久，据最早的历史记载，手影出现于宋辽，是以手做各种花式，映照在粉墙上，成为飞禽走兽。手影作为四大影戏之一，以十指借光弄影表现各色人物、花草虫鱼、飞禽走兽甚至简单的寓言故事。

关于手影的记载并不多见，笔者能查阅到的文献中记载："二尺生绡作戏台，全凭十指逞诙谐。有时明月灯窗下，一笑还从掌握来。"（释惠明《手影戏》）从诗来看，手影戏用生绡做影窗，仅三尺大小，主要依靠十指表演，以诙谐逗乐为主。大多数文献里将手影描述为复杂影戏的前身、影戏发展的起点，由于文献的严重不足，无法论证这一说法是否准确，关于手影的历史发展状况也记载不明，但一般认为手影在辽宋或者更早的时期就进入了人们的生活中。它不仅是儿童游戏文化的重要组成部分，也促进了儿童的智力和想象力的发展，是当时人们的独特娱乐方式。在发展后期，更是催生了其他复杂影戏的产生和演绎，对文化和艺术的发展起到了不可或缺的推动作用。

（二）手影的设计原理

手影是一种体现了光与影关系的表演。表演者用手形成图案轮廓，挡住需要形成图案的光线，手遮蔽的光线形成黑色的投影图案投射到影布上。表演者通过调整手与光源和影布的距离，控制投影的清晰度。观众通过音乐、剧情将投影图案与具象的物体和故事情节联系起来。

（三）手影表演

1. 国内

手影作为一种技艺表演，表现形式丰富多样，单靠手指、手掌及手臂的灵巧搭配就可以模仿人、兽、鸟等的形貌，而后利用光将其投影的"手影戏"表演方式应是其中重要的一环。[①]

作为杂技之一的手影戏表演，起初艺人单凭双手的指、掌、臂表演一些简单的物体形貌。随着表演范围的扩大，他们发现仅靠指、掌、

① 李跃忠. 2005. 从"手伎"到影戏. 民族艺术，（4）：45-49，82.

臂难以进行。因此，他们受民间剪纸、木偶、影灯等的启发，开始制作需要的影偶。此外，手影戏的演出还具有诙谐的特点，皮影表演不只是模仿物体的外形，还需要学这些动物的声音，甚至插科打诨，以戏谑的方式取悦观众。这在一定程度上也体现了手影影响故事演进的倾向，逐渐具备初级复杂影戏的特征。

2. 国外

据说，手影本来是由人类在实践中发明的，它首次作为艺术形式被人类用来娱乐是在远东，后来流行于19世纪的欧洲。尽管不同艺术在不同类型的艺术家中很受欢迎，但手影艺术却在魔术表演领域显得尤为突出。最初，手影是由一位著名的魔术师推广开来的，所以在魔术表演领域，手影有着非凡的影响力。

19世纪后期，电力资源的发展和科技的进步使得电影与电视成为新的娱乐形式，取代了手影在人们生活中的地位，手影艺术逐渐衰落。

手影表演需要锻炼手和手指，并且需要运用不同的手指位置以帮助形成阴影。在投影图像时，要使用的光源应小而明亮，从最小点开始的光能形成最好的阴影。表演者多使用蜡烛、手电筒（移除镜头和反射器）或非常弱的光线，而不使用灯泡。在手影的光源选择上，国外有着诸多的研究。以现在的科技发展来看，能最大限度地满足手影表演需求的应当是单个无透镜，即LED。在承载投影图像的影布上，一般要根据不同的演出场所来选择不同的承载工具。如果是在私人住宅中为少量观众做小型演出，一般使用白色或浅色的墙壁、床单或桌布。如果墙壁是深色的，可以将床单或桌布悬挂在墙上。如果在观众席或舞台上为大量观众表演，则使用平纹细布或其他薄布料制成的屏幕。在大厅或小剧院这种场合，可以在柔韧的铝框架上使用尼龙屏幕，这是一种有时用于电视投影的屏幕，或者说是移除前透镜的动态影像投影仪，称为背投屏幕，但是其光线没有投影仪、镜头或漫射器的小聚光灯投射的光线强。

表演者在表演时坐在或站在光源和空白表面之间，可以选择在前面或后面表演，每个表演位置各有不同的优点。双手离光线越远，阴影越小，而双手越接近光线，阴影就越大。手越靠近空白表面，阴影就越清晰。

（四）手影的内容与形式

在中国，手影表演多用来引逗儿童，其内容对儿童成长来说具有非凡的意义。下面介绍几种在手影表演中常出现的表演形式和动物形象。

手影以故事性的居多，尤其是在为儿童表演的时候，故事主角多是小动物，以小朋友的认知和口吻来讲述，故事内容具有一定的教育意义。例如，很多孩子小时候都听过“龟兔赛跑”的故事，儿童手影表演会在相应角色的基础上加入适当的故事情节，配合台词与旁白，以初级动画的形式演绎给儿童，让他们在游戏中接受启蒙教育，知道天赋与努力、优势与坚持的关系和意义，达到寓教于乐的目的。

在手影不涉及寓言、神话故事的时候，表演内容常以动物形象为主，讲述它们的生活或彼此之间的关系，比如，狼与羊的食物链关系、强大与弱小的对比、力量与智慧的较量等，通过表演者的台词与旁白，引导儿童认识世界、辨别是非，培养他们的同情心、同理心，使其树立正确的价值观。无论哪种手影表演都具有一定的教育意义，可以借助表演中出现的小动物的台词促进儿童心性的发展。

除了以上两种游戏形式，还有在家庭环境中引逗儿童时的互动游戏，比如，亲子动物形象扮演，或者几个儿童一起做手影配合游戏。因不受故事角色的限制，手影图像可以随意变换，没有台词和旁白，能够最大限度地激发儿童的想象力。

（五）手影陪伴儿童成长

手影作为一种传统民间游戏，一开始就是以儿童作为受众对象而存在的。手影作为经典传统游戏，更是对儿童的成长有着极为重要的影响，主要体现在对儿童的动手能力、想象力、认知能力、创造性和社交能力等方面的影响，能提高儿童对内心探索和外界感知的能力。

手影在一定程度上可以锻炼儿童的创新性与想象力，他们可以根据自己的想法自由尝试，例如，他们会思考“小兔子”造型要怎么做更逼真，是单手还是双手？可以创造几种形态，是站立、蹲坐还是跑动？这样可以提高儿童的观察力，并引导儿童进行创造性表达，增强儿童思维的灵活性。[①]手影在影响儿童成长的同时，儿童也成了传统游戏文化的传承者和创造者，在学习、思考、玩耍、动手过程中将这项民间技艺延续下去。

手影作为流传于民间的嬉戏娱乐活动，也具有一定的社交属性。儿童可以是手影的观众，也可以是手影的表演者。无论儿童扮演哪种角色，都需要沉浸其中，与表演者或观众产生关联。[②]当儿童的行为或者心理与外界产生交流的时候，也就形成了自主社交。手影可以帮助儿童在无形中了解自我、完善自我，从而养成良好的交往行为和习惯。

手影作为传统民间儿童娱乐形式的代表，虽然逐渐式微，但它的存在对儿童的成长无疑是有着积极健康的影响的。相较于电子游戏的泛滥和儿童对其的沉迷，手影对儿童的观察力、创造力、理解力的培养是电子游戏无法相比的，传承和弘扬手影既是对传统游戏文化的尊重，也是对儿童成长的关怀和重视。

皮影、手影等相关游戏可以教会儿童观察生活中物体的变化，感知光影表现出的物体的立体感与空间感，通过对光影的捕捉、观察、回忆、思考，使儿童初步学会用光与影来表现物体，培养儿童的思考力及创造力。

第三节　游戏中的“镜”与“景”

一、西洋镜

西洋镜是以玩具为载体传入中国的，成为一种主要面向儿童和普通民众的街头娱乐形式。在我国，民间街头西洋镜的盒子里有不同的

① 刘彩霞. 2019. 拼贴画制作对儿童成长的意义. 甘肃教育，（11）：68.
② 杜玲. 2020. 传统手影游戏在幼儿园教学中的应用初探. 学周刊，（13）：167-168.

画片，大部分是描绘外国风俗人情的西洋画，所以名为“西洋镜”。[①]西洋镜的盒子上有若干的放大镜的孔洞，人们可以根据光学原理看到放大的画面。在欧洲，西洋镜里绘制的图案被称为“光学景观”。这些画面放大的手工图案遵循一定的透视原理，体现了色彩丰富的立体影像（通过某些色彩亮度并列来制造视觉纵深感），所以西洋镜中的展示图案在西方也被称作“立体模型”。

（一）国内外发展

1. 国内

西洋镜最初是在清代中晚期作为光学玩具传入中国的，承担着街头娱乐功能，在民间广泛流传，也在一定程度上融合了当地的文化特色，是早年的民间杂耍之一。因其独特的表演形式，西洋镜也被称为“拉洋片”。经过数年的发展，西洋镜逐渐从光学玩具变成了科学研究对象，对中国光学理论系统的建立有深远的影响。

清代著名科学家郑复光对这些舶来品进行了系统、完整的研究，出版了一本关于光学知识的书籍《镜镜冷痴》，探讨了西洋镜的器件原理，由此完成了一种独特光学系统的建立。[②]通过对这些西洋镜玩具和器件原理的研究，结合人体视觉暂留的特征，以《定军山》为标志的电影艺术在中国诞生，虽然其只是部分打斗片段，也没有配音和台词，但无疑是中国电影事业的巨大进步。随着科技的不断发展，先后出现了有声电影、3D 电影等，但无论电影艺术如何发展，西洋镜作为电影的鼻祖，其地位都不可取代。

2. 国外

西洋镜是由路易·达盖尔（L. Daguerre）和查尔斯·玛丽·布顿（C. M. Bouton）发明的。西洋镜由两面绘有图案的材料组成，被作为一种图片浏览装置。当观众从正面观察时，场景是由一系列图案构成

① 李启乐. 2018. 清代中国的西洋镜、社会和视觉性. 装饰，（1）：18-22.

② 石云里. 2013. 从玩器到科学——欧洲光学玩具在清朝的流传与影响. 科学文化评论，（2）：29-49.

的，但通过从另一相位或缝隙后面观察不停切换的图案时，会产生一种动态的视觉效果。

在国外，西洋镜最初作为一种流行的娱乐节目，1822年起源于巴黎，为剧院的观众提供了一种绝佳的欣赏体验。还有一种流行的全尺寸（大尺寸）西洋镜又叫“全景”（全景绘画），一次表演可以允许多达350名顾客同时观看一幅风景画，这种风景画会巧妙地改变其内容。一组（幅）西洋镜的照片展示时间为10—15分钟，第一组（幅）结束后，观众（在一个巨大的转盘上）再开始看第二组，后来还增加了第三组（幅）。整个场景都是在亚麻布上手绘的，绘图之外的区域是透明的。一系列多层亚麻面板被安排在一个深的截断隧道中，通过天窗、屏幕、百叶窗重新定向照射。操纵灯光的方向和强度，可以使场景发生变化。随后，这种西洋镜装置逐渐成为流行的儿童玩具。19世纪，部分西洋镜配备了可移动的布景和木制或纸板人物。

（二）工作原理

西洋镜是一种光学玩具，它采用持续运动原理来产生视觉上运动的错觉。西洋镜一般分为上、中、下三部分，包括支架、观景器和画片盒。表演者通常为1人，道具为四周安装有镜头的木箱，镜头为凸透镜，让人有一种3D的视觉感受，箱内装备数张绘制好的连环画片。表演时，说书人唱一段情节，就在箱外拉动拉绳，操作图片的卷动，观众就看到了带有说唱配音的画面，其中的一系列动画帧都放在一个旋转的圆柱体内。[①]这个圆柱体可以快速转动，从而使动画帧快速移动，当人眼通过缝隙观看它们时，就出现了动画的效果。

西洋镜是早于电影出现的动画设备之一，将手绘图像、照片、3D模型等进行连续快速的切换，因利用了人眼视觉暂留的特性（人们所看到的物体会有0.1秒左右的保存时间），所以在新的图片以短于0.1秒的时间出现时，人的眼睛会产生图片是连续的错觉，产生运动的视觉效果。

---

① 陈晓鲁. 2019. 传统文化在现代亲子玩具中的传承与创新——亲子玩具设计. 艺术科技，(12)：153，211.

西洋镜的设计制作方式有很多种，最常见的是圆柱造型。所有的图片都放置在圆柱体内，圆柱体的中心轴可以带动图片进行旋转，使动画帧快速切换。当圆柱体快速转动时，会使人产生一种运动的错觉，而且旋转速度越快，图像的视觉感受越流畅、平滑。当人们从圆柱的预留孔进行观看的时候，就会因视觉暂留现象出现动画的视觉效果。一般情况下，西洋镜的圆柱体会预留多个观察孔，很多观者可以同时进行观看。

西洋镜的这种视觉运动原理在影视制作方面得到了广泛应用，图形交换格式（graphics interchange format，GIF）的动画制作和流式视频等均采用了这种方式，通过将一系列有小幅度动作变化的图像快速切换形成动画视觉效果。

（三）西洋镜对中国传统绘画的影响

西洋镜从游戏走向科学的最大转变是它在光学领域取得了一定的研究成果。从《镜镜冷痴》中可以看出，以西洋镜为主要研究对象的光学研究成果包括四个方面：一是颜色、光、影、光线的性质之间的相互关系；二是镜子的材料、性质、颜色、形状等方面的特征；三是以透镜为例解释其特性与使用原则；四是探讨了十多种光学产品的制作、结构、功能和性质。[①]虽然其中大部分为玩具，但对幻灯机原理等进行了详细的论述。可以说西洋镜的传入和发展直接影响了以《镜镜冷痴》为代表的中国光学研究体系的建立。

西洋镜的传入推动了中国光学研究的进步，也对中国传统绘画产生了影响，比如，绘画技法中的一点透视法（即中央视角延伸到一个点消失，绘图者按照透视法缩短描绘对象，运用知觉恒常性使画面更有立体感）的广泛应用。中国传统绘画意在传神，即主要强调形似和神韵，不具有空间序列的表达能力，西洋镜图案中的透视原理与中国传统绘画技法形成了对比，体现了文化和地域的差异性，对中国传统

① 石云里．2013．从玩器到科学——欧洲光学玩具在清朝的流传与影响．科学文化评论，（2）：29-49．

绘画技巧产生了一定程度的冲击与影响。

（四）西洋镜工作原理在玩具设计中的应用

西洋镜是以玩具为载体传入中国的，作为一种新兴的图片浏览装置，给当时的人们带来了奇妙的视觉感受。随着科技的进步，西洋镜的应用更加广泛，在光学研究、成像技术、绘画技法方面有突出表现，也使得对玩具的探索更加多样和具有趣味性。

日本艺术家后藤明典基于2D框架设计了一款通过3D打印制作的新型现代透明西洋镜，名为“土岐舞者”（Toki Dancers）。它利用了和西洋镜一样的原理，当光线通过旋转装置照射过来时，会呈现出人行走的动画效果。这种结合了现代设计生产工艺、生产材料、照明技术的西洋镜的动态展示效果和3D立体真实度更加逼真，能给观察者带来更好的视觉体验。

图5-15中陈列的展品名为“神奇的灯笼”，它通过投影图像来工作。如果将一个物体放在光线前面，它会投射一个阴影；如果把一张以透明材质为载体的照片或幻灯片放在一盏灯前面，就可以投射出那张照片。光线越明亮，画面也就越清晰。这种装置堪称现代版本的幻灯机，但它的历史却比幻灯机更久远。

图5-16中折叠存放的是西洋镜表演中使用的一系列场景图案。远景这一产品可以使观众通过西洋镜观察到这一系列场景的动态效果，并能够在视觉上体验到从2D到3D的透视效果。

象形仪（图5-17）是在英国的童年博物馆展出的一件观察装置。该装置主要通过镜子和放大镜之间的切换，使平面图案呈现出视觉上的3D场景。

图5-15　神奇的灯笼

图5-16　远景

图5-17　象形仪

乐高西洋镜是乐高大神沙列尔（Sariel）的作品。它的底部是一个高速转动的底盘，内壁的“画面”则是采用 16 个暴风兵人仔制作而成。先用 16 个人仔做出一组连续且循环的动作，再把它们依次固定在转盘上，一个西洋镜就做好了。[①]

二、场景游戏

目前，一些场景游戏中应用了 3D 技术、裸眼 3D 技术和全息技术，丰富了游戏的内容和形式。

在游乐场中，我们能够体验到 3D 虚拟世界的乐趣。其中，非常吸引人的一个项目便是 3D 虚拟过山车，游客需要坐在有特制乘骑的车辆中。有的项目还需要佩戴 3D 眼镜，比如，《变形金刚：火种源争夺战》，游客便可以穿梭在“哈利波特魔法世界”或者《变形金刚》电影中的背景世界里。跟随电影场景切换环境、上升下坠、碰撞、被喷水，仿佛真的把虚构的故事搬到现实中，真正地实现了沉浸式游玩体验。

在场景游戏中，裸眼 3D 技术也逐渐得到了应用。在上海海昌海洋公园建成的 360°裸眼 3D 海洋主题球幕影院，球幕直径达 18 米，利用 3D 仿真技术，真实地还原了极地海洋世界。整个影院可以容纳近 300 人同时观影，只要坐在或躺在影院内的地毯上抬头仰望，就可以身临幕中的情境。

全息技术在主题乐园中得到了应用，哈利·波特魔法世界主题乐园举行全息投影秀就是经典案例之一。霍格沃茨城堡被照亮，而故事中的反面角色如伏地魔、食死徒、摄魂怪等形象被投映在城堡墙壁上，效果令人震撼，使主题乐园原有的建筑有了新的活力，成了主题乐园吸引游客的“法宝”，同时还带动了乐园的夜间游乐繁荣。

孩子拥有无限的想象力，所以接受虚拟现实的能力比成人更强。

① http://www.china-scratch.com/news/7023.

在场景游戏中，使用3D、裸眼3D、全息投影等技术，可以激发孩子对世界的好奇心和探索欲，将枯燥的知识游戏化、具象化、直观化，进而激发孩子的学习兴趣。未来的场景游戏中，需要更具有沉浸感、交互性的虚拟现实产品，让儿童在虚拟的世界中畅玩，不受时空的限制，真正地实现在游戏中学习、在游戏中穿越与成长。

随着时代的发展、技术的进步，视觉游戏不断地演化，从早期的西洋镜延伸至当代的3D技术与全息技术。光影游戏一直都陪伴着儿童成长，利用光影游戏创造的虚拟场景能为儿童带来沉浸式的体验，为儿童塑造了仿真环境，让儿童能够获得更加立体的感官体验。

第四节　计算机游戏

一、电子游戏

电子游戏，或称“电玩游戏”，是指所有依托电子设备平台而运行的交互游戏。广义的“电子游戏”则与电脑游戏、网络游戏等概念并列使用。[①]

许多电子游戏都是从传统游戏发展而来的，其中图版游戏对促进电子游戏的发展产生了很大的作用。电子游戏在20世纪下半叶出现，改变了人类进行游戏的行为方式和对“游戏”一词的定义，属于一种随科技发展而诞生的文化活动。现在电子游戏已经成了人们生活中常见的一种娱乐方式，不仅丰富了人类的精神世界和物质世界，也为人们的生活增添了乐趣。

（一）电子游戏的发展

电子游戏的发展历史如图5-18所示。

① 关萍萍. 2010. 互动媒介论——电子游戏多重互动与叙事模式. 浙江大学, 41.

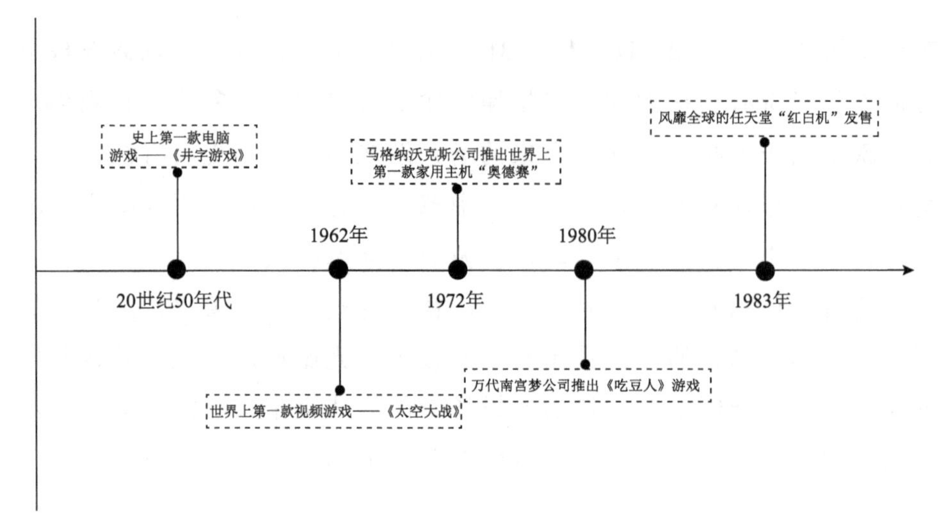

图 5-18　电子游戏的发展历史示意图

最早的电子游戏专用机出现在 20 世纪 60 年代初。1962 年，麻省理工学院的学生史蒂夫·拉塞尔（S. Russell）设计出世界上第一款街机游戏《太空大战》（Space War）。这一游戏的主题是由两名玩家各自控制一艘围绕着具有强大引力的星球的太空战舰向对方发射进行导弹攻击，这是真正运行在电脑上的第一款交互式游戏。[①]这款游戏运行在程序数据处理机-1（programmed data processor-1，PDP-1）上，受电脑技术的限制，当时画面显示的清晰度较低，图像、剧情都需要玩家想象。1967 年，拉尔夫·贝尔（R. Baer）与设计小组成功研究出第一款可以利用电视机进行使用的视频互动游戏。他们开发了一款追逐游戏，紧接着又开发了一款电视网球游戏。他们还改装了一把玩具枪，使其能够辨别屏幕上的光点。[②] 1971 年，诺兰·布什内尔（N. Bushnell）和特德·达布尼（T. Dabney）在拉塞尔的《太空大战》的基础上，设计出第一款街机游戏，并为其取名《电脑空间》（Computer Space）。[③]1972 年，诺兰·布什内尔和特德·达布尼注册成立了自己的公司，就是这家公司被称为电子游戏的始祖——雅达利（Atari）公

① 刘卓. 2008. 电子游戏的娱乐体验与交互设计. 江南大学，7.
② 刘卓. 2008. 电子游戏的娱乐体验与交互设计. 江南大学，7.
③ 刘卓. 2008. 电子游戏的娱乐体验与交互设计. 江南大学，7.

司。世界上第一台被接受的业务用机就是雅达利公司推出的以乒乓球为题材的“游戏乒乓球”。这意味着电子游戏产业化的开始，它是第一台专门的游戏机，让人们真正接触到了电子游戏。后来，雅达利公司将他们的游戏乒乓球制作成电视游戏，成为雅达利公司的第一款家庭电视游戏产品。游戏乒乓球是第一款可以 4 人同时参与的游戏，取得了巨大的成功，标志着电子游戏开始作为一种娱乐手段被大众认可并接受。

（二）电子游戏的分类

1. 按产品类型分类

1）大型游戏机游戏。大型游戏机又称“街机”，一般设置在大型娱乐场所，如酒吧、咖啡厅，以及加油站等地方，同时也是街头流行的商用游戏机。在欧美和日本等地，常设有供路人投币使用的街机设备。

2）控制台游戏。控制台游戏又称“电视游戏”，即家用游戏机游戏，家用游戏机一般只有一部普通电话机大小。这种游戏机常常需要与家中的电视机连接使用，将电视机作为显示输出设备。目前，国内比较常见的游戏机以及微软旗下的游戏设备产品 X-BOX 都属于家用游戏机。早在 20 世纪 80 年代，日本的家用游戏机就进入了我国，带动了国内“小霸王”游戏机的迅速发展。20 世纪 90 年代中期，第一代家用游戏机渐渐退出了游戏舞台。

3）掌机游戏。掌机游戏是 20 世纪 80 年代后期个人使用的便携式电子游戏机成为一种潮流后而形成的消费模式，同时各游戏厂商也开发了可以便携的游戏主机。第一个成功的商业化掌上主机是由任天堂公司开发的初代掌上游戏机 Game Boy，为了延续掌机商业化的优势，任天堂公司随后推出了掌机 Nintendo Switch。

4）个人计算机（personal computer，PC）游戏，也叫电脑游戏。20 世纪 90 年代，个人计算机开始进入中国家庭，PC 游戏随之被人们接受。最初的 PC 游戏的图形、画面、声音质量以及升级换代和可拓展性远优于电视游戏，但未能连接互联网，所以也称当时的 PC 游戏为单机游戏。那时，单机游戏几乎成为每一台家用电脑的标准配置。随着互联网的发展，出现了许多可通过 PC 联网的网络游戏，也称互联网游戏。

5）无线游戏，也称手机网络游戏。截至 2022 年 6 月，我国网民规模达 10.51 亿，网民使用手机上网的比例为 99.6%，同时我国网络游戏用户规模达 5.52 亿。[①]随着生活节奏的加快，人们对游戏的要求越来越高。同时，手机的普及和无线技术的发展为无线游戏发展奠定了基础。

2. 按游戏种类分类

1）动作游戏。动作游戏强调玩家的反应能力和手眼配合，剧情一般比较简单，但情节紧张，有刺激性，声光效果丰富。[②]代表作品有《战神》系列和《鬼泣》系列等。

2）第一人称视角射击游戏。第一人称视角射击游戏是以主角视角进行的射击游戏。仿真画面显示了从主角视角观察到的游戏世界，并由玩家进行射击、运动、跳跃、对话等活动。代表作品有《反恐精英》《使命召唤》《守望先锋》《绝地求生》等。

3）第三人称视角射击游戏。与第一人称视角射击游戏相比，第三人称视角射击游戏没有那种真实感，但具有更广阔的视野和丰富的战术。代表作品有《战争机器》《马克思·佩恩》《喷射战士》等。

4）即时战略游戏。它是玩家即时进行战略建设，采集资源，将资源转化为生产单位和作战单位，并摧毁敌人基地的游戏。代表作品有《红色警戒》系列、《魔兽争霸》系列和《星际争霸》系列。

5）多人在线竞技游戏。相对于即时战略游戏，在这种游戏中，玩家需要操作多个单位，甚至是一支军队。多人在线竞技游戏的玩家通常被分为两队，每个人只需要操作一个单位，升级并购买装备，最终以摧毁对方基地的方式获胜。代表作品包括《英雄联盟》《风暴英雄》等。

6）集换式卡牌游戏。在这种游戏中，玩家需要通过收集卡牌，组

① 中国互联网络信息中心. 2022-08. 第 50 次中国互联网络发展状况统计报告. https://netc.bzu.edu.cn/ 2022/1018/c20351a238575/page.htm.

② 王强. 2018. 电子游戏分类盘点. 文化月刊，（4）：30-31.

建符合规则的套牌，然后根据自己的策略，灵活使用不同的卡牌进行游戏。代表作品有《万智牌》《炉石传说》等。

7）格斗游戏。格斗游戏是从动作类游戏分化出来的，是由玩家操纵各种角色，与计算机或另一玩家控制的角色进行一对一决斗的游戏。代表作有《街霸》《格斗之王》等，带有角色扮演游戏元素的《地下城与勇士》也可以归为格斗游戏。

8）冒险游戏。冒险游戏是玩家控制游戏角色进行虚拟冒险的游戏，往往是以完成某个任务或是解开一个谜题的形式出现，由丰富的场景进行呈现。代表作品有《古墓丽影》《生化危机》等。

9）模拟经营类游戏。在这类游戏中，玩家以创业者的身份进行某种事业或者产业的经营或建设，玩家必须解决营运中可能遭遇的风险及问题，考验的是玩家的经营能力。代表作品有《模拟人生》。

10）体育游戏。体育游戏让玩家模拟参与专业的体育运动赛事，运动类别的内容多以时下热门的体育赛事为蓝本，如美国男子职业篮球联赛、美国职业棒球联赛、世界杯足球赛等。代表作品有《FIFA》系列、《实况足球》系列、《NBA》系列等。

11）音乐游戏。在这种游戏中，玩家必须配合音乐与节奏做出动作（依画面的指示，按按钮、踏舞步、操作模仿乐器的控制器等）来进行游戏。玩家的动作与节奏吻合，即可增加得分，相反情况下则会扣分。[①]代表作品有《劲乐团》《劲舞团》《节奏大师》等。

12）角色扮演游戏。在角色扮演游戏中，由玩家扮演虚拟世界中的一个或者几个队员角色，在特定场景中进行游戏。角色属性（如生命值、法力、力量、灵敏度、智力）会随游戏情节的发展而成长。代表作品有《仙剑奇侠传》《最终幻想》等。

如今，电子游戏依然在持续发展。家长在教育孩子如何使用电子游戏之前，需要先了解玩电子游戏的益处以及成瘾的后果，正确规范孩子的屏幕使用时间。与此同时，借鉴其他国家的游戏分级制度，设计中国的游戏分级，也是如今亟待解决的问题。只有以正确的方式对

---

① 王强. 2018. 电子游戏分类盘点. 文化月刊，（4）：30-31.

待电子游戏，才能保护好青少年儿童，从而促进我国游戏产业的健康蓬勃发展。

二、体感游戏

随着智能家电设备的不断发展，更多的家庭游戏项目也被逐渐开发出来，体感游戏就是其中之一。体感游戏是基于体感技术发展而来的，人们通过即时的肢体动作与周边的装置、环境和内容进行互动，而无须使用任何复杂的控制设备。相对于传统的游戏而言，在体感游戏中，玩家可以直接通过肢体动作进行游戏，能够快速、全身心地投入到游戏中。同时，体感游戏能以寓教于乐、生动形象的方式，让孩子在轻松娱乐的氛围中学习科学知识，孩子们可以在游戏中尽情发挥他们的创造力。①

（一）体感游戏的发展

体感游戏的发展历史如图 5-19 所示。

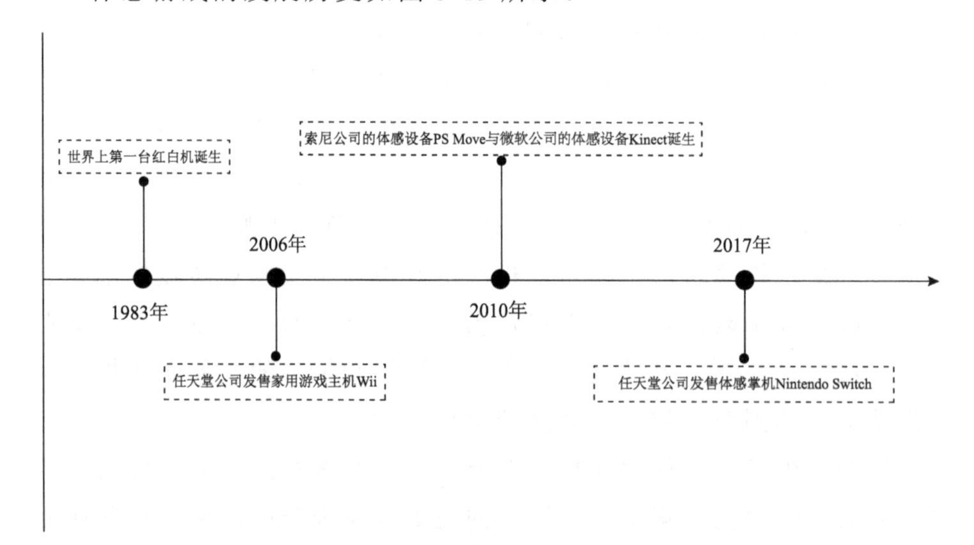

图 5-19　体感游戏的发展历史示意图

① 梁欣. 2020. 基于 KINECT 技术下的儿童消防安全体感游戏设计. 广东工业大学，13-15.

早期的体感游戏对机器性能的要求较高，特别是体感部分几乎都需要特殊大型操作器配合，因此有一段时间体感游戏难以在家用机上充分应用，即使是当年人气很旺的世嘉体感街机系列，移植到家用平台时，也不得不放弃作为重中之重的体感部分。在家用机发展的黎明期，总有许多游戏设计者想进行突破，尤其是将玩家以动作来操控游戏作为卖点。20 世纪 80 年代，红白机上偶尔会出现必须用特殊控制器来玩的游戏。

早期的体感游戏还包括街机中像 VR 战警这种需要玩家手持光枪配合手臂、腰等肢体动作才能进行的游戏。另外，早在第二代便携式游戏机发布时，任天堂公司就通过卡带内置的陀螺仪来定位机器的倾斜角度，玩家在游戏中除了使用固定的按键以外，还需要通过机器的摆动来进行游戏，这也是体感游戏的雏形。

2004 年，任天堂公司在主机市场面临着微软公司与索尼公司的双面“威胁”，自家主机销量也不佳。但在这一年，任天堂公司公布了一款代号为“革命”的游戏主机。2006 年，该机正式发售，这就是今天大家熟悉的 Wii。随着 Wii 的大获成功，2010 年，索尼公司和微软公司也纷纷推出了自己的体感产品，主机游戏市场进入了空前繁荣的体感时代。

2010 年 11 月，微软公司发售了 Xbox360 的体感外设 Kinect。不同于任天堂公司和索尼公司的体感设备，Kinect 是以 Xbox360 游戏机的周边外设发展出来的。如果把 Xbox360 比作游戏机，则 Kinect 可比作游戏手柄，只不过此游戏手柄能识别玩家的姿势、动作、手势以及声音，它同时拥有即时动态捕捉、影像辨识、麦克风输入、语音辨识、社群互动等功能，玩家无须再手持任何设备就能进行游戏。随着 Kinect 技术的不断成熟，Kinect 最终独立于 Xbox360，可以直接和普通的 PC 机连接，对人体的姿势和动作进行识别。①

① 张诗潮，钱冬明. 2014. 体感技术现状和发展研究. 华东师范大学学报(自然科学版)，(2)：40-49，126.

2017年3月，任天堂公司发布了主机Nintendo Switch，虽然主打的并不是体感，但通过蓝牙定位、红外相机和震动等技术，实现了让玩家可以使用自身的行为动作操作游戏，并且可以接收到相应的游戏带来的整个体感反馈。同时，得益于震动技术，这种反馈显得更加自然、真实。[①]

（二）相关设备

在相关设备方面，体感设备突破了传统意义上的游戏模式，让玩家可以丢掉手中的游戏控制手柄，即不通过直接接触的方式来进行交互。国外的体感设备有微软的Kinect、任天堂的Wii等。Kinect可以追踪用户的动作，并可以在游戏时根据数据建立用户的数字骨架，当用户做动作时，感应器会处理动作并在游戏里做出反应，所以用户不需要手持体感设备就能进行游戏。Wii游戏机的体感设备有动作捕捉功能，使得用户可以对着电视机，挥舞着手中的体感交互控制器，做着运动或者健身，如打高尔夫球、保龄球等。国内也涌现出了很多体感设备，如爱动体感设备、速位互动设备（CyWee）、绿动体感运动机（iSec）等。[②]

近年来，新型的相关设备以厉动（Leap Motion）体感设备为代表。厉动体感设备仅由传感器和摄像头两部分组成，没有Kinect高昂的售价，也不需要额外购买设备，更不需要足够大的室内空间。厉动体感设备不仅精度较高，而且操作也很简单，用USB连接电脑后，传感器上方会创造出一个空间，将手置于其中，就可以进行多种手势操作了，显然这样的游戏方式要比在触屏上玩要更有乐趣。另外，厉动体感设备专门为开发者提供了软件开发工具包，以便于今后有更多适用的APP。

① 孔焱莉. 2019. 数字游戏的感观化发展趋势研究. 吉林艺术学院，20.

② 苏凯，赵苏砚. 2017. VR虚拟现实与AR增强现实的技术原理与商业应用. 北京：人民邮电出版社，52-58.

（三）体感游戏的应用

近年来，随着体感游戏的发展，市场上体感游戏的种类繁多。在应用方面，主要以 Nintendo Switch 相关游戏为主。《健身环大冒险》是任天堂公司发行的一款平台角色扮演游戏。玩家可将 Nintendo Switch 上的 Joy-Con（Nintendo Switch 的标配控制器）装入游戏自带的 Ring-Con（以双手握持操作的圆环状控制器）及腿部固定带中，以识别自己的动作，一边健身，一边在游戏中冒险。设备中包含游戏本体、一个 Ring-Con 和一个腿部固定带，将 Joy-Con 控制器分别插入其中，并在大腿上绑紧后就可以开始游戏。该设备拥有精密的力学传感器，可感应推压和拉开的力道。Joy-Con 的动作传感器和陀螺仪传感器可感应各种动作。腿部固定带是运用 Joy-Con 的动作传感器和陀螺仪传感器的另一个控制器，可感应踏步和屈膝等动作。

《舞力全开》是一款由网易等推出的音乐舞蹈游戏。该游戏的玩法非常简单，玩家只需要按照游戏画面里角色的动作进行舞蹈，就可以赢得游戏分数。该游戏上手难度较小，但是想要玩得熟练，还需要多次练习，在游戏中也有许多儿童类歌曲可供亲子娱乐。

如今，人们也越来越关注室内的娱乐方式，体感游戏再一次受到人们的关注。在足不出户的情况下，家长可以同孩子一起玩体感游戏，不仅有助于孩子获得更为丰富的认知和情感体验，帮助孩子开展深度浸入式学习、角色扮演式学习、情景交互式学习，还能促进亲子互动，促进更加良好的家庭关系的建立。

随着信息技术的不断发展，现代儿童游戏中出现了越来越多的计算机游戏。相比传统游戏的简易、自然与朴素，计算机游戏以声、光、影同步呈现的新奇魅力刺激和吸引着孩子的视听。如今，儿童成长的环境中充斥着各类电子产品，家长需要趋利避害，合理利用计算机游戏的优势，实现拓宽儿童的认知、促进儿童健康成长的目标。

本章以图形与图像的发展为主线，从 2D 图形到 3D 图像，从传统游戏到当代科技，从实物图像到虚拟投影、虚拟现实、体感交互等方面，依次介绍了各类陪伴孩子成长的图形与图像游戏，并从游戏的历史发展、技术原理、相关产品分析的角度进行了说明。在孩子的成长过程中，家长可以利用视觉游戏培养孩子对视觉信息的把控能力，引导孩子对事物呈现的2D到3D再到多维的图形图像信息进行观察与辨别，培养孩子对图形图像、语言及符号的认知记忆，空间识别和数字判断等相关能力，让孩子在多维度游戏中探索、体验与进步。

第六章　游戏中的想象与创造

想象是什么？想象是角色扮演游戏中儿童手里的魔法棒，是戏曲人手中紧握的马鞭，能为观众再现想象世界的梦幻景象。想象是儿童脸颊上的面具、游戏中的道具，它们作为媒介帮助孩子打开通往想象世界的大门，让孩子摆脱了现实的束缚。想象是创造力的起源。

创造是什么？创造是探索未知事物过程的集中体现。极具刺激性和挑战性的竞技与冒险游戏深受孩子们的喜爱。创造是儿童的天性，是用手中普通的纸张、灵巧的手指创作出千姿百态的折纸艺术，是实现想象的一种方式。创造还是人们对文字游戏的想象和再造，如谜语。猜谜作为一种智力游戏，不仅增强了文字的趣味性，还启发了人们的思维，其奥妙来源于人们对未知领域的好奇。

我们熟知的儿童群体游戏中的很多内容都蕴含着儿童对社会的感受和理解。老鹰捉小鸡、丢沙包、击鼓传花等这些参与性强、规则限制少的游戏，将社会现象转为游戏内容，不断启发儿童的联想、创造与判断。在儿童影视作品中，群体游戏中的主人公拥有了超能力——或飞上天，或潜入海，或瞬间移动。儿童对超能力的幻想往往会出现在各种游戏角色的扮演中，他们会给角色赋能，奇思妙想地为其创造出专属的超能力。

表达、创造、探索是想象力生长的最好土壤，希望孩子们发挥想象，敢于创造，在未来以想象指引创造，以创造实现想象。

第一节　游戏中的面具和道具

一、游戏中的面具

面具是一种世界性的古老文化产物，是一种具有丰富文化内涵的象征符号，起源于原始巫教和图腾崇拜。原始社会的狩猎活动、部落战争等也是促使面具萌芽的重要因素。[①]外国的博物馆、美术馆、图书馆以及收藏界里很难有中国面具的一席之地，这不能不令人深感遗憾。事实上，中国是世界上面具历史比较悠久、流传比较广泛的国家之一。

近代以来，随着社会的发展，面具的种类也越来越多，孩子们不仅从市场上购买面具，也会自己动手去做一些简单的面具，比如，用一张白纸剪出人脸的轮廓，再用彩色的画笔勾勒简单的图案，然后系上线绳佩戴。即使是这种简单的面具，孩子们也能从中获得无限的乐趣。

（一）国内的面具

面具体现了各个民族的宗教、民俗和审美特点。中国面具和面具艺术的历史久远，艺术品种繁多，流布地域广泛，制作材料多样，绘制技巧精美，艺术构思奇特，历史内涵深厚。

1. 发展历史

中国面具的发展历史如图 6-1 所示。

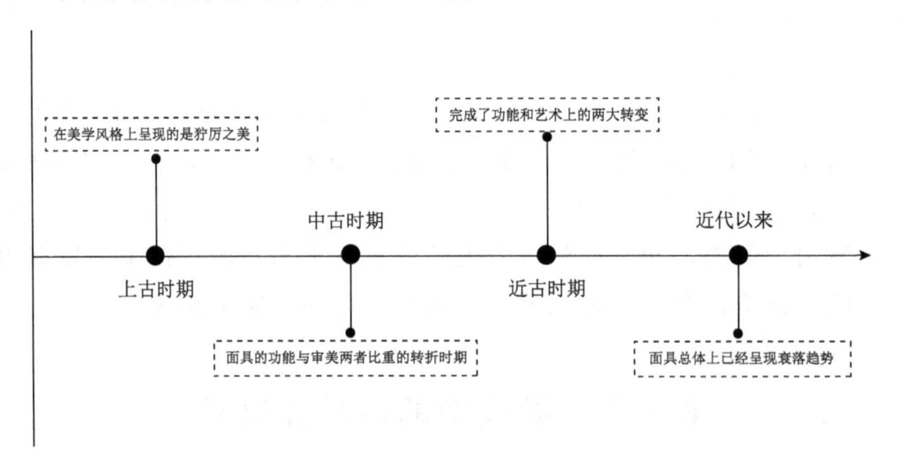

图 6-1　中国面具的发展历史示意图

① 常宏. 2006. 中日面具艺术的审美比较——以鬼神面具为例. 山西大学，1.

上古时期，面具在美学风格上呈现的是狞厉之美。现存的上古时期面具绝大多数是用青铜制造的，另有少量的黄金面具、玉石面具。[①]

中古时期是面具的功能与审美两者比重的转折时期。在原始社会时期，面具是一种生存工具，而到了中古时期，面具被广泛用于歌舞百戏，并出现了专门佩戴面具表演的“象人”（指人偶，即祭礼中戴假面具的人），此后面具的审美功能开始上升为主要功能，实用功能逐渐降为次要功能。[②]

近古时期，面具完成了功能和艺术上的两大转变。在功能上，由早期的以实用为主转变为以审美为主。面具被广泛运用在戏剧之中，是作为一种具有审美价值的化妆道具而存在的，是演员扮演多种角色的重要道具。[③]

近代以来的面具总体上已经呈现衰落趋势：面具的实用功能更加弱化；面具的使用领域日益狭窄；面具的制作水平每况愈下。近代以来的面具大体可分为商品面具和艺术面具两大类型。商品面具是指大批量生产的以盈利为目的的面具，分为两种：一种是卡通脸谱，材质多为塑料；另一种是以旅客为销售对象，集中在旅游胜地出售，没有具体的文化内涵，而且工艺粗糙。艺术面具是指由艺术家创作，供人们观赏和收藏的面具，质地十分芜杂，除了传统材料外，砂陶、石膏、麻绳、玻璃、钢等都被用来制作艺术面具。[④]

2. 面具的种类

在中国漫长的历史长河中，面具曾被广泛用于狩猎、巫术、战争、祭祀、驱傩、丧葬等，直到今天，我国贵州、云南、湖南、四川、广西、西藏等地还大量分布着各类面具，始终占据主流地位的是祭祀面具、战争面具、丧葬面具、乐舞面具（表6-1）。[⑤]

---

① 李佳. 2012. 时代造就风格——中国面具史的发展研究. 文艺生活（下旬刊），（5）：91.
② 李佳. 2012. 时代造就风格——中国面具史的发展研究. 文艺生活（下旬刊），（5）：91.
③ 李佳. 2012. 时代造就风格——中国面具史的发展研究. 文艺生活（下旬刊），（5）：91.
④ 李佳. 2012. 时代造就风格——中国面具史的发展研究. 文艺生活（下旬刊），（5）：91.
⑤ 顾朴光. 1998. 中国民间面具. 长沙：湖南美术出版社，5-9.

表 6-1 基于功能分类的中国面具

功能	介绍
祭祀面具	祈求神灵恩赐，保佑民众幸福安康
战争面具	战争面具的出现可以追溯到原始社会末期，相传蚩尤与黄帝大战时，“蚩尤兄弟八十一人，并兽身人语，铜头铁额”（《太平御览》引《龙鱼河图》）。所谓“铜头铁额”应当指佩戴用金属制作或装饰的面具
丧葬面具	罩在死人面部的金面具、缀玉缀金面罩，嵌挂于陵墓墙壁和棺椁的玉石神虎面具等
乐舞面具	乐舞是古代对舞蹈、杂技和戏剧的总称，在舞蹈、杂技和戏剧演出中使用的面具叫乐舞面具

资料来源：顾朴光. 1998. 中国民间面具. 长沙：湖南美术出版社，5-9

随着时代的发展，面具的种类日益丰富，以供人们日常娱乐活动中使用的娱乐面具的应用日益广泛。娱乐面具的种类较为丰富，包括表演者在演出时为达到舞台效果佩戴的面具，模特在走秀时为了装饰而佩戴的面具，孩子们在日常玩耍时为了角色扮演佩戴的各种面具等。例如，大头娃娃，也叫“抛大头”“罗汉舞”，是民间常见的一种艺术表演，历史悠久。大头娃娃面具在孩子们的生活中也扮演着重要的角色，佩戴不同的面具可以帮助孩子体验不一样的乐趣。

3. 面具的材料及工艺

我国面具的质地丰富多彩，包括金、银、铜、铁、玉、石、陶、泥、木、竹、草、皮、布、纸等。早期的面具多用金、银、铜、玉等珍贵材料制作，近代的面具多用木、布、纸、泥等廉价材料制作。当今的各种面具，在原料选用上大都能因地制宜，在制作方法上也各有特点。[①]面具造型工艺的丰富无法一一赘述，例如，哈尼族叶车人的面具是将棕披直接罩在头上；基诺族阿嫫松铁祭面具是在笋壳上挖洞，露出眼睛、鼻子即可；土家族、壮族、苗族等用稻草、茅草、树叶包裹全脸即成假面形。凡此种种，都反映了中国民间面具文化的丰富性和多元性。

4. 中国面具的代表——脸谱

（1）脸谱的发展历史

脸谱的发展有悠久的历史（表 6-2）。脸谱起源于面具，是将图

① 顾朴光. 1998. 中国民间面具. 长沙：湖南美术出版社，18.

形直接画在人脸上，而面具是把图形画或铸在别的物质上后再佩戴在脸上。有学者给脸谱下的定义是：用鲜明绚丽的色彩、犀利流畅的线条组织成面部图案，勾画在戏曲人物的脸上，是中国戏曲化妆的特殊手段。[①]这一定义言简意赅。按脸谱的一般应用范围来讲，它属于净、丑两行；按脸谱的戏剧功能来说，它是戏曲统一风格化妆的一种。[②]

表 6-2　脸谱的发展历史

时间	事件
约公元 550 年	起源于原始图腾，据《旧唐书·音乐志》和唐段安节撰《乐府杂录》记载，约公元 550 年，北齐兰陵王高长恭英勇善战，但因貌美少威，因而每次作战就戴上狰狞的假面具[③]
公元 420—907 年	乐舞节目中出现“假面歌舞”，“假面具”是脸谱的起始
唐	发展成为一种“代面”的歌舞形式，这种戴面具的演出，观众看不到演员的表情，妨碍了对戏剧艺术的欣赏，后来就不戴面具了，发展为将面具上的花纹直接画在脸上的化妆艺术
12—13 世纪	宋院本和元杂剧的演出中出现了面部中心有大块白斑的丑角脸谱
18 世纪末至 19 世纪初	京剧脸谱吸收各地方剧种脸谱的优点，图案和色彩越来越丰富，人物性格的区分也越鲜明，形成了一套完整的化妆谱式

（2）脸谱谱式

脸谱是历代艺术家在长期的实践中逐渐积累下来的图案谱式。京剧脸谱通常分为净角脸谱与丑角脸谱两大类。丑角只有文丑脸和武丑脸之分。净角谱式复杂、多样，如三块瓦脸、十字门脸、碎花脸、水白脸，这是对脸谱的一种概括性称谓。

1）三块瓦脸。它是京剧脸谱的一种，是在整脸的基础上，突出眉、眼、鼻等颜面上的部位构成的，是脸谱中最基本的谱式。很多脸谱都是从三块瓦脸演变而来的。它以一种主要颜色作底色，然后用黑色把眉、眼、鼻三窝高度夸张地勾画出来（又称“三块窝”）。额部和两颊的主色被明显地分成三块，平整得像三块瓦一样，故名“三块瓦脸”。

① 傅学斌．2009．京剧脸谱．天津：百花文艺出版社，3.

② 傅学斌．2009．京剧脸谱．天津：百花文艺出版社，4.

③ 人民网．2019-05-10．探秘脸谱绘画 感受传统文化——记冯晓春脸谱与绘画的艺术之路．http://www.rmlt.com.cn/2019/0510/546593.shtml.

《铁笼山》中的姜维、《收关胜》中的关胜是红三块瓦脸，《状元印》中的常遇春、《刺王僚》中的专诸是紫三块瓦脸，等等。

2）十字门脸。它是京剧脸谱的一种，特点是自脑门顶至鼻子尖画一黑色立柱纹，俗称“通天黑”。这一黑色立纹在鼻梁处横向同两个黑色眼窝互相交叉，很像一个黑“十”字形，脑门涂白，两颊涂粉红，用于老年正面人物。

3）碎花脸。它是京剧脸谱的一种。碎花脸虽然来源于花三块瓦脸，但已突破三块瓦脸之谱式。与整脸相反，它是脸谱中用色最复杂、勾画最花哨、象征性极强的谱式，主要特点是脸纹琐碎而华丽。

4）水白脸。它是京剧脸谱整脸的一种，亦称粉白脸、大白抹脸。满脸抹白粉，以黑色勾画眉、眼、鼻的肌肉纹理，用红朱色在眉攒处加饰圆点或简单图形，既传神又增加了色彩美，水白脸是用来刻画那些阴险、狡诈的奸相权臣的，如曹操、高俅等的专用谱式。①

（3）脸谱的技艺——变脸

清乾隆、嘉庆年间，每到逢年过节，在四川乡镇村落码头处林立的庙堂都会搭起戏台以作庆典，久而久之，川剧就在街头巷尾渐成气候。清代“两湖填四川”，为蜀地的文化带来了诸多新元素，诸腔戏班汇集到巴蜀各大城的酒肆街坊之中，生、旦、净、末、丑一同亮相于茶馆的小戏台之上，日久逐渐形成共同的风格，清末时统称“川戏”，后才改称“川剧”。

川剧变脸的种类颇多，方法也不少，概括起来主要有拭、揉、抹、吹、画、戴、憋、扯 8 种。变脸在川剧中是一门很高超的技艺，现在已被其他兄弟剧种所借鉴，并且已经流传到国外。

（二）国外的面具

1. 希腊面具

公元前 5 世纪，希腊戏剧演出频繁，使用的面具很多，但未留下实物。虽然演员的面具各有特点，但悲剧歌队的面具彼此相同，喜剧

---

① 吴同宾，周亚勋. 1990. 京剧知识词典. 天津：天津人民出版社，136-138.

面具则变化较多。公元前1世纪，面具形状更为夸张，趋向于程式化和类型化。罗马人承袭了希腊的传统，但面具形象更为古怪。图6-2为木乃伊面具线条图。

图6-2　木乃伊面具线条图（侯慧敏 绘）

2. 非洲面具

非洲的面具样式很多，有普通的仅遮着面部的面具，也有头顶上有雕刻装饰的套头面具，还有套头直接顶肩膀上的面具（图6-3）。非洲人看到这些不同形制的面具，很容易就能知道其代表的意义。[①]

图6-3　非洲面具线条图（侯慧敏 绘）

① 邱兴雄. 2016. 非洲艺术研究. 杭州：中国美术学院出版社，96-97.

面具是非洲最负盛名的艺术形式，从材质上说，非洲面具的材料既有乌木、红木等硬质木材，也有黄木、纯白木等质地稍微松软的木材，多数是用纯木制作，也有镶嵌上象牙或涂抹上油彩的情况。我们看到“芳族”的面具上还有一些刻画线，有的面具添上了头发、胡子等，甚至有些面具使用真人的头发来进行装饰。对于“芳族”面具的艺术魅力，也许只有在现场观看舞者们手持面具载歌载舞之后，我们对其的感受才会加深。面具与服装掩盖着人的身躯，甚至掩盖着人的手和脚，在鼓声、号角声以及响铃的伴奏下，在缓慢的行进以及令人眩晕的舞蹈中，给观者留下了极深刻的印象。

3. 日本面具

日本是一个面具大国，其繁多的品种和优秀的制作技术世界早有公认。[①]图 6-4 为鬼神面具线条图。面具界权威人士顾朴光先生认为，日本素以面具文化发达著称。在其丰富多彩的面具中，有土面、贝面、伎乐面、舞乐面、行道面、猿乐面、能面、狂言面、神乐面等，其中伎乐面、舞乐面、行道面都属于“外来系”面具，与中国面具有着密切的渊源。[②]

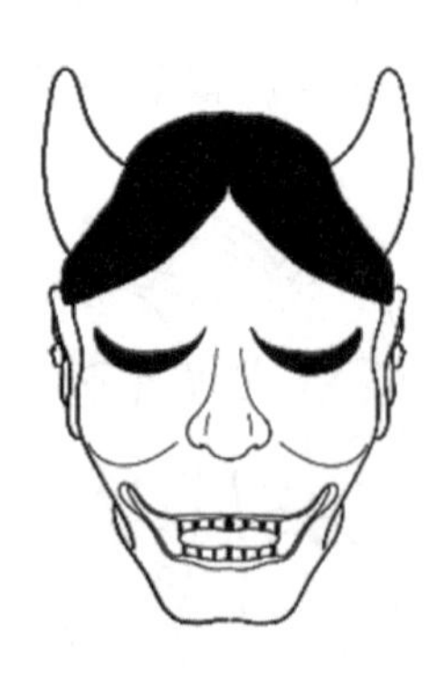

图 6-4　鬼神面具线条图（侯慧敏 绘）

从考古资料来看，日本早在绳文时代就有贝壳和泥土制作的面具，但是在后来的发展过程中，逐渐受到外来文化的影响，特别是中国文

① 吴贤义. 2007. 从中国傩面与日本能面看面具艺术. 电影评介，（19）：91-92.

② 转引自：常宏. 2006. 中日面具艺术的审美比较——以鬼神面具为例. 山西大学，1.

化的影响。贞观四年（公元630年），日本舒明天皇派遣唐使中的伎乐师大量引进大唐乐舞。1956年，著名京剧表演艺术家李少春访日演出时，日本艺术家赠送了日本保留并仿制的兰陵王面具。日本面具的质朴奇异和强烈的夸张变形，在艺术上与中国面具有许多相似之处，无论是形制、造型还是雕刻技法、设色基调，都可显而易见地看到东方的美学观念和道德文明。[①]

4. 威尼斯面具

很久以前，威尼斯的王公贵族们会戴上夸张的面具，穿着华丽的复古装束，聚在河边或者乘船夜游。面具掩盖了大家的真实身份，消除了贫富、年龄、性别等差距，人们可以毫无顾忌地恣意狂欢。[②]威尼斯面具大都由纸浆制成，并用毛皮、织物、宝石或羽毛装饰。

约公元12世纪，威尼斯城邦共和国战胜附近邦国，为了庆祝胜利，人们盛装打扮，戴上面具，在街头欢庆，后来演变为一年一度的狂欢节，而面具也成了庆典的一大亮点。[③]16世纪下半叶，伴随着意大利艺术的发展，威尼斯面具逐渐融入了意大利的民族传统，并由专业演员来表演。18世纪，威尼斯人戴面具达到了高峰，社会各阶层间的文明礼数越来越混乱，为此威尼斯颁布了法律条例限制面具的佩戴，禁止人们在日常生活中佩戴面具，只能在某些特定的日子（如狂欢节）佩戴面具。

威尼斯面具主要有两大类：狂欢节面具和即兴喜剧面具（表6-3，表6-4）。这些面具造型各异，每种面具的背后都代表着不同的人物背景。狂欢节面具是最能代表威尼斯人的精神的。18世纪，威尼斯狂欢节是世界上最负盛名的嘉年华，所有阶级都参与到这个奇幻的集体活动中。即兴喜剧面具可以追溯至16世纪后半叶，用以表现人的性格特质、种族传统以及各个城市的专职与行业，专业的喜剧演员将之呈现于喜剧艺术中，赋予其人性。

---

① 吴贤义. 2007. 从中国傩面与日本能面看面具艺术. 电影评介，（19）：91-92.

② 李晓雯. 2017. 华丽的视觉盛宴——威尼斯面具艺术. 早期教育（美术版），（9）：44-47.

③ 陆晓虹. 2009. 华丽的狂欢表情——威尼斯面具. 早期教育（美术版），（Z1）：32-33.

表 6-3　主要的狂欢节面具

名称	造型
包塔（Bauta）	面具覆盖整脸，下颌轮廓清晰、硬朗，没有嘴巴，但有很多装饰
加托（Gatto）	面具轮廓酷似猫脸
沃尔托（Volto）	面具覆盖下巴，贴近耳朵，鼻子和下巴是面具的突出部分

资料来源：陆晓虹. 2009. 华丽的狂欢表情——威尼斯面具. 早期教育（美术版），（Z1）：32-33

表 6-4　主要的即兴喜剧面具

名称	造型
哥伦比那（Colombina）	面具半遮脸，仅挡住眼睛、鼻子和脸颊上半部分，用金银、水晶和羽毛做装饰
小丑（arlecchino）	形如小丑、颜色鲜艳，盖住整张脸，鼻子短小，眉毛弯垂，嘴角上扬
仆人（zanni）	有着长鼻子，突起的眉骨和低矮的额头。据说鼻子越长，代表这个人物越愚蠢

资料来源：成振珂. 2017. 世界帝国简史：人类变迁中的文明与真相（下册）. 北京：中国商业出版社，945-947

近代以来，随着科学技术的发展，面具的制作方式也日益丰富，3D 打印技术使面具的制作变得更加简易（图 6-5）。面具是一种自我保护和表现的工具，戴上面具，就像换了一种身份。利用现代技术制作面具，既保存了传统面具造型的数字模型，又提高了产品的生产效率和良品率。现代面具的发展极大地丰富了孩子们的娱乐方式和表演方式，他们会戴上面具去塑造另一个“自己”，借助面具的力量扮演不同的角色、演绎不同的身份。在面具的表演和游戏中，孩子们加深了对民族传统面具文化的认知，为面具文化的传承与发展创造了条件。

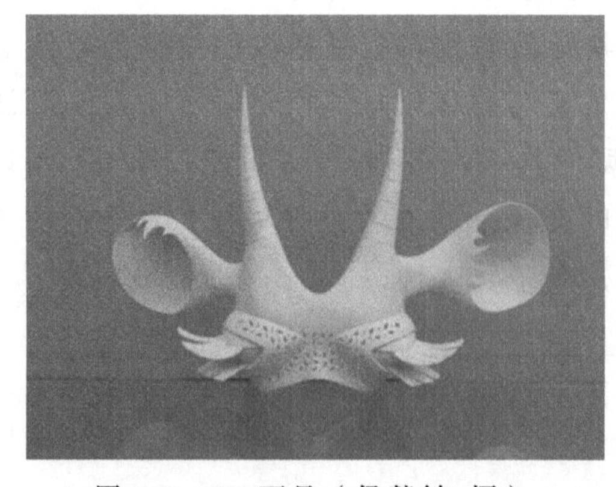

图 6-5　3D 面具（侯慧敏　摄）

二、道具

道具玩具一直深受儿童的青睐，不仅能给他们带来欢乐，还是他们打开智慧天窗的钥匙，能让他们在玩耍的过程中变得更加机智、聪明。通常儿童在玩过家家类游戏时会使用一些小型的玩具道具，由此获得更真实的感受。道具的使用提升了儿童的动手能力，同时也能使其体验到一种职业扮演的趣味，寓教于乐。在玩耍的过程中，儿童对不同的角色、职业有了初步的了解、认知和体验，从道具中解析角色、身份或职业中的规范和需要具备的基本素养、技巧，从而激发了其对不同道具进行探究的兴趣。

（一）道具概述

早期，道具是舞台剧表演中不可或缺的一部分，它不仅是舞台的布景，还可以起到烘托舞台氛围、配合舞台演出等作用。同时，道具的合理运用能提升人物形象和魅力，有效契合舞台剧的审美要求，让观众在欣赏舞台艺术的同时，融入舞台艺术中。[①]道具常出现于电影、电视、舞台剧中，例如，道具手枪、道具刀、道具钱等。道具制作也是一种艺术，无论颜色、质感还是形式等都与表演的剧情及场景有关，不仅具有表现性与装饰性，还会起到烘托气氛和推动剧情的作用。

在角色扮演类游戏中，道具是重要的存在。游戏中的职业仿真道具可以让儿童快速进入角色，更好地沉浸在所设定的场景中，在角色认知的基础上获得游戏乐趣和心理满足。

（二）中西方道具的发展

1. 中国道具发展

我国古代称道具为“切末”，又称“砌末”。[②]道具是伴随戏剧的发展而产生的，有记载以来，我国较早的道具可追溯到古代酬神祭祖的巫觋活动。《吕氏春秋·古乐》中“昔葛天氏之乐，三人操牛尾，

① 牟岚. 2018. 舞台剧表演中道具的设计及作用分析. 中国民族博览，（10）：131-132.
② 韩冠军. 2021. 道具在戏曲舞台的作用与发展. 魅力中国，（8）：85-86.

投足以歌八阕”的记载描绘的就是先民祭祀时以牛尾作为舞具（道具）边歌边舞的场景。[①]中国戏剧道具的发展如表 6-5 所示。

表 6-5　中国戏剧道具的发展

戏剧名称	发展时间	道具	道具作用
祭祀歌舞	原始时代	牛尾	舞具
傩事活动——傩戏	商周时期起源，汉朝盛行，明清形成傩戏	木雕面具、令牌、马鞭、法器	增强表演，塑造人物
戏曲	秦汉萌芽，唐中后期形成，元代成熟，明代繁盛，1840 年前后京剧形成	刀、剑、马鞭、船桨、扇子、烟袋等	塑造人物形象，突出人物性格，象征性地表现戏剧场景

2. 西方道具发展

欧洲戏剧源于古希腊祭祀的歌舞表演，表演时人们会扮装成鸟兽游行狂欢，人们用来装扮“鸟兽”的物品也是道具。[②]舞台戏剧中，道具是表演艺术的物质需要，也是为丰富、加强、烘托表演艺术的重要存在。不同历史时期，道具的风格也是不同的。

3. 中西方道具的特点

中国的戏剧侧重“写意”，道具也一样，道具的“意”不只表于“形”，还与表演者所演剧情发展有关。例如，京剧中的桌子，当表演者躺在上面睡觉时，那桌子就变为“床”；京剧中常见的道具“马鞭”，剧中不仅可以作为赶马工具，还代表表演者所骑的马匹，不同颜色的马鞭还代表了不同品类的马。

西方戏剧注重“写实”，追求真实，贴近生活，舞台道具制作精致，对于舞台场景的道具使用，也力求再现生活，寻求完整。例如，在戏剧《罗密欧与朱丽叶》中，月夜，男女主人公在窗台抒情的场景，会在舞台上真实地呈现出来。

（三）象征性游戏与游戏道具

象征性游戏是指儿童利用一个现实事物来表现另外一个事物或赋

① 佚名. 1996.《西域文化史》即将出版. 中国史研究动态，（5）：32.
② 李旭. 2013. 中国戏曲舞台布景的演变研究. 江苏师范大学，21.

予其新特征的行为活动，是对时间、人物、空间的一种转换。象征性游戏是最为常见的一种儿童游戏类型，也是学龄前儿童的主要游戏形式。一般 2—7 岁儿童比较喜欢象征性游戏，3—5 岁是玩象征性游戏比较集中的年龄段。象征性游戏道具的内容主要与儿童所见、所闻、所好奇的事物相关（图 6-6），如烹饪、购物、梳妆、看病、养育、维修、影视作品、童话故事等。[①]

图 6-6　游戏道具

象征性游戏来源于儿童对周围事物产生的联想，他们模仿成人世界的各种行为。孩子们用娃娃和毛绒玩具创造了一个属于自己的、虚构的宇宙。象征性游戏可以单人进行也可以多人进行。多人游戏需要儿童间进行角色介绍，遵循一定的游戏规则，对每个伙伴的角色定位进行记忆。这种游戏有利于儿童之间交流和沟通，让儿童顺利地从“自我中心”阶段过渡到“社会性”阶段，这也是象征性游戏的价值之一。[②]

象征性游戏道具的种类、用途、适用对象如表 6-6 所示。

表 6-6　象征性游戏道具的种类、用途、适用对象

种类	用途	适用对象
烹饪工具类	儿童体验在厨房做饭时的乐趣	3—7 岁
维修工具类	模拟工具使用过程，锻炼儿童的各项能力	3—12 岁
医疗工具类	培养儿童的想象力和手眼协调能力	3—9 岁
美妆工具类	模拟美妆可以提升孩子的思考能力，促进孩子的触觉发育、颜色认知	3—6 岁

① 范君靓. 2016. 基于自然交互的儿童象征游戏设计与研究——以烹饪游戏为例. 浙江理工大学，12-18.

② 范君靓. 2016. 基于自然交互的儿童象征游戏设计与研究——以烹饪游戏为例. 浙江理工大学，15-19.

续表

种类	用途	适用对象
超市购物类	扮演购物小达人，有益于孩子锻炼思维、开发智力、认物辨色	3—7 岁
制作甜点类	模拟甜点制作，可以提高孩子的动手能力及思维能力，培养其创新意识	6 岁以上

象征性游戏道具又可分为实物模型和扮装道具，其优点、缺点如表 6-7 所示。

表 6-7 象征性游戏道具的优点、缺点

类型	优点	缺点
实物模型	操作真实，有较强的体验感，游戏想象操作空间较大，可多人进行游戏，促进儿童之间的交流、互动	主题单一，趣味性的持久度低，道具主题的延展性较弱
扮装道具	增强游戏体验感，更快进入角色设定，角色的象征性较强	主题单一，角色定义和游戏场合有局限

（四）儿童游戏道具的发展

随着儿童年龄的增长，象征性游戏的设定也会趋于复杂化，游戏借助的道具也会随之复杂。VR 技术的日渐成熟，智能产品的出现，对传统的实体游戏产生了一定的冲击。游戏者更加注重游戏体验中的交互性和体验感，如迪士尼开发的赛车游戏 App MATes（应用程序伴侣），游戏有实体赛车道具和软件两个部分，儿童可以拿着赛车道具在平板电脑界面上进行赛车。除此之外，还可以佩戴 VR 眼镜，体验切水果的乐趣。道具与 VR 的结合极大地提升了儿童在体验环节的沉浸感，在对孩子的感官进行多维打通的同时，也能使其体验乐趣不断叠加升级。

通过道具进行游戏是幼儿有效的学习形式之一。游戏与幼儿主体发展的关系，游戏与幼儿的情绪宣泄和心理健康的关系，游戏与幸福快乐的童年生活的关系等，逐渐受到人们的重视与关注。游戏能激发幼儿语言交往的积极性。儿童在游戏中常常需要将视觉信息、听觉信息以及主观感受、愿望或要求转换成语言，或者根据他人的意图做出言语方面的反应。在道具游戏中，儿童与成人、儿童与儿童之间双向互动过程中的语言交往学习、社交能力学习、道具应用学习随处可见。[①]

道具游戏能够增强幼儿的自信、满足幼儿的心理需要。游戏是由儿童自发、自选，且没有任何功利目的，能满足儿童需要的活动，是幼儿自由结伴进行的，能给幼儿带来欢乐和满足。它为幼儿创造适宜于他们身心发展特点与需要的生活场景，同时使幼儿能拥有快乐的童年生活，有利于幼儿认知事物、体验情感、积累生活经验，对儿童的成长发展具有十分重要的作用。

第二节　竞技游戏

一、蹴鞠

蹴鞠是中国的传统体育运动，“蹴”即用脚踢，“鞠”是皮制的球，“蹴鞠”就是用脚踢球的意思。蹴鞠比现代足球小，不那么圆，弹性也没有足球好，在技巧上比踢足球困难很多，但其对现代足球的产生具有重要的影响。在唐代，中国蹴鞠向东传播到日本和朝鲜，向西传播到欧洲，在英国发展成为现代意义上的足球。

（一）蹴鞠的玩法

蹴鞠主要分为三大类。第一类是单门球蹴鞠（图 6-7），玩法与现代的排球类似，但不能用手碰蹴鞠，球门中间有“风流眼”，双方各一侧，在球不落地的情况下，能使之穿过风流眼多者获胜。第二类是双门球蹴鞠（图 6-8），与现代的足球类似，双方都有像小房子一样的球门，踢入对方球门多者获胜。第三类不设球门，又称“白打”，两个球队派出相同数目的球员，在场中用头、肩、背、膝、脚等身体部位顶球，保证球不落地。由裁判分别打分，技高一筹者胜，强调技

---

① 黄艳. 2017. 浅谈幼儿园游戏化学习与环境创设. 游戏化与智慧教育国际会议暨中国教育技术协会教育游戏专业委员会 2017 年会论文集，1-5.

巧的观赏性，类似于花样足球。[①]

图 6-7　单门球蹴鞠

图 6-8　双门球蹴鞠

资料来源：中华人民共和国体育运动委员会运动技术委员会. 1959. 中国体育史参考资料（第七、八辑）：中国古代球类运动史料初考. 北京：人民体育出版社，51-52

（二）蹴鞠的发展

蹴鞠起源于春秋战国时期的齐国故都临淄，在汉代获得较大的发展，唐宋时期最为繁荣，从元明时期开始走向衰落，清代主要在民间流行。

临淄地区现在一直将蹴鞠作为清明节和重阳节的传统活动，但由于受到西方文化和中国社会转型的冲击，这项古老的运动已处于濒危状态。为此，开展青少年足球运动是十分有必要的，不仅能够锻炼儿童的身体素质，还能够增强他们的自信心及集体荣誉感。

（三）VR 与足球的结合

VR 作为一种能给人全新感官体验的技术，在临场感方面比传统的 2D 平面更具优势。将 VR 与足球相结合，可以为人们提供全方位的体验，并得到更加系统化的数据。2017 年，尤文图斯足球俱乐部（Juventus Football Club）上架了一款为球迷定制的 VR 程序，通过这一程序，用户能够身临其境地感受到俱乐部联赛夺冠的喜悦，观看球员的日常训练，感受球队悠久的文化历史。

① 吴钩. 2018. 宋代蹴鞠的玩法，跟今天的足球比赛一样吗. 中国人大，（12）：53.

VR 技术的创新运用，能让每一个怀有足球梦的孩子有更多机会参与到足球运动中，接受系统的足球训练，巧妙地解决了场地缺乏问题，儿童能够足不出户在家享受酣畅淋漓的足球比赛，日常的训练也能接触到享誉全球的足球教练。在师资匮乏问题得到解决的同时，他们的技能水平也会有整体的提升。同时，将 VR 技术引入儿童足球训练中，可以避免与对手产生直接的身体接触，降低了儿童因足球训练发生安全事故的概率。

二、马球

马球运动起源于中亚地区的游牧民族，一部分用于运动，另一部分用于战争训练。后来，马球运动随着游牧民族传到伊朗，并且成了一项全国性的运动，备受贵族和军人的追捧。马球运动和比赛逐渐形式化以后，往西边传到了君士坦丁堡，往东传到了中国、日本，往南传到了印度。国内最早有记载的是三国时期，唐宋发展到顶峰，平民和帝王都酷爱马球。唐代女子不乏马球高手，也有与马球相关的风俗，许多诗句中也记录了女子打马球时的飒爽英姿，如“球场空阔净尘埃”等。清代，由于规定“禁止汉人养马”，马球运动逐渐消亡。近代，成立了马球俱乐部，举办马球比赛。2008 年，中国塔吉克族流行的马球成为国家级非物质文化遗产，为这项古老的运动带来了新的发展机会。儿童参与其中，也使得这项运动的风格由豪放转为更为婉约、柔和，在强健体魄的同时，还可以锻炼儿童思维的敏捷性，有助于增强儿童的勇气和胆量。

三、射箭

有研究将中国古代弓箭文化的发展分为三个主要阶段。第一阶段是夏商之前，弓箭均是作为军事、狩猎的工具。第二阶段是夏商至宋朝，“礼射”的出现使弓箭在具备武器属性的同时，还具备了礼器的属性。第三阶段是宋朝至近代，射艺逐渐从传统的兵书中被排挤出来，被视为与博弈等同的“杂艺”。[①]

（一）射箭的发展

射箭的发展历史如图 6-9 和表 6-8 所示。

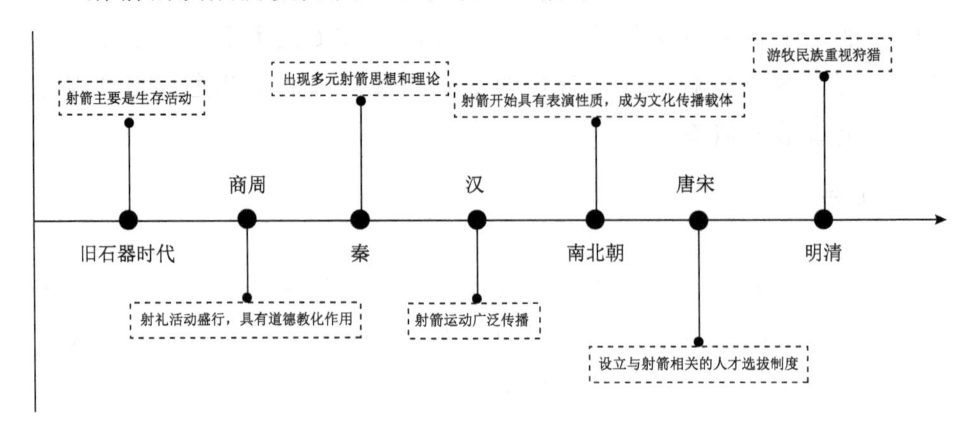

图 6-9 射箭的发展历史示意图

表 6-8 射箭的发展历史

时间	发展
旧石器时代（射箭起源）	中国是较早制作弓箭的国家之一，山西朔州峙峪遗址发现的石制箭镞表明，早在旧石器时代晚期，祖先就开始使用弓箭进行狩猎活动
商周（射礼）	较早有关射箭运动的记载出现在商周时期，西周盛行的射礼活动不仅具备体育竞技的性质，并且具有社会道德教化作用
秦（射箭教学）	延续商周的射礼活动，并将它发展为类似于现代的体育活动，出现了较为多元系统的射箭理论。在弓箭制作方面，《考工记》一书中详细记载了弓箭制作的各个流程，从侧面反映了弓箭作为武器被运用到军事活动中
汉（射箭运动）	射箭运动得到广泛的传播，深入社会各个阶层，民众对其的认可度逐渐提高，成为平民百姓喜爱的体育运动，在汉画像石、汉赋、汉简中都能找到射箭的身影
南北朝（射箭表演）	政权频繁更替，却促进了文化大融合。这共同推动了军事、娱乐等多种性质射箭的快速发展，并走上特色发展道路
唐宋	国力强盛，建立了较为完善的人才选拔制度，射箭也成为武术选举的一部分
明清	很多统治者都是善于骑射的少数游牧民族，十分重视射箭狩猎活动

① 转引自：吕红芳，边宇，马廉祯等．2017．我国传统射箭运动复兴的文化反思．北京体育大学学报，（6）：140-145．

（二）与射箭相关的民俗

中国射箭历史源远流长，内涵丰富，蕴涵着大量的历史文化信息，不但具有体育竞技价值，也是研究几千年来我国多民族文化交流融合的典型而生动的例证，许多少数民族都有关于射箭的民俗活动（表 6-9）。

表 6-9　关于射箭的民俗活动

节庆	地区	时间	内容
鄂温克族瑟宾节	黑龙江省讷河市	6 月 18 日	瑟宾节源于古老的祭祀仪式，最初是山神祭祀，随后演变成歌舞、竞技娱乐（赛马、射箭等）、篝火晚会等民俗狂欢活动
青海湖祭海	青海省海北藏族自治州	农历七月十五	在湖边搭建煨桑台进行祭祀，祭祀结束之后，在湖边举行赛马、赛牛、射箭等体育活动和一些表演
江孜达玛节	西藏自治区江孜县	藏历四月十日至二十八日	江孜达玛节在藏语中的意思是跑马射箭，是集体育竞技、文艺表演、物资展销于一体的藏民族传统节日
那达慕大会	内蒙古自治区	7—8 月	传统项目为民间舞蹈表演、长调演唱、手工艺品展示、民族服饰表演及摔跤等，赛马、射箭和摔跤也是大会的传统项目
鄂伦春族古伦木沓节	黑龙江省	春季	鄂伦春族在春季举行，白天举行赛马、射箭、射击、摔跤及唱歌，夜晚则在篝火周围请萨满跳舞，祭神祭祖
锡伯族西迁节	新疆维吾尔自治区	农历四月十八	为纪念锡伯族官兵奉命西迁新疆伊犁地区屯垦戍边这一丰功伟绩，举行西迁节庆祝活动，包括野炊、射箭、比武等

资料来源：根据中国非物质文化遗产网（https://www.ihchina.cn/）的相关内容整理

（三）弓箭制作工艺

蒙古族作为马背上的游牧民族，擅长骑射，制作弓箭是他们的传统技艺之一。各个部落都广泛流传着传统角弓制作工艺，代代相传。蒙古族传统角弓的生产过程主要包括材料选择、提取、加工、组合四个步骤。角弓材料的选择是生产良好弓形的前提和基础，原料包括水牛角、牛腱或牛背肌，以及具有良好弹性的竹、桦木和荆木材料。[①]制作弓箭需要花费相当多的时间和精力，具体包括 100 多个步骤。

射箭是一些民族的传统运动，是其传统文化中特殊的存在，也是

① 张雪冬. 2016-06-11. 蒙古族传统牛角弓 金戈铁马的骑射利器. https://www.ihchina.cn/Article/Index/detail?id=14345.

谋生和御敌的必要手段。很多民族儿童从小就要练习射箭，10余岁的儿童就能佩弓箭飞驰，他们崇尚勇敢，从不退缩畏惧。

四、跳绳

跳绳运动是一人或众人在一根摇摆的绳中做各种跳跃运动的游戏，汉代的画像石上已出现，唐代称“透索”，宋代称“跳索”，明代称“跳百索”“跳马索”，清晚期称“绳飞”，民国以后才称为“跳绳”。[①]绳子在古代是一种重要的生活工具，可以用来结绳记事，拴扣牲畜，捆扎农作物或猎物，因此，跳绳可能是来源于原始的农事、狩猎或军事活动。

（一）跳绳的发展

从古时候开始，“跳”就是一种人在攻击中获得优势、躲避动物的袭击、在树上收集食物的本能。很早以前，就有了跟跳绳相关的说法，人们将藤蔓或柔软的竹子和跳跃结合在一起，加以练习，形成了一种具有娱乐性的艺术形式。跳绳也有可能是从古代的军事训练演变而来的，从绊和躲避被绊的训练开始，由骑马越过绳索，到人越过绳子，跳绳这种很好的锻炼方式流传至今（图6-10，表6-10）。

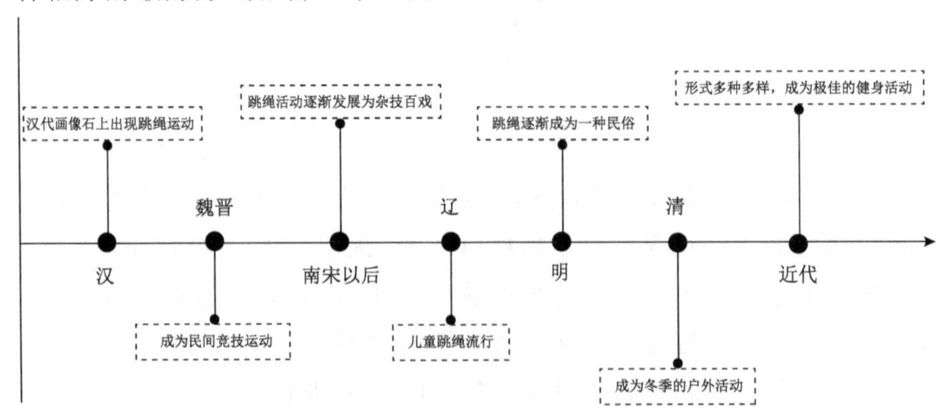

图6-10　跳绳的发展历史示意图

① 佚名. 2020-03-01. 旅游达人带你线上安逸走四川丨邂逅惊艳时光的宝藏. https://www.sohu.com/a/122471515_501333.

表 6-10　跳绳的发展历史

时间	发展
汉	跳绳原属于庭院游戏类，后来发展成民间竞技运动。最早出现的关于跳绳的史料是汉代画像石上的跳绳图，这也可以证明至迟在汉代就已经有了跳绳活动
魏晋	跳绳成为民间竞技运动
南宋以后	跳绳活动逐渐发展为杂技百戏，还有了“跳索”的名称
辽	跳绳成为儿童喜爱的运动，宣化辽墓中的“幼儿跳绳图”画面内容就呈现了三个儿童在进行跳绳游戏
明	逐渐成为一种民俗，每逢佳节，民间都有跳绳活动，还出现了多人轮跳的游戏方式
清	成为一项冬季的户外活动
近代	跳绳活动发展到今天，有单人跳、双人跳、麻花跳、车轮跳、花样跳、绳舞、绳操等，形式多种多样，观赏性大大增强，同时也是一项极佳的健身运动

（二）跳绳运动的类型

（1）速度跳绳

跳绳运动对发展身体的协调性、下肢力量、速度、耐力、灵活性等具有重要作用，更重要的是参与跳绳运动可以激发儿童的学习兴趣。①速度跳绳的考核方式是 30 秒单摇跳，考验儿童的速度和耐力。目前，国内速度跳绳采用段前级、段位两部分，段前级需要参与者 30 秒内单摇跳跳到 20—50 次，而段位则需要 30 秒内单摇跳跳到 60—170 次。

（2）花样跳绳

花样跳绳运动是民族传统体育与现代竞技体育相结合的产物，在保持原有文化的基础上，吸收借鉴了现代文化，获得了快速发展。②花样跳绳运动具有简单易上手、动作花式有活力、安全系数高等优点，深受儿童的喜爱。按照参与人数，花样跳绳可以分为两人一绳、多人网绳、交互绳等。花样跳绳运动不仅能使儿童的身体素质得到锻炼，

① 周绍琛，王嘉冕. 2021. 跨学科项目：“绳韵 STEAM+绳舞乐动”课程. 辽宁教育，（24）：57-60.

② 吴琼，张鲲. 2015. 论花样跳绳运动的人文价值. 四川体育科学，（2）：4-6.

更重要的是能进一步培养儿童的团队协作能力及个人创新能力。

五、其他传统体育项目

中华传统体育历史悠久，这些丰富多彩的传统体育项目是中华民族宝贵的文化遗产。[①]在中国传统体育项目中，除了广为流传的蹴鞠、射箭、马球、摔跤，还有武术、舞狮等（表 6-11）。

表 6-11 主要的中华传统体育项目

名称	起源	发展
武术	在生产、自然搏斗以及冷兵器战争中逐步形成的一种体育项目	起源于部落战争，随后形成了武举制度，靠武术选拔人才，近代主要是起到了健身和养生的作用
舞狮	张骞出使西域后，狮子被引入中国，汉朝有关于狮子舞的记载	分北狮和南狮。北狮以“武狮”为主，风格威武雄壮；南狮以“文狮”为主，讲究意在和神似
龙舟	龙舟竞渡起源于对爱国诗人屈原的纪念	古代民间用龙舟竞渡来祈求消灾辟邪，现代龙舟逐渐演变为体育竞技运动，在特定节日举办龙舟竞渡运动
空竹	空竹由汉族民间游戏用具陀螺演变而来	空竹最早为宫廷玩物，后来流传民间成为传统杂技项目，集娱乐性、健身性、竞技性和表演性于一身
捶丸	捶丸的出现与唐代盛行的“步打球”有密切关系，是现代高尔夫球的雏形	形成于北宋时期，兴盛于元明时期，形成过程可简述为蹴鞠—马球—驴打球—步打球

六、现代拓展项目

近年来，越来越多的儿童健身和娱乐设施快速蓬勃发展。其中户外拓展项目符合儿童的生理特征，使儿童的运动锻炼更加符合生长规律，能达到促进锻炼和成长的目标。许多现代体育运动项目也由传统体育运动演变而来，如高空探险、儿童攀岩、儿童滑板等，可以激发儿童身体的潜能，达到强身健体和益智的目的。

高空探险项目一部分利用钢结构或者木结构立柱作为主框架，在

① 王利春，蒋东升，贾建峰等. 2015. 民族传统体育学科发展探讨. 体育文化导刊，(6)：34-36.

立柱之间用绳网通过不同的缠绕方式将立柱连接成一条通往终点的线路，让儿童在到达终点时还可以体验高空坠落与自由滑翔的快感；另一部分则在树上展开，是一项集冒险、运动、娱乐、挑战于一体的户外运动项目，利用各种各样的障碍环节将树连成一条线，儿童通过悬空桥梁、绳索网道、秋千等趣味项目在树林间探险，最终通过爬、滑、跨、跳等动作到达终点。

攀岩即攀登陡峭的岩壁，是在垂直面展开的活动。儿童攀岩活动大部分是在人造攀岩墙上展开的，攀岩墙由多块倾斜度不同的攀岩板组成，配色鲜艳，富有张力，需要儿童协调手脚攀爬石块，留意登顶线路上的每一个细节，避免失误跌落。攀岩这项运动能够培养儿童的专注力和毅力，提高其抗挫折能力。

滑板项目是极限运动的鼻祖，许多极限运动均由滑板项目演化而来，如今已成为流行运动。儿童滑板是孩子的肢体玩具，可以锻炼其身体的灵活性，提高肢体反应速度，提高机体协调能力。滑板运动能够培养儿童勇敢坚毅、迎难而上的品格。

如今，青少年儿童近视率居高不下，肥胖率也呈逐年上升的趋势，因此强健体魄、开展儿童体育素质教育是十分有必要的。进行体育锻炼，儿童的各项身体指标能够得到改善，在使他们养成运动习惯的同时，也能培养其正确的输赢观。

第三节　冒险游戏

一、冒险游戏概述

（一）儿童参与冒险游戏的影响因素

雨果曾说过："所谓活着的人，就是不断挑战的人，不断攀登命运险峰的人。"[①]冒险性游戏因其自身所特有的刺激性和挑战性，深

---

① 转引自：周海燕. 2012. 内在的力量. 北京：中国商业出版社，30.

受儿童和成人喜爱。第一次明确提出冒险游戏概念的是挪威学者桑德斯特（Sandseter）。她认为冒险游戏是惊险的和具有挑战性的，有可能造成儿童人身伤害，但这种游戏向儿童提供了挑战自然、测试自身极限、探索户外边界和了解受伤风险的机会。[①]

英国哲学家斯宾塞（Spencer）认为，儿童游戏的动力来源于剩余精力的发泄或运用，并从游戏中获得满足，以填补在现实生活中无法完成的空缺。[②]冒险游戏会满足儿童对冒险的需求，如果不能让儿童在游戏中满足对探险的渴望，儿童可能会自己去寻找冒险机会，在不能对自己的能力及环境进行正确估计的情境下的冒险，更加容易给儿童带来消极的影响。[③]

儿童具有探索和寻求冒险的天性，但由于儿童所处家庭环境的不同，每个儿童对冒险行为的认知和欲望是有差异的。儿童参与冒险游戏的影响因素大体包括主观与客观两个方面（表 6-12）。

表 6-12　儿童参与冒险游戏的影响因素

项目	影响因素
主观	性别、气质类型、人格特质等
客观	户外环境、成人方面（包括教师及家长的教育背景等）

家庭教养方式分为四种：民主型、放任型、溺爱型和专制型。有调查显示，放任型、溺爱型和专制型家庭教养方式的儿童出现退缩行为和攻击行为的频率更高，民主型家庭教养方式的儿童出现问题行为的频率更低。[④]从儿童对冒险行为的态度可以看出，家庭教养方式对儿童参与冒险游戏也是有影响的，绝大部分儿童对冒险游戏的选择是简单的、积极的，而拒绝参与冒险游戏的儿童，其家庭教养方式多为

① Sando O J, Sandseter E B H. 2020. Affordances for physical activity and well-being in the ECEC outdoor environment. Journal of Environmental Psychology, 69: 101430.

② 转引自：刘焱. 1999. 幼儿园游戏教学论. 北京：中国社会科学出版社，171.

③ 占宇琦. 2020. 幼儿园冒险性游戏价值的探析. 基础教育研究，（9）：82-85.

④ 伍冰清. 2017. 幼儿园户外冒险游戏研究. 四川师范大学，13.

专制型或溺爱型。[①]

（二）冒险游戏的魅力

冒险本身包含的不确定性也是一种独特的魅力，使得儿童想不断去靠近，从冒险中体验刺激和乐趣，让自己拥有更丰富的经验。对儿童来说，冒险游戏并不仅是玩，还是对儿童内在天性的解放和对未知的探索。

在对冒险游戏进行界定时，还要区别冒险和危险。冒险和危险是不同的概念，“冒险”的行为结果是未知的，可能是积极的或消极的。“危险”只包含行为结果的消极面，不存在积极的行为结果。“冒险”是游戏者可以判断的，比如，游戏者可以爬多高，是否可以安全地从秋千上跳下来。“危险”意味着游戏活动中有潜在的导致儿童受伤的因素，这是极其危险的。比如，一般儿童不能判断秋千设备是否安全，是否会出现意料不到的事情。

冒险游戏与户外游戏也容易混淆，冒险游戏是在户外进行的，属于户外游戏的一种。但并非所有的户外游戏都是冒险游戏，具有惊险和挑战性的，给儿童带来不确定冒险因素的户外游戏才属于冒险游戏。桑德斯特建议儿童在成长中必须经历的6类冒险游戏如表6-13所示。[②]

表6-13　桑德斯特建议儿童在成长中必须经历的6类冒险游戏

游戏类型	存在的危险	例子
探索高度	摔伤	攀爬、从高处跳下
接触危险玩具	划伤、扎伤	小刀、钉子、绳索
接近危险的地方	溺水、摔伤、烧伤	池塘边、悬崖、着火处
混打游戏	参与者都会面临受伤威胁	摔跤、玩乐性质的棍棒打闹
追求高速	速度不可控制造成伤害	骑车、滑冰
迷路和寻路、独处	迷失方向，遇到坏人，存在未知危险	一人玩耍、户外探险

资料来源：王善安．2017．西方儿童冒险游戏：内涵、价值及实施策略．早期教育（教师版），（4）：7-9

① 钟惊雷．2003．小学生行为问题与家庭教养方式的相关研究．湖州师范学院学报，（4）：113-116．

② 转引自：王善安．2017．西方儿童冒险游戏：内涵、价值及实施策略．早期教育（教师版），（4）：7-9．

桑德斯特认为，这些看似危险的事物或环境，可以刺激儿童对危险事物的敏感性和警觉性，并且在危险中学会掌控事物并做出判断，还会激发儿童对未知领域的探索。儿童具有冒险的天性，学会管理恐惧，是成长要经历的一个重要过程。通过进行冒险性游戏，孩子们有效地接受了一种“暴露疗法”——他们强迫自己去做害怕的事情，来克服恐惧。如果他们从来不曾经历这个过程，恐惧有可能会成为恐惧症。有研究显示，那些5—9岁曾从高处坠落受伤的孩子在18岁的时候更不容易害怕高处。[①]心理学家彼得·格雷（P. Gray）指出，现在的一些儿童存在抑郁、自恋和情感共鸣下降等心理问题，很大一部分与他们童年很少参与冒险性游戏有关。家长过度的爱护和关心，让孩子失去了成长的空间、独立思考的机会。有研究者指出，孩子们正是在不断的社会实践甚至是冒险中逐渐学会独立的。

现在玩具的安全标准让绝大多数游乐场都像“棉花屋”，尖角与直棱等危险之处要么被打圆，要么被裹上橡胶或塑料防护，攀玩架和猴杆小型化，以降低高度，让孩子能够攀爬，并且所有的设施都放置于能够吸收震荡的橡胶垫或木板上，防止孩子跌落摔伤。这样的游乐场千篇一律，完全不能给孩子惊喜感，不能激起他们持续探索的欲望，更不要说进行像在现实世界里漫游那样的创造力活动了。[②]另外，对孩子来说，这样装在橡胶塑料表面的玩乐设施的风险也不比现实世界少。大卫·鲍尔（D. Ball）分析了英国的儿童伤害统计数据，发现与美国一样，这些用橡胶塑料做表面的游乐园，不仅对孩子的安全没什么贡献，反而让孩子最常见的受伤——骨折状况增加了。这是因为孩子们认为橡胶塑料地板不像水泥地那样坚硬，玩耍时变得更加大胆而不再小心，导致意外骨折增多。对此，鲍尔指出，正是因为我们认为事故是可预防的，并且认为事故不再是生活的一个自然部分，孩子们才会掉以轻心。[③]

---

① Porsanger L, Sandseter E B H. 2021. Risk and safety management in physical education: Teachers' perceptions. Education Sciences, （7）: 321.

② 橙子. 2018. 冒险可能让孩子更安全. 中华家教，（7）：52-53.

③ Ball D, Coddington C, Doody K, et al. 2014. The playing field is changing. Fertility and Sterility,（4）: e29.

户外活动中的冒险游戏给予了儿童挑战自我的机会，通过打破其已有的运动经验，如跨越、跳跃、保持平衡等，在吸引孩子注意的同时，能够让其通过控制自己的身体避开障碍、规避风险等，学习各种技能，这能够帮助他们建立积极的自我效能感，获得自信的体验，勇敢地尝试。为了确保安全而去编造一个极致安全的环境，是没有什么意义的，因为冒险贯穿着人类活动的始终。[①]儿童可以在冒险中实践他们的已知和未知，在重复的行为中去挑战自己的能力，增强他们的信心，提高他们的技能。冒险的机会与教育的机会是同等存在的，不应该因为害怕冒险所带来的消极影响而让儿童失去教育和成长的机会。我们要相信，儿童能够在游戏中获得生活必备的能力，也能在冒险游戏中获得辨识风险的能力，这是儿童成长过程中必经的一环。

二、冒险游乐园

儿童是天生的“冒险家”，越是能够带给他们挑战的东西，就越能博得他们的喜爱。正是在这一不断发现、挑战、冒险的过程中，他们提升了自己的能力。游乐场是儿童自由玩耍的地方，现代游乐场通常会有跷跷板、旋转木马、秋千、单杠、双杠、滑梯、吊环、玩具小屋及迷宫等，这些游乐设施能够帮助儿童发展协作能力，强身健体，学会处世技巧。

“垃圾游乐园”的概念诞生并风靡于 20 世纪 40 年代的英国，被称为“废物材料游乐园”，代表了一种鼓励孩子去冒险和探索、培育勇气与果敢的教育理念。1943 年，第一个垃圾游乐园在丹麦哥本哈根市建成。

垃圾游乐园内主要有可移动的部件，包括盒子、废弃管道、锤子甚至锯子之类的物品，游乐园内还有训练有素的工作人员，在不干扰儿童玩耍的情况下对儿童进行保护。游乐园内，孩子们可以自由地建

① Potter R J. 1957. Risk and gambling: The study of subjective probability. American Journal of Sociology, (1): 124.

造或拆除自己的建筑物，可以攀爬、涂鸦、自由创造，目的是让儿童对游乐的风险进行估测，在“危险”中学习掌控，增加探险的勇气和提升解决问题的能力。

无动力游乐设施是指不带电动、液动或气动等任何动力装置的，由攀爬、滑行、钻筒、走梯、荡秋千等功能部件和结构、扣件及连接部件组成的，主要供3—14岁儿童娱乐用的游乐设施。相比其他游乐设备，无动力游乐设备的安全系数高、使用周期长、维护成本低、娱乐性强、互动性好、体验感独特，受到了越来越多人的追捧。无动力游乐设施最初在欧美流行，随着人们生活品质和对健康的追求越来越高，生活娱乐方式也逐渐发生了改变。中国无动力游乐园的发展历史如图6-11和表6-14所示，欧美无动力游乐园的发展历史如图6-12和表6-15所示。

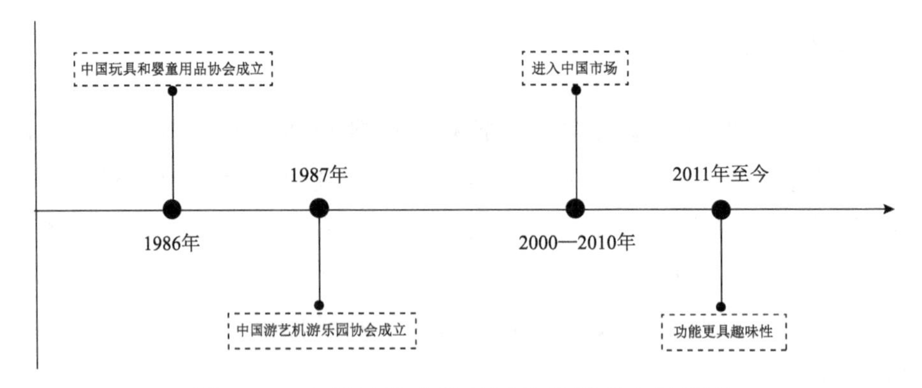

图6-11　中国无动力游乐园的发展历史示意图

表6-14　中国无动力游乐园的发展历史

时间	事件
1986年	中国玩具和婴童用品协会成立
1987年	中国游艺机游乐园协会成立
2000—2010年	一些国际化游乐设备品牌通过代理或者经销的形式进入中国市场
2011年至今	儿童游乐场的各类功能越来越丰富，立足儿童，设计更加安全，更具挑战性、趣味性，以及对儿童身心发展更适宜的游乐环境，为孩子创造了真正适合他们健康成长的游乐空间

资料来源：郭桐桐，沈鑫博，肖煜梓. 2020. 户外儿童游乐场的景观设计研究. 河北农机，(11)：62-63

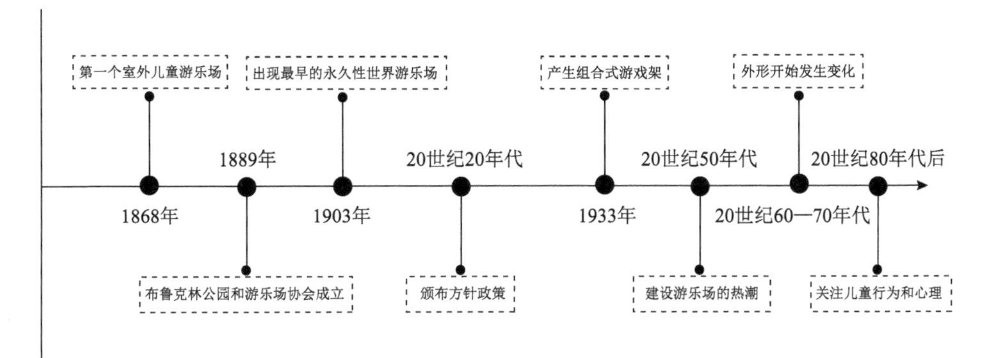

图 6-12　欧美无动力游乐园的发展历史示意图

表 6-15　欧美无动力游乐园的发展历史

时间	事件
1866—1930 年	1868 年，在美国波士顿的一所公立小学建立了第一个室外儿童游乐场；1889 年，布鲁克林公园和游乐场协会成立；1903 年，美国出现最早的永久性世界游乐场并开放；20 世纪 20 年代，游乐场在美国上升为公园，颁布了既定的方针政策
1931—1970 年	1933 年，开始产生组合式游戏架；20 世纪 50 年代，美国掀起了建设游乐场的热潮；20 世纪 60—70 年代，游乐场的外形开始发生变化，儿童玩耍时会给他们提供一些可操作的沙池、水池等
20 世纪 80 年代后	麦当劳和肯德基等快餐店模式的连锁发展，产生了大型组合游戏器具，在店内设置儿童游戏区，快速实现了模式化、模块化
	20 世纪 80 年代以后，设计师开始对儿童的行为、心理等各方面进行深入研究，儿童游乐场设计理念重新回到立足于为孩子创造一个不需要拘泥形式的探险场地

资料来源：Pieters R, Koelemeijer K. 1997. Satisfaction with amusement parks. Annals of Tourism Research,（4）: 1001-1005

儿童使用无动力游乐设施（主要体验类型见表 6-16），可以提高他们的体育技能、动手能力、思考能力，让儿童在游乐中体验自然，在探索冒险中激发创造力、想象力，增强合作能力。

表 6-16　无动力游乐园游乐设施体验类型分类

类型	介绍
挑战型	低年龄阶段的儿童似乎对“钻洞”都有着独特的兴趣，钻洞能带给他们更加美好的童年体验，家长朋友们也能避免一些平日管教的烦恼
体验型	当下的户外无动力儿童乐园，可以在任意环境中模拟建造沙地，并且提供丰富的小型玩乐设施，这大大增强了孩子们在沙地中的体验感，对于低年龄阶段的儿童来说有巨大的吸引力

续表

类型	介绍
互动型	绳网攀爬类的游戏是将全年龄阶段的儿童都考虑进去了，攀、爬、跑、跳是儿童游乐的基础成分，儿童游乐需要孩子们亲身投入，利用无动力设备同小伙伴们一起互动，形成完整的体验环节。绳网攀爬类项目正是兼具了众多功能

资料来源：冯锦凯. 2013. 解读中国主题乐园. 北京：中国水利水电出版社 4

家长带孩子到儿童乐园玩耍，无疑是希望孩子既能从玩乐中体验生活，还能掌握一些生活的基本技能，提高身体素质和思考能力。无动力儿童乐园为家长提供了一个和孩子一起游戏、交流的场所，玩乐的同时，还可以提高孩子的体育技能、动手能力、思考能力、交际能力等，能为儿童留下关于每个场地的专属记忆。无动力儿童乐园主张不利用发动机等动力设备，而是依靠高度和自然重力，它能让孩子回归自然，收获成长的欢乐。

冒险往往是与挑战性、刺激感以及一种新鲜的感觉联系在一起的。游戏过程中的不确定性让游戏本身变得趣味丛生，就是这样的不确定性不断吸引儿童去尝试，去探索新的世界，发现自己的可能与不可能，转化成自己的想象力与创造力，发现新的玩法与乐趣。

第四节　启发与创造游戏

一、折纸

（一）折纸的起源

折纸又称“纸艺”，就是用纸折叠成各种物体的形状，如车、船、桌、椅、鸟、猴等，是适应儿童爱好模仿的特点，启发其想象力和创造性的手工活动。[①]可以说，折纸是伴随着纸的出现而诞生的。折纸也是人类社会发展的产物，通过对纸张的加工产生多变的造型，体现了古人对事物的探索创造，还体现了人类对自然万物的理解。

① 由国庆. 2017. 天津老游戏. 天津：天津人民出版社，162.

关于折纸的起源无从考证，有中国起源说、日本起源说和西班牙起源说。虽然这些说法都无外乎推测，但是中国早在西汉时期就出现了以大麻和少量苎麻纤维制造的纸张，而日本直到公元610年才由朝鲜僧人昙征将造纸术献于当时摄政的圣德太子。[①]所以不少人相信，折纸2000多年前起源于中国，再经由日本传播到全世界。

中国西汉时期的遗址中有纸张出土，但却没有证据表明当时已经存在折纸。在日本，折纸始于平安时代的说法占主流，但是真正能够通过文献确认的最早的关于折纸的记录是江户时代俳句诗人井原西鹤于1680年写下的俳句，其中提及了名为“雄蝶·雌蝶”的折纸作品。[②]

（二）国内折纸

在中国，最具代表性和广为人知的折纸游戏便是东南西北。

1. 东南西北概述

古人凭借自然景象辨认四方，并创造了东、南、西、北等方位字。东（東），口在木中，意思为旭日初升。旭日初升的地方就是东方。“南”字的外框是“木”字的变形。“亢”是指向的意思，即草木承受南面充足的阳光，枝叶就长得繁茂，所以向阳处就是南方。“西”字的古形是鸟在巢上，即太阳西沉而鸟归巢栖息，“鸟归巢”就成了方位字“西”。北，古代写成两人相背，官室多坐北朝南，背面就是北面，“背”也就成了北方的“北”。[③]

东南西北是一种简单的折纸玩具（图6-13）。一张正方形的纸，只需简单的几步便能折出一个东南西北。其制作及玩法简单，玩家在上面会写一些搞笑或者娱乐性的词语，然后让其他参与者来选择互动，体会不同的翻折结果。

① 胡善琴，冯帆，陈一辛. 2020. 儿童手工制作. 成都：电子科技大学出版社，2.
② 胡善琴，冯帆，陈一辛. 2020. 儿童手工制作. 成都：电子科技大学出版社，2.
③ 韩飞. 2004. 文化知识大博览·语言文字. 呼和浩特：远方出版社，157.

图 6-13　东南西北折纸（陆颖钰 绘）

2. 东西南北玩法

（1）通俗玩法

东南西北的玩法通常是在外围的四个正方形纸上写“东”“南”“西”“北”四个字。在内部八个三角形纸上写不同的名称，名称有动画片或电视剧中人物的角色名，如孙悟空、猪八戒、白雪公主、巫婆等，角色有好有坏。玩家询问其他参与者的横、竖开合次数，最后再选择东、南、西、北其中的一个，然后打开看小三角形对应的角色，即展示翻折结果。[①]

（2）占卜玩法

还有一种玩法叫占卜玩法，它与一般玩法相似，区别在于它将人物名称用一些带有占卜色彩的话语代替。外部的小正方形分别用蓝色、红色、绿色和黄色填充，内部的三角形写有数字 1—8。询问玩家横竖几次，然后选择颜色，对应内部的数字有着不同的含义。其中的数字对应有“你会富有”“你会出名”“你会在我的魔咒下堕落”等，大都具有预测、占卜的含义。[②]

（3）衍生玩具玩法

现在东西南北不仅仅是一种折纸玩具，还被用作教学工具来使用，造型也渐渐多变，增添了趣味性。东南西北作为教学工具，通过字母联想单词，为记忆英语单词增添了乐趣。

① 林继富. 2016. 中国民间游戏总汇·语言文字卷. 长沙：湖南文艺出版社，306-307.
② 陈亚慧. 2014. 折纸大全集. 沈阳：辽海出版社，123.

（三）国外折纸

关于国外的折纸，日本具有典型性，此处我们以日本为例进行论述。折纸在日本最初是用于祭祀的，造纸普及化后才盛行于民间。日本人一向把折纸视为他们的国粹之一。折纸更是日本小学的必修科目，日本人认为折纸可以启发儿童的创造力和逻辑思维，还可以促进儿童手脑的协调。日本折纸的发展如图 6-14 和表 6-17 所示。

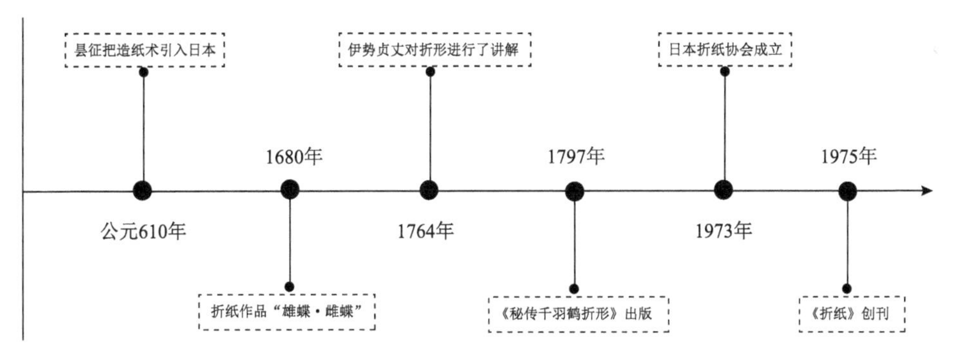

图 6-14　日本折纸的发展历史示意图

表 6-17　日本折纸的发展历史

时间	事件
公元 610 年	昙征把造纸术引入日本，其后造纸术在全国推广，昙征也被日本人尊为“纸神”。日本人在对中国造纸术不断的探索中，造出了不易折破的纸
1680 年	井原西鹤的俳句中提及折纸作品“雄蝶·雌蝶”
1764 年	伊势贞丈的《包结记》对折形进行了讲解
1797 年	义道一円的《秘传千羽鹤折形》出版，介绍了 49 种折纸串鹤
1973 年	日本折纸协会成立
1975 年	专门的折纸杂志《折纸》（Origami）创刊

日本著名的折纸艺术家吉泽章被誉为“现代折纸艺术的鼻祖”。吉泽章自 1930 年起不断地进行折纸创作，共发明出了超过 5 万种折纸图样。吉泽章和美国的山姆·兰德利特（S. Landlett）一起发展出了一套国际通用的折纸图解术语，还建立了描述折纸技术的标准语言，至今仍在全世界通用。20 世纪 80 年代，吉泽章创造了湿折法，即在折纸之前将纸湿润，折成型之后再把它晾干。湿折法不仅提高了折纸的

精确度，还使得以前一些看似很难完成的折法变为可能，折纸由此进入一个新的境界。[①]

神谷哲史是当代出色的折纸大师之一，曾在日本屡夺折纸冠军。他自两岁开始学习折纸，之后迅速掌握了折纸艺术，并开始自己设计模型。他在14岁时已创作出相当复杂的模型，至2008年已完成了数百件作品。神谷哲史擅长步骤繁多、技巧复杂的昆虫、动物、幻想生物的折纸，创作风格被称作“超复杂”系。除最著名的以龙为题材的系列作品外，他还设计过蓝鲸、长毛象、暴龙等各种恐龙、剑齿虎及巫师。[②]

罗伯特·朗（R. Lang）是现代折纸的先驱之一，也是当今世界上最具代表性的折纸艺术家和折纸理论家之一。他以极其注重细节和现实主义的设计而著称，有超过700种设计编目和图解。他可以用一张没有切割过的纸，单靠折的动作，不用胶水，不用剪刀，就把纸张幻化成形态逼真的事物。20世纪90年代，美国科学家罗伯特·朗编写了名为“造树者”的电脑程序，人们将自己想要的折纸形状输入程序中，电脑就会计算出实现形状所需的折痕图样。这个程序的诞生将折纸艺术推向了一个新的境界。后来，罗伯特·朗又成为美国数学学会（American Mathematical Society）的一员，他利用数学理论优化了折纸的设计过程。他开发了两个电脑程序，一个能将任何简笔画图转变成折纸模型图，另一个则能将模型一步步分解成为折纸步骤。[③]

东京大学宇宙科学研究所教授三浦公亮发明了一种折纸方法，成功解决了日本太阳能飞船的太阳能能源供应板的折叠问题，这一折叠方法被称为“三浦折叠法”。折痕构成的图形并不是方形，而是平行四边形，从一个折痕的交点出发，凸起折痕和凹陷折痕数量之间的差值始终为2。按照这种方法折叠，折叠后的面积仅为折叠前的1/25。[④]“三浦折叠法”还被广泛应用在各个领域，比如，汽车安全气囊、心脏

① 肖晓阳. 2020. 折纸创新法. 厦门：厦门大学出版社，2.
② 陶清根. 2017. 初级折纸. 郑州：河南科学技术出版社，11.
③ 陶清根. 2017. 初级折纸. 郑州：河南科学技术出版社，12.
④ 张远南. 1990. 变量中的常量——函数的故事. 上海：上海科学普及出版社，70-71.

支架、折叠玩具等。

（四）儿童折纸活动

折纸是儿童美术教育中的手工活动形式之一。儿童通过动手折叠出不同形态的物体，以表达自己的审美感受。它变化多样，饶有风趣，备受儿童喜爱。每当他们拿到传单、报纸时，总会不由自主地开始动手折叠，发挥自己丰富的想象力。

（五）折纸艺术

有趣的折纸艺术将人类脑洞大开的设想进行了直观的显示，原本一个扁平的物体，现在不但具有立体的生动感，还具有瞬间变换的灵活感。日本人中村开己以他强大的大脑为我们创造了3D立体的动态变化折纸作品，如会活动的火柴盒小人，为我们打开了新的探索折纸世界的大门。[①]

折纸是一种以纸张为载体的艺术活动，它能通过人的巧手折叠成各种有趣和生动的物体。此外，折纸使用的材料不仅局限于我们平时书写用的白纸，还有卫生纸、锡箔纸等，不同质感的纸张折叠出的作品都有其特有的风格。折纸是一项每个人都能掌握的艺术实践活动。其中动物形态的创意折纸，活泼可爱，栩栩如生（图6-15，图6-16）。

图6-15　动物折纸（一）（黄昊晨 制）

① 中村开己. 2019. 嗖！纸玩具弹起来. 黄春琦译. 北京：海豚出版社，1.

图 6-16 动物折纸（二）（黄昊晨 制）

儿童从折纸的过程中能体会到自主创造的快乐，能提高想象力与创造力。由此看来，折纸承载着儿童对世界、未来的想象与探索。

二、猜谜

（一）中国猜谜

猜谜是一种历史悠久的智力游戏，作为中华民族传统的文娱活动，直至今日经久不衰，也深入到百姓生活中，极大地丰富了人们的生活、休闲娱乐时光。中国猜谜的发展如图 6-17 和表 6-18 所示。[①]

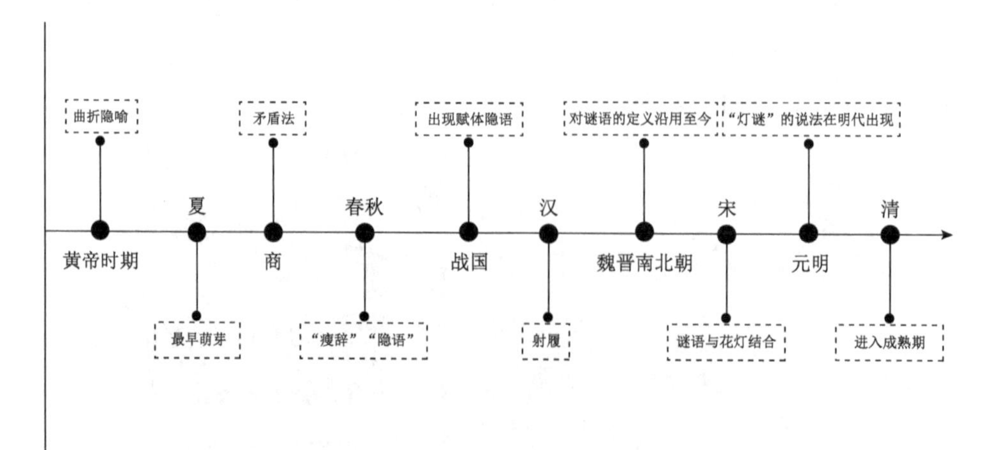

图 6-17 中国猜谜的发展历史示意图

① 林玉明. 2006. 中国谜语基础知识. 厦门：厦门大学出版社，326.

表 6-18　中国猜谜的发展历史

时间	事件
黄帝时期	出现“曲折隐喻”的语言现象，《弹歌》里的“断竹，续竹，飞土，逐肉”，即隐示人们制作弹弓、猎杀野兽的情形
夏	《书经·汤誓篇》记载：“时日曷丧？予及汝偕亡。”这首歌谣采用隐喻的手法，诅咒暴君夏桀。夏桀曾说过：“吾有天下，如天之有日也。日有亡乎？日亡，吾亦亡矣。”这首歌谣是我国谜语的最早萌芽①
商	商代短谣《女承筐》曰：“女承筐，无实，士刲羊，无血。”②运用传统谜语常见的“矛盾法”，巧妙地表现了牧场上一对青年牧羊人夫妇剪羊毛的情景，又“回互其辞”，使人不易猜着，近似一则谜语
春秋	“廋辞”和“隐语”的说法出现③
战国	战国后期出现了赋体隐语，荀子的《赋篇》是最有代表性的
汉	把物品置于器物下让人猜，称“射覆”
魏晋南北朝	刘勰在《文心雕龙》中写道：“谜也者，回互其辞，使昏迷也。”对谜语进行了定义且沿用至今④
宋	谜语与花灯结合，“灯谜”诞生，自此产生了民间谜语和灯谜两种流派
元明	“灯谜”的说法在明代出现，明代出现了研究谜语的论著和收录谜语的专集，如冯梦龙的《黄山谜》、黄周星的《廋词四十笺》及贺从善的《千文虎》
清	谜语进入成熟期，人们追求谜语扣合的严谨，摒弃冗长拖沓的面句，崇尚以大众熟悉的成语或通俗语句为谜面

在中国，猜谜深受老百姓的喜爱。谜语一般有谜面和谜底，大体可以分成两大类，一类叫事物谜，就是常说的谜语；另一类叫文义谜，也就是常说的灯谜。在生活中，我们常常把灯谜与谜语混为一谈，但是在学术上灯谜与谜语有明显的区别（表 6-19）。

表 6-19　谜语与灯谜的区别

区别	谜语	灯谜
概念	广义的事物谜是指民间谜语，因其多围绕事物设谜而得名。狭义的事物谜是指除文义谜以外的、根据事物本身特征出谜猜谜的谜语	文义谜是在语言文字上作文章所构成的谜语，谜底是表达任何一种意义的文字

① 卢红梅. 2011. 汉语语言文化及其汉英翻译. 武汉：武汉大学出版社，122.

② 宋卫云. 2014. 猜的刚好：新编谜语大全. 北京：民主与建设出版社，3.

③ 王恺，王升. 2012. 古往今来话中国 中国的文化元素. 芜湖：安徽师范大学出版社，74.

④ 张亮采. 2020. 中国风俗史. 北京：中国书籍出版社，54.

续表

区别	谜语	灯谜
形式	通过口语形式表达	以谜条的形式写在纸条上
猜谜方法	根据谜面喻示的迹象，运用想象去思索出谜底	利用谜面的字义来推出经过“别解”的谜底的文义
规则	谜语限制较少，可以出现谐音字，字词可表述清楚谜底即可	谜面、谜底不出现相同的字；除“谜格”规定外，不准用音同字不同的字来代替；每条谜只能有一个谜底
猜谜对象	浅显易猜，谜面形象生动，适宜少年儿童	需要一定的知识储备，更适合成年人猜玩

资料来源：刘红. 2017. 事物谜的语义构成及其现实价值. 文教资料，（12）：29-30

猜灯谜是中国传统节日元宵节中一种独特的活动。一套完整的灯谜由四部分组成：谜面（所猜灯谜的主题内容）；谜格（是为了扣合谜底而设计的辅助规则）；谜目（所猜事物的属性、分类范围和数量）；谜底（谜题的答案）。在灯谜的四要素中，谜面、谜目、谜底三者比较重要，缺一均不成谜，而谜格则需要根据具体情况设定，可有可无。

中国文字的形、音、义的多变性给中国谜语特别是字谜提供了形式基础。我国猜字谜的传统历史悠久，形式与内容不断变化，形成了独特的中国谜语文化。汉字的象形性、图画性与猜谜的形象性、象征性之间其实就是以形表意和以意表形循环往复的过程。因此，中国的历代文人都有制字谜、猜字谜的雅好。谜语制谜方法如表 6-20 所示。

表 6-20 谜语制谜方法

方法	释义	例子
离合法	把某个字的形状、笔画或部分结构拆分，然后再组合	“青一块，紫一块”（打一字）——“素”
会意法	按谜面所表示的含义来制谜	“风平浪静”（打一中国地名）——“宁波”
象形法	按某一字的字形特点来制谜	“眼前一对靠背椅”（打一字）——“鼎”
别解法	利用汉字一字多义或形状、字音的特点来制谜，不取字的原意，以另外意思扣合	“坐船规则”（打一数学名词）——“乘法”
置换法	去掉某字的一部分，用另一字的一部分换进被拆字，重新组成新字	“挖掉穷根巧安排”（打一字）——“窍”

续表

方法	释义	例子
分扣法	把某字的一部分分成若干部分，按照每部分的含义，使之完整地表达一个意思	“立春时节雨纷纷”（打一字）——“泰”
剔除法	把一个字的某部分或某些笔画，用含蓄的词句来替换，使之成为另一个字	“干涉”（打一字）——“步”
误会法	利用汉字一字多义或形状，故意在词上设置障碍，使人产生误会	“指东说西”（打一字）——“诣”
反射法	根据某一字的意思，从反面去制谜	“无一死亡”（打一生物学名词）——“共生”
隐藏法	用生动、巧妙的词句把谜底藏在谜面中，使人通过思索发现	“金银铜铁”（打一地名）——“无锡”

资料来源：潘振芳. 2001. 灯谜猜制入门. 北京：金盾出版社，46-71

猜灯谜要纯粹地从灯谜的谜面文字出发，根据文字的音、形、义进行。灯谜制谜方法如表 6-21 所示。

表 6-21　灯谜制谜方法

方法	释义	例子
会意法	根据谜面暗示的含义、情节、典故来猜谜底。会意法还分为正面会意、反面会意、分段会意	正：“桂林山水甲天下”（打一地名）——“汕头” 反：“东西南北皆是”（打一国名）——“中非” 分段：“异乡风味”（打一常用词）——“客气”
增损离合体	根据谜面，对汉字笔画、部首、偏旁进行加减或位置变化来猜出谜底。增、损、离、合分别是不同的拆字方法	增损：“只要底下一点”（打一字）——“六”；“喜上心头”（打一字）——“志” 离合：“上山下产参加劳动”（打一字）—“岸”
象形法、象声法	象形法：利用汉字象形的特点，将汉字某部分的形状比拟成物，用于谜面或谜底相扣合。象声法：利用相似的读音来揭示谜底	象形法：“新月伴孤帆”（打一字）——“币” 象声法：“33”（打一成语）——“靡靡之音”（在音乐中 3 发“mi”音）

资料来源：晓俪，郭红. 1989. 灯谜指南. 沈阳：辽宁科学技术出版社，83-87

猜谜的魅力源于它的变化无穷，也源于其中的短语、短句、短诗表现出了制谜人的文采气韵。制灯谜人人可为，灯谜涉及的内容广泛，这就使得猜谜人冥思苦想、浮想联翩，在百思不得其解之中，人生的意趣油然而生。猜谜的奥妙来自于人们对大千世界未知领域的好奇。经常进行猜谜游戏，可以培养儿童的思考能力。

（二）国外猜谜

美国谜语类的书基本上都是由谜语、纵横字谜、数字游戏、笑话和脑筋急转弯等组成的合集。这是由于英语是一种以表音为主的语言，英语中的文义谜大多是利用谐音和一语双关成谜，加上用的是问句形式，有时很难与笑话区分开来。

例如：

1. What letter is your eye?

哪个字母是你的眼睛？

谜底：I（eye），I与eye同音。

注：谐音法。

2. What is the best day to go to the beach?

到海边去哪天最好？

谜底：Sunday（星期日），原意是指出太阳的天（sun day）。

注：一语双关。[①]

（三）猜谜游戏

猜谜是一种语言文字游戏，目的是通过猜测来发现某种信息，例如，单词、短语、标题的身份或位置。猜谜游戏的关键是其中一个玩家知道所有信息，让其他人猜测这些信息，而不是在文本或口语中将被猜测信息泄露。国外有一些猜谜游戏需要游戏道具辅助来进行。

猜谜游戏不仅可以用于人际交流，还可以用于儿童课堂教学。例如，在一些多人合作的猜谜游戏中，玩家即使知道答案也不能告诉其他人，相反他们还要帮助其他人猜测出答案。这不仅能激发儿童的创造力，还可以为课堂增加乐趣和紧张感，让儿童保持活跃的思维，对于促进儿童阅读理解、识字记词也有很大的帮助。

拼字游戏也是猜谜游戏的一种。拼字游戏是西方的一款传统游戏，即通过字母的组合组成恰当的单词，以这种类型题材为主的游戏有很

① 汪榕培，任秀桦. 1992. 趣味外国谜语精萃. 大连：大连出版社，321.

多，它不但有趣，同时也能提高语言学习水平。在中国也有以汉字的偏旁部首为部件的拼字游戏，如“魔术汉字”（图 6-18）。

图 6-18　“魔术汉字”拼字游戏

（四）猜谜比赛

1. 国内

在中国，猜谜语不仅家喻户晓，而且时常出现在重大节日活动中，已成为传播文化的重要途径之一。为了挖掘汉语言文字的深刻内涵和中华文化的底蕴，2014 年，中央电视台科教频道播出了一档以“猜灯谜”为核心的“中国谜语大会”栏目，尽管其宗旨是弘扬中国传统文化、娱乐益智，但是在传承与弘扬中国谜语文化方面也起到了一定的推进作用。

2. 国外

拼字大赛是一种流行于北美英语地区，以儿童为对象的英语拼字竞技游戏。拼字大赛风靡全球，数以万计的青少年都加入到“拼写者”的行列中，2009 年拼字大赛进入中国。拼字大赛的发展历史如表 6-22 所示。

表 6-22　拼字大赛的发展历史

时间	事件
1786 年	诺亚·韦伯斯特（N. Webster）的拼字读本出版，拼字游戏出现
1825 年	拼字游戏大赛举行
1925 年	美国举行全美拼字比赛

续表

时间	事件
1987 年	加拿大举行拼字比赛
1996 年	英国、新西兰、巴拿马、印度等国家相继开展了拼字游戏比赛
2009 年	拼字游戏进入中国，举行了中国英文拼字（Spelling Bee of China，SPBCN）大赛

猜谜是一种有趣的智力游戏，深受儿童的欢迎。在进行猜谜游戏的过程中，儿童的想象力能够得到激发，学会动脑、思考，并将这种思考的方式运用到生活实践中，可以达到启智赋能的目的。

三、儿童群体游戏

群体游戏是指需要通过团体协作才可以完成的游戏。美国学者约翰逊等在《游戏与儿童早期发展》中指出，游戏能促进儿童身体发展；游戏能促进儿童认知发展；游戏可提高儿童的创造力与想象力；游戏能促进人与人的交流。[①]群体游戏可以促进团队成员之间的相互沟通，促使团队成员学会相互信任，提高团队成员的协作能力。

（一）儿童与群体的关系

儿童游戏活动实现了对儿童及其所属游戏群体的双向建构，既建构了群体交往关系结构（整合成多级主体的交往共同体），又建构了参与游戏交往活动的各级主体。在游戏活动中，群体关系对个体的发展极为重要，是儿童游戏发展的社会基础。群体关系能促使儿童在游戏互动中形成自我概念，建构自己的交往规则，掌握交往技能，表达交往意愿，其意义是其他社会关系不能替代的。更为重要的是，在这种平等的群体关系中，儿童通过交往、对话、互动、协调，在多个主体的基础上萌生了交往理性和主体意识。[②]

---

① 约翰逊，等. 2006. 游戏与儿童早期发展. 华爱华，郭力平译校. 上海：华东师范大学出版社，10.

② 苗雪红. 2004. 儿童自然游戏群体：传统的失落与当代的重建. 学前教育研究，(11)：9-11.

（二）经典的儿童群体游戏

一般的儿童群体游戏是由任务、玩法、规则和结果四个部分组成的。其中，游戏任务要明确，玩法要紧紧围绕任务展开，规则是对游戏动作顺序以及游戏中被允许或被禁止的行为的规定，结果是游戏者努力要争取完成的任务。[①]我们熟知的儿童群体游戏有丢沙包、击鼓传花、老鹰捉小鸡等。这些看似简单且规则限制少的游戏，很多内容都有助于儿童感知和理解社会，自然而然地将社会现象转为游戏内容，能激发儿童的智慧和创造力。

1. 丢沙包

丢沙包属于民间传统的体育游戏项目，是一种经典的群体性游戏。丢沙包由来已久，可追溯到远古时代，那时候人类就会用石头等硬物击打猎物。随着时代的发展，人类文明的进步，用于游戏的石块等利器被淘汰，人们开始使用伤害性较小的沙包代替。中国最早的球类运动是手球类的，而丢沙包可能就是早期的球类运动。

“沙包”一般是指用碎布及针线缝制而成，用细沙塞满的封闭的“包”。“丢沙包”游戏的特点是成本比较低，只需要有沙包和开阔的场地就可以开展，不需要其他游戏道具、器材。丢沙包进行的随机性较大，游戏群体可以针对不同认知发展水平的儿童来进行，也可以选用不同的玩法和规则表达。正因为丢沙包游戏形式多样、富有技巧、运动负荷不大且具有较大的拓展空间，很适合在广大小学生中开展和普及，这也正是丢沙包这项民间体育运动得以流传至今的原因。20世纪60—70年代，丢沙包更是一度红及全国，风靡南北。孩子们对此项活动乐此不疲，成为一代人不可磨灭的成长见证。[②]

“丢沙包”游戏有多种不同的游戏形式和规则，比较常见的玩法是：游戏的人数最少为3人，选定游戏区域，2人站在场地的两端，互为

① 密渊. 2018. 民间体育游戏“丢沙包”对幼儿教育的价值及应用. 陕西学前师范学院学报，（5）：60-63.

② 密渊. 2018. 民间体育游戏“丢沙包”对幼儿教育的价值及应用. 陕西学前师范学院学报，（5）：60-63.

丢沙包的人，两人互相传接，其余的人在场地中可任意跑动，躲避两个人的沙包传接，一旦被沙包打到则算“死”掉一次，要下场等候。相反，被场地中的人接到沙包一次，就可以得到一条“命”，接到的人可以指定任意一个场下等候的人上场。直到场地所有的人都下场后，游戏结束。

在国外也有一种类似于“丢沙包”的投掷游戏，叫“玉米洞”（Cornhole）。玉米洞的玩法是玩家轮流将“沙包”扔在倾斜平板上的洞中。沙包扔进洞中得 3 分，扔到板上得 1 分，直到球队或球员的得分达到或超过 21 分，游戏结束。该游戏对场地没有过多的限制，在草坪、空地均可进行，游戏所用的“沙包”多使用塑料树脂或玉米粒填充。

2. 击鼓传花

据文献记载，击鼓传花是中国古代传统民间酒宴上的一种助兴游戏，属于酒令的一种，又称“击鼓催花”，在唐代时就已出现。[①]唐代《羯鼓录》一书中提到李隆基善击鼓，一次，他击鼓一曲后，起初未发芽的柳枝吐出了绿色来。此典故初为“击鼓催花”，后用作酒令，改作“击鼓传花”。[②]杜牧的《羊栏浦夜陪宴会》中有“球来香袖依稀暖，酒凸觥心泛滟光”，描写了唐代酒宴上击鼓传花助兴的情景。[③]范成大的《上元纪吴中节物》中有“酒垆先叠鼓，灯市早投琼”。[④]《红楼梦》第 54 回里也有对击鼓传花的描写：“斟酒无时讨喜欢，击鼓传梅偏弄巧。”[⑤]另外，还有一种类似于击鼓传花的助兴游戏，叫作“流觞”：人们在岸边依次席地而坐，在水上游放置一只酒杯，任其漂流曲转而下，酒杯停在谁的面前，谁就要饮酒作诗。[⑥]后来击鼓传花离开酒桌，成了儿童聚会玩耍的一种娱乐游戏。聚会时，多人围坐成圈，其中一人手拿花球，另一人蒙眼击鼓，鼓声停止，传花球结束，

① 赵应铎. 2007. 汉语典故大辞典. 上海：上海辞书出版社，389.
② 刘万安. 2013. 满族游戏. 沈阳：沈阳出版社，124.
③ 卢有泉，卢世楠. 2015. 中国儿童传统游戏. 太原：山西教育出版社，283.
④ 周广德，赵羽，宋晓辉. 1998. 学生古汉语实用词典. 延吉：延边人民出版社，792.
⑤ 张绍宗. 2011. 心韵集. 哈尔滨：黑龙江人民出版社，329.
⑥ 壹卡通动漫. 2014. 历史真精彩. 西安：陕西科学技术出版社，11.

手拿花球的人接受奖励或惩罚，若花球落在两人之间，可通过猜拳等方法决出胜负。

国外也有类似的游戏，玩法与我国的击鼓传花相似，只是传递的物品不同，是包有多层包装纸的礼物。音乐响起，游戏者开始传递礼物，音乐每停一次，手拿礼物的玩家拆掉一层包装纸，剩最后一层包装纸时，音乐停止，礼物归手拿礼物的玩家。

3. 老鹰捉小鸡

老鹰捉小鸡，俗称“黄鹞吃鸡”，又叫“黄鼠狼吃鸡”，是一种多人参加的益智娱乐游戏，可以在户外或有一定空间的室内进行。这种游戏对于发展儿童的灵敏性和协调能力，培养儿童的合作精神，有一定的促进作用。

游戏玩法如下：全体排成一列，选一人当“老鹰”，其他人为“小鸡”，双方相对而立。“小鸡”队的第一人当“鸡妈妈”，她是全组的保护人。游戏开始时，双方一边唱，一边配合拍子，按照一问一答的顺序分别向左、右方向做踏、并、跳的动作。比如，“老鹰”喊道：“磨磨，磨磨刀。”“鸡妈妈”问道：“磨刀做啥呢？”“老鹰”喊道：“杀你的小鸡呀。”“鸡妈妈”问道：“杀我的小鸡干啥呢？”“老鹰”喊道：“你的小鸡吃了俺家的米，喝了俺家的水。”“鸡妈妈”问道：“后天杀行不行?”“老鹰”喊道：“不行。”“鸡妈妈”问道：“明天杀行不行？”“老鹰”喊道：“不行。”“鸡妈妈”问道：“现在杀行不行？”“老鹰”喊道：“行。”“鸡妈妈”问道：“杀头杀尾？”“老鹰”恶狠狠地说：“头尾都杀！”于是，“老鹰”左扑右攻，频频向“小鸡”发起攻击。“鸡妈妈”左闪右躲，护着“小鸡”，巧妙地化解了“老鹰”咄咄逼人的攻势。当然，谁被抓住了，谁就要去当一轮“老鹰”。①

我国新疆柯尔克孜族的“老鹰吃仙鹤”游戏和老鹰捉小鸡类似。“老鹰吃仙鹤”由一人扮“老鹰”，一人扮“母仙鹤”，余者为“小鹤”。“老鹰”捉“仙鹤”时，众“仙鹤”围绕“母仙鹤”转，受其保护，此游戏气氛活跃紧张，生动有趣。我国满族的“老鹞叼小鸡”也是儿童

① 由国庆. 2017. 天津老游戏. 天津：天津人民出版社，203.

喜爱的一种游戏。参加游戏的儿童，一人扮作“老鹞子”，一人扮作“老抱子”（母鸡），其余的排成一队，扯着后衣襟躲在“老抱子”后面。“老鹞子”左右扑捉“老抱子”保护的“小鸡”，一边玩，一边互相问答。“老鹞子”每抓到一只“小鸡”，便让其背着走一段，然后“吃掉”。依次抓扑，直至剩一人为止。此外，还有山东民间的“马虎叼羊”、青海土族的“抓羊”、广西民间的“狼吃小羊”、台湾的“围虎陷”等。[①]

在这个游戏中，只要玩下去，胜利一方必属于“老鹰”无疑。因为主动权完全掌握在“老鹰”手中，“母鸡”除了可以防守，毫无进攻之可能。这倒也符合事实，但这个游戏还有一个重要规则，那就是“老鹰”不可侵犯“母鸡”，这才使得“母鸡”对“小鸡”的护卫具有了可能。攻守双方来回跑动，能起到锻炼身体的作用。一方面，“小鸡”齐力躲避“老鹰”的追击，能培养大家的团结互助意识；另一方面，“鸡妈妈”指挥后面的“小鸡”，也能锻炼自身的指挥协调能力。

4. 挑棍

挑棍也叫作“游戏棒”“撒棒”。挑棍是童年记忆中常玩的一种游戏，无需成本，无需场地，简单易学。先由每个人出签子，可全出也可出一部分，出得最多的先玩，以此类推。玩家手持所有的签子，使劲往地上一扔，再拿起另外一根签子，从地上那一堆纠缠在一起的签子中挑起一根来，既要保证它脱离那一堆签子，又不能触动其他的签子，这就算成功了，直到全部挑完，或者中途放弃，那么所挑出的签子就成了游戏者的战利品。但是，这期间如果哪怕只是轻轻地触动了其他的签子，都要将前面挑出的签子全部交回，由下一人继续玩耍，直到这一场的签子全部被分光，又开始重新出签，重新玩。[②]

这一游戏还有另一种玩法，需要买一盒游戏棒。游戏需要用到31根不同花式的小棒，带螺旋的游戏棒，每支20分；中间红两边蓝的游戏棒，每支10分；三节红两节蓝的游戏棒，每支5分；有红、黄、蓝

① 万建中. 2011. 育儿民俗. 天津：天津人民出版社，138.
② 旷晨. 2004. 我们的七十年代. 南宁：广西人民出版社，219.

三色的游戏棒，每支3分；红、蓝两色的游戏棒，每支2分。轮流挑棒子，直到31根全部挑完。把所有游戏棒子所得的分数加起来，分数高者为胜。挑棍游戏不仅能够锻炼儿童的注意力、观察力，增强手眼协调能力和手指灵活性，还能让儿童在游戏的过程中增强耐心和细心，是一类锻炼儿童手眼脑协调能力和精细动作的民间游戏。

5. 拍洋画

拍洋画是20世纪80年代在我国很流行的一种儿童游戏，在北方部分地区叫“扇洋片”。孩子们拿出一些多余的洋画，把洋画合在一起，摆在地上，轮流用巴掌去拍，或者用洋画去拍洋画，能拍翻即可拿走。

洋画是一种质地坚硬的彩色小画片，早期题材多为《封神榜》《西游记》等小说、动画片中的人物或动物形象。洋画的尺幅相对比较固定，一幅整版洋画的尺寸十分近似，具体的尺寸约为25.5厘米×18厘米。不仅如此，各地版式也十分相似，其中，以每一整版横排5张洋画，纵列5张洋画，全版共25张洋画的版式最为常见，每张洋画的尺寸约为4厘米×3厘米。

最早的“洋画”是第一次世界大战前后，外国烟草公司向中国促销香烟的一种手段。这种用厚纸片制作的长方形画片，面积略大于火柴盒封面画。洋画上印有精美的图案，比如，“水浒一百零八将”，每包香烟内附有其中的一“将”，集齐若干枚规定的图案，可以免费领取一包香烟。后来，洋为中用，洋画成为一种寓教于乐的袖珍型启蒙读物。过去的烟纸店内，常常有洋画出售。画片上印有历史故事、花鸟鱼虫、戏曲人物等，有的画片背面还印有与画面图案匹配的谜语。[①]

洋画在不同地区的叫法不一样。在上海，洋画被称为“香烟牌子”；在广州，洋画被称为“公仔纸”；在西北地区，洋画被称为“拍将”。[②]洋画价廉物美，很受孩童的喜欢。儿童比较喜欢收集洋画，它们除了

① 蒋蓝. 2008. 老游戏. 重庆：重庆大学出版社，35.

② 刘勇，李阳. 2011. 80后的小半辈子. 杭州：浙江工商大学出版社，174.

可以作为启蒙读物来欣赏，还可以成为一种“另类”玩具。

拍洋画一般是由两个人玩，场地一般是室外的平整地面。双方通过“石头剪刀布”的规则决定先后次序。先者为甲，后者为乙。乙方将自己的洋画放在地上，甲方手持自己的洋画，在空中画过一条弧线，洋画脱手落地时，要算准距离落在紧靠对方洋画的一侧。如果甲方的洋画落地后能利用气流掀翻对方的洋画，则能赢取这张洋画。[①]

（三）群体游戏对儿童的影响

1. 体能方面

群体游戏对儿童的成长发育、基本动作的发展和协调、运动能力都有显著的锻炼效果。以“丢沙包”为例，在游戏过程中，儿童投掷沙包、躲避沙包等一系列动作都在训练儿童的身体协调性、灵敏性，跑、跳等动作也对儿童的骨骼发育有好处。

2. 思维判断

群体游戏可以促进儿童认知、思维判断和想象力的发展。在“丢沙包”游戏中，主要体现为：儿童通过沙包扔的距离远近来感知力量的大小，通过沙包“飞”的速度来判断躲避的快慢和方向；儿童在场下等待时，可以通过观察游戏场中接沙包的次数和上下场的人数，更好地理解数字的概念；在扔沙包和躲沙包的过程中，扔沙包玩家要想办法尽可能多地打到人，在场中奔跑的儿童要想办法不被打到，而且要尽可能“安全”地接到沙包，这些都是对儿童思维判断、反应能力的训练。

3. 语言表达和交际能力

群体游戏为儿童的交流创造了空间和机会，在进行游戏的过程中，儿童对游戏角色的设定也有了一定的认识，他们会根据不同的人来进行不同的交流，从而掌握与他人沟通的技巧。在游戏中，只有儿童进行更好的交流，才能够在游戏任务和规则方面达成共识，在此过

① 郑也夫. 2019-02-28. 昔日男孩的游戏. https://epaper.gmw.cn/wzb/html/2019-02/28/nw.D110000wzb_ 20190228_5-05.htm.

程中儿童的理解能力和沟通能力会得到一定的提升。

4. 情绪调节

儿童在游戏过程中会产生丰富的情绪变化，有消极的，有积极的，有紧张的，有兴奋的。

在"丢沙包"游戏中，接到沙包的儿童或用沙包打到人的儿童会体验到自己的能力和获得成功的快感；没有接到沙包而下场的儿童可能会产生一些消极的情绪，但在游戏中会慢慢调整好自己的情绪，学会理解，从而消除消极情绪。

在"击鼓传花"游戏中，紧张的游戏氛围让玩家的心情会随着鼓声的响起而产生波动，在鼓声停止的一刻，没有拿到花球的玩家会相对放松，拿到花球的玩家则会产生紧张的情绪，但在接受奖励或惩罚时会调节、平复紧张的心情，从而成功应对游戏。

在"老鹰捉小鸡"游戏中，扮演"小鸡"的儿童会想办法躲避"老鹰"的追捕，因而产生紧张的情绪，扮演"老鹰"的儿童会产生激动的情绪；扮演"母鸡"的儿童在保护"小鸡"的过程中同样会产生紧张的情绪。游戏结束后，彼此置换角色时，又会产生不同的情绪体验。在游戏过程中，儿童会产生不同的情绪，同时也能够慢慢学会缓解和消除消极情绪的方法。

从游戏的活动范围来看，无论是动态游戏"丢沙包""击鼓传花""老鹰捉小鸡"，还是相对静态的游戏"挑棍""拍洋画"，儿童都能在群体游戏中找到自己的角色与位置。群体游戏让儿童在玩耍的过程中不再演独角戏，强化了他们与社会、同伴、群体的交往规则，提高了儿童的合作和创造能力。

第七章　童年智造：塑造未来的奠基石

童年，是每个人生命最初的篇章，也是个体认知、智力、情感等形成的重要时期之一。本书以儿童成长为主线，阐述玩具与游戏在童年中的影响和陪伴作用，探讨童年智造对个体给予美好童年规划、创建完整人格和塑造良好行为习惯的影响，以及分析家庭、学校和社会在童年智造中扮演的角色及作用。

一、玩具是奇妙的世界

玩具是儿童最亲近的伙伴，是他们认识世界的窗户。从传统的造物智慧到现代的婴幼儿产品，玩具对儿童成长与教育的影响一直备受人们关注。玩具为儿童的童年智造提供了丰富的资源，帮助他们发展各种认知和情感技能。现代玩具在儿童成长和发展中不仅带来了乐趣，还对儿童的各个方面，包括身体、认知、情感和社交发展都有积极的影响。玩具帮助儿童发展认知能力，如观察、记忆、问题解决、空间感知和语言发展等。在儿童与玩具交互过程中，触摸、感知、探索等互动行为可以帮助儿童学习新的概念和技能，发挥其协调力和创造力。从丰富的婴幼儿用品到多彩的积木，每个物件都是一个新奇的玩具，它们激发了儿童的好奇心与创造力，让他们不断尝试、构建、拆解、发明和想象。这些经验对儿童的成长和发展产生了深远的影响，奠定了他们未来的认知和行为基础。

玩具中的游戏为儿童创建了充满奇幻和冒险的世界，让他们可以在其中扮演英雄、公主或探险家的角色。这些游戏形式激发了儿童的想象力，游戏规则帮助他们建立了良好的行为习惯，培养他们勇敢、诚实和善良的美好品质，为孩子们提供了成长的经验和智慧，让他们学会了在困难面前坚持，学会了关心、理解和帮助他人。

二、学习是心灵的滋养

童年智造是一个乐趣与知识交织的过程。如果玩具与游戏能培养儿童的感性思维，学教具和阅读便是培养儿童理性思维的“利器”。运用生活中的计算与学教具的结合，我们可以培养儿童良好的思维和计算能力以及财商意识，克服他们在计算过程中的畏难情绪，激发他们的思维潜力和探索学习的动力。因此，学教具作为具有特殊功能的玩具，肩负了寓教于乐的学习任务，其传授知识在充分考虑儿童年龄和认知水平的同时，需要提供教与学的内容和方法以及与他们的身心发展相适应的认知体系。例如，从简单的数学概念，即数字识别和计数，逐渐过渡到更复杂的数学运算和应用技能等。此外，在体验各种学教具的过程中，可以逐步培养儿童的自信心、团队合作意识、问题解决能力和创造力。

三、生活是永恒的智慧

儿童教育家陈鹤琴曾说：孩子的生活本身就是游戏。这句话强调了孩子通过游戏来学习和探索世界的重要性。比如，民间游戏“过家家”就是一种内容开放、包罗万象的游戏形式。尽管在不同的时代和社会中，游戏的情景有所变化，但游戏的核心仍然是模拟家庭或角色生活。它不仅是孩子对成人世界的简单模仿，在允许孩子们短暂地逃离带有说教意味的成人世界时，儿童通过独立思考和行为来表达他们对世界的理解。儿童通过游戏模拟家庭生活，标志着儿童从依赖到独立的过渡，为他们成长提供了参考依据。此外，生活中的游戏融合了角色扮演中的中国民间文化习俗、地域特色和人际关系，满足了儿童对真善美的追求。

四、理想是一生的追求

理想是一个持续的、贯穿一生的追求，它激励着儿童不断前进，探索新的可能性，逐步实现自己的抱负和梦想。这种追求不仅塑造了儿童的价值观，也驱动着他们努力成为更好的自己。起初，儿童对不同职业的向往和追求源于兴趣和好奇，他们对每一个职业的体验都是自主行为的学习过程，通过参与职业扮演游戏可以锻炼他们的多维度能力，比如，成功完成工作任务获得称赞和正向反馈有助于提高儿童的体验感知能力与职业成就感。这种职业观驱动着儿童不断学习和成长，不断挑战自己，实现个人理想和目标。与此同时，强健的体魄也是他们追求理想必不可少的身体基础，它帮助儿童在未来的职业生涯中保持精力充沛和持久耐力，只有拥有健康的身体，才能更好地投入学习、工作和生活。此外，在追求理想的过程中，拥有强烈的社会责任感也是不可或缺的。比如，儿童与宠物的交流过程中，宠物会成为儿童情感的释放和抚慰源，也会激发他们天然的“保护欲”和作为饲养者的潜在“责任心”，这对培养儿童的同理心与共情心都是极有益处的，同时会对社会和他人产生积极的影响。

五、总结与展望

童年是一个人生命中最灵活和塑造力最强的时期之一。儿童对新事物充满好奇，他们的思维方式和习惯正在形成，这个阶段有助于激发儿童的创造力，培养他们的问题解决能力，提高自信心，培养积极的情感和社交技能等，这都是未来成功所必需的素养和能力。儿童时期的经历和学习经验直接影响了成年时期的行为习惯、创造力和创新能力，在童年时期培养的智造技能对成年时期的个人发展与职业成功都具有重要意义。

党的十九大报告明确要“推动人的全面发展”，把培养全面发展的人作为教育的根本目的。因此，在儿童的早期教育中应注重其全面发展，促进健全人格的形成，促进身心健康的全面发展。因此，家庭、学校和社会应该共同努力，为儿童提供一个有益的学习环境，以实现他们的全面发展，努力营造一个智慧童年。

家庭是儿童成长的第一课堂，家庭环境对童年智造的培养起着至关重要的作用。家庭中的亲子互动、家庭氛围、父母的支持和激励都将激发孩子的创造力。尽管智能化时代为孩子提供了丰富多彩的科技体验，但家长的陪伴仍然是孩子无价的财富。由家庭提供的稳定情感支持、教育价值观和言传身教都将帮助儿童在这个数字化时代健康成长，这种高质量的陪伴和沟通对孩子的一生都会产生深远的影响。

学校是童年智造的另一个重要领域。学校教育不仅仅是传授知识，还应该鼓励学生独立思考、提出问题、寻找解决方案。同时，学校对儿童文化素养、道德品质、行为规范的培养亦有重要意义，主要包括德智体美劳等各个方面，这些条件共同塑造了儿童的综合能力，培养了他们的认知、情感、身体和社交技能，为他们的全面发展和智造童年提供了重要的支持。

童年中的玩具、书籍，学教具、宠物和游戏等都是孩子成长道路上的重要伙伴，这些伙伴都是塑造儿童美好童年和完整人格的重要力量。在它们的陪伴下，孩子们的智慧童年将持续演绎出美好而鲜活的成长故事，为未来的成功和成就奠定坚实的基础。

本书是一部将玩具与游戏发展融入童年教育和儿童成长过程中的著作。本书探讨了儿童时期的认知、学习、生活和理想等能力塑造与玩具和游戏之间的关系，强调了这些因素在儿童的智力、情感、技能和社交发展阶段的积极影响。儿童教育和成长是一个复杂而多样化的领域，因篇幅有限，本书只是做了一个初步探究，将有待进一步进行研究和总结。